普通高等教育"十三五"规划教材

自动检测与仪表

刘玉长　主编

北京
冶金工业出版社
2016

内 容 提 要

本书系统地阐述了温度、压力、流量、物位、成分分析等过程参数与位移、速度、转矩、重量等机械量的检测原理、测量方法、测量系统构成、测量误差分析以及这些测量装置（仪表）的安装使用条件与选用等，此外简单介绍了显示仪表知识与检测技术的最新进展。本书配有电子课件，方便广大读者使用。

本书可作为普通高等院校和高等职业技术院校自动化、测控技术与仪器、能源与动力工程、冶金工程及相关专业的教材，也可供从事自动化检测技术及仪表领域的科研工作者与工程技术人员参考。

图书在版编目(CIP)数据

自动检测与仪表/刘玉长主编．—北京：冶金工业出版社，2016.1

普通高等教育“十三五”规划教材

ISBN 978-7-5024-6902-3

Ⅰ.①自…　Ⅱ.①刘…　Ⅲ.①自动检测—高等学校—教材②检测仪表—高等学校—教材　Ⅳ.①TP274　②TP216

中国版本图书馆CIP数据核字(2015)第242127号

出 版 人　谭学余
地　　址　北京市东城区嵩祝院北巷39号　邮编100009　电话　(010)64027926
网　　址　www.cnmip.com.cn　电子信箱　yjcbs@cnmip.com.cn
责任编辑　俞跃春　陈慰萍　美术编辑　吕欣童　版式设计　孙跃红
责任校对　卿文春　责任印制　李玉山
ISBN 978-7-5024-6902-3
冶金工业出版社出版发行；各地新华书店经销；固安华明印业有限公司印刷
2016年1月第1版，2016年1月第1次印刷
787mm×1092mm　1/16；14印张；339千字；213页
38.00元

冶金工业出版社　投稿电话　(010)64027932　投稿信箱　tougao@cnmip.com.cn
冶金工业出版社营销中心　电话　(010)64044283　传真　(010)64027893
冶金书店　地址　北京市东四西大街46号(100010)　电话　(010)65289081(兼传真)
冶金工业出版社天猫旗舰店　yjgycbs.tmall.com

（本书如有印装质量问题，本社营销中心负责退换）

前　言

自动检测技术是人们在仪器仪表的研制、生产、使用过程中逐渐发展的一门综合性技术，是自动化技术的一个重要分支。自动检测对于提高自动化水平和程度、减少人为干扰因素和人为差错、提高生产过程或设备的可靠性及运行效率具有重要意义。

自动检测技术涉及的范围、领域相当宽，检测方法、检测元件与系统种类繁多，不可能也没必要一一介绍。本书主要针对过程控制参数检测中最典型的检测方法与检测装置进行讲解，介绍时特别注重不同检测方法与仪表的适应性问题，以便读者能够选用合适的仪表。

本书共分9章，各章编写人员及主要内容如下：

第1章由刘玉长编写，主要介绍检测的基本概念、仪表性能指标、测量误差及其处理、测量不准确度的评定等内容。

第2章由宁练编写，主要介绍温度检测的基本理论、方法与仪表，包括温标与测温方法，热电偶、热电阻与辐射式测温的理论基础以及实际使用中应注意的问题。此外还介绍了光纤、光栅等一些新型的测温传感器，以及工业生产过程中遇到的一些特殊测温问题。

第3章由周萍编写，主要介绍压力检测及仪表，包括常见的压力检测方法、压力传感器以及压力表的选用。

第4章由刘玉长编写，主要介绍流量检测方法及仪表，包括差压式、转子、电磁、涡轮、旋涡、超声波、容积式等体积流量计的测量原理及其选用注意事项，科里奥利等直接式质量流量计以及推导式质量流量计的测量原理与使用。

第5章由黄学章编写，主要介绍物位检测仪表，包括常用的浮力式、静压式、电容式、超声波与雷达等物位计的测量原理及仪表选用注意事项等。

第6章由黄学章编写，主要介绍机械量检测方法及仪表，包括位移、转速与加速度、转矩和功率、重量等参数的检测方法与仪表及其选用等。

第7章由宋彦坡编写，主要介绍成分分析仪表，包括气体、液体以及固体中特定成分（如 CO、O_2、H_2O）与性质（如密度与酸碱度）等的检测原理与相应的仪表，以及仪表的选用等。

第 8 章由孙志强编写，主要介绍常用显示仪表的主要组成部件及其工作过程等。

第 9 章由孙志强编写，主要介绍检测技术领域的虚拟仪器、图像检测以及软测量等新型检测技术知识。

本书配套的教学课件，读者可从冶金工业出版社官网（http：//www.cnmip.com.cn）教学服务栏目中下载。

由于编者水平有限，书中不妥之处，敬请读者批评指正！

编 者

2015 年 2 月

目　　录

1 自动检测技术基础

在工业生产中，为了保证生产过程正常、高效、经济地运行，需对工艺过程中的温度、压力、流量、液位、成分等参数进行控制。为了实现对生产过程的控制，首先需要的是准确、及时地检测出这些过程参数。对这些参数的检测构成了自动检测的基本内容。

1.1 自动检测的基本概念

检测即测量，是为准确获取表征被测对象特征的某些参数的定量信息，利用专门的技术工具，运用适当的实验方法，将被测量与同种性质的标准量（即单位量）进行比较，确定被测量对标准量的倍数，找到被测量数值大小的过程。它是人类揭示物质运动规律，定性了解与定量掌握事物本质不可缺少的手段。

随着人类社会进入信息时代，以信息获取、转换、显示和处理为主要内容的检测技术已经发展成为一门完整的技术科学。检测技术已成为产品检验与质量控制、设备运行监测、生产过程自动化等环节重要组成部分。随着在线检测技术、故障自诊断系统的发展，检测技术将在现代工业生产领域发挥更大的作用。

1.1.1 检测的基本方法

检测方法是实现检测过程所采用的具体方法。检测方法与检测原理具有不同的概念，检测方法是指被测量与其单位进行比较的实验方法。检测原理是指仪器、仪表工作所依据的物理、化学等具体效应。根据检测仪表与被测对象的特点，检测方法主要有以下几种类型：

（1）接触式测量与非接触式测量。接触式测量指仪表检测元件与被测对象直接接触，直接承受被测参数的作用或变化，从而获得测量信号，并检测其信号大小的方法。非接触式测量指仪表不是直接接触被测对象，而是间接承受被测参数的作用或变化，达到检测目的的方法。其特点是不受被测对象影响，使用寿命长，适用于某些接触式检测仪表难以胜任的场合，但一般情况下，测量准确度较接触式仪表低。

（2）直接测量、间接测量与组合测量。直接测量指应用测量仪表直接读取被测量的方法。间接测量指先对与被测量有确定函数关系的几个量进行测量，然后将测量值代入函数关系式，经过计算获得被测量。组合测量是指为了同时确定多个未知量，将各个未知量组合成不同函数形式，用直接或间接测量方法获得一组数据，通过方程组的求解来求得被测量的方法。

（3）偏差式、零位式与微差式测量。偏差式测量指在测量过程中，利用仪表指针相对于刻度线的位移来直接指示被测量的大小的测量方法。该类仪表测量方式直观，测量过程简单、迅速的优点，但测量精度较低。零位式测量也称平衡式测量，它是在测量过程中，用指零机构的零位指示，检测测量系统的平衡状态，通过比较被测量与已知标准量差值或相位，调节已知标准量的大小，使两者达到完全平衡或全部抵消，从而得出测量值大小的方法。微差式测量综合了偏差式和零位式测量的优点，通过将被测量与已知标准量进行比较，取得差值，再用偏差法测得此差值。由于微差式测量在测量过程中无需调整标准量，因此对被测量的反应较快。微差式仪表特别适用于在线控制参数的检测。

（4）静态与动态测量。静态测量是指被测对象处于稳定（静止）状态，被测参数不随时间变化或者随时间变化但变化缓慢。而动态测量是指测量过程中，被测对象处于不稳定状态，被测参数随时间变化。

1.1.2 检测仪表的组成

检测仪表是实现检测过程的物质手段，是测量方法的具体化，它将被测量经过一次或多次的信号或能量形式的转换，再由仪表指针、数字或图像等显示出量值，从而实现被测量的检测。检测仪表原则上都具有传感器、变送器、显示仪与传输通道这几个基本环节（见图 1-1），从而实现信号获取、转换、显示等功能。

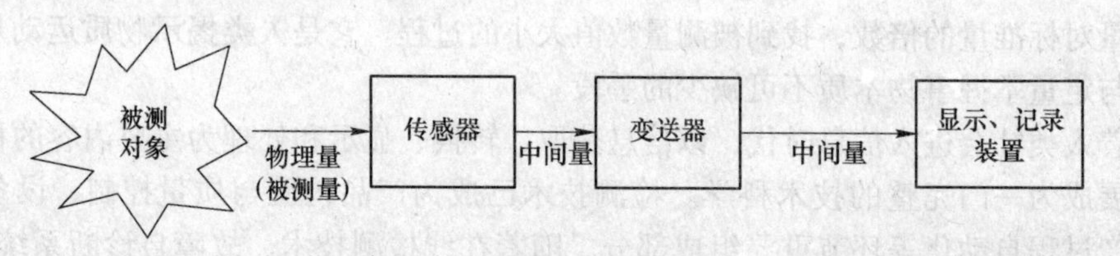

图 1-1 检测仪表的组成框图

（1）传感器。传感器也称敏感元件、一次元件，其作用是感受被测量的变化并产生一个与被测量呈某种函数关系的输出信号。检测系统获取信号的质量往往取决于传感器的性能，因此，对传感器的一般要求是：输入与输出为严格单值函数关系，且这种关系不随时间和温度变化，具有较好的抗干扰性与复现性及较高的灵敏度。

传感器分类方式繁多，根据被测量性质可分为机械量传感器、热工量传感器、化学量传感器及生物量传感器等；根据输出量性质可分为无源电参量型传感器（如电阻式传感器、电容式传感器、电感式传感器等）和发电型传感器（如热电偶传感器、光电传感器、压电传感器等）。

（2）变送器。变送器的作用是将敏感元件输出信号变换成既保存原始信号全部信息又更易于处理、传输及测量的变量，因此要求变换器能准确稳定地实现信号的传输、放大和转化。

（3）显示仪表。显示仪表也称二次仪表，其将测量信息转变成人感官所能接受的形式，是实现人机对话的主要环节。显示仪表可实现瞬时或累积量显示、越限和极限报警、测量信息记录、数据自动处理，甚至参与调节功能。它一般有模拟显示、数字显示与屏幕显示等形式。

（4）传输通道。传输通道包括导线、导管及信号所通过的空间，为各个环节的输入、输出信号提供通路。传输通道的合理选择、布置与匹配可有效防止信号损失、失真和外界干扰，提高测量的准确度。

1.1.3 检测仪表的分类

在实际生产中，生产流程复杂性与被测对象的多样性，决定了检测方法与检测仪表的多样性。常见的检测仪表的分类方法有如下几种：

(1) 按被测参数性质分类。按照被测参数性质，仪表可分为电气参数、机械参数和过程参数等类型。电气参数包括电能、电流、电压、频率等；机械参数包括位移、速度与加速度、重量、振动、缺陷检查等。过程参数主要指热工参数，包括温度、压力、流量、物位、成分分析等。

(2) 按使用性质分类。按使用性质，仪表可分为实用型、范型和标准型仪表三种。实用型仪表用于实际测量，包括工业用表与实验用表；范型仪表用于复现和保持计量单位，或用于对实用仪表进行校准和刻度；具有更高准确度的范型仪表称为标准仪表，用以保持和传递国家计量标准，并用于对范型仪表的定期检定。

(3) 其他分类方式。按工作原理不同，仪表可分为模拟式、数字式和图像式等；按功能的不同，仪表可分为指示仪、记录仪、积算仪等；按系统的组成方式的不同，仪表可分为基地式仪表和单元组合式仪表；按结构的不同，仪表可分为开环式仪表与闭环式（反馈式）仪表。

1.1.4 检测仪表的主要性能指标

仪表的性能指标是评价仪表性能好坏、质量优劣的主要依据，也是正确选择和使用仪表以达到准确测量目的所必须具备和了解的知识。通常可用以下指标衡量仪表。

(1) 测量范围与量程。测量范围是指在正常工作条件下，检测系统或仪表能够测量的被测量值的总范围，其最低值 y_{min} 称为测量下限，最高值 y_{max} 称为测量上限。测量范围上限与下限的代数差称为测量量程 y_{FS}，即 $y_{FS}=y_{max}-y_{min}$。

(2) 准确度与准确度等级。准确度是指测量结果与实际值相一致的程度。准确度又称精确度，简称精度。任何测量过程都存在测量误差，在对工艺参数进行测量时，不仅需要知道仪表示值是多少，而且还要知道测量结果的准确程度。准确度 δ 是测量的一个基本特征，通常采用仪表允许误差限与量程之比的百分比形式来表示，即

$$\delta=\frac{\Delta_{max}}{y_{FS}}\times 100\%$$

式中 Δ_{max}——仪表所允许的误差界限，即最大绝对误差。

通常用准确度（精度）等级来表示仪表的准确度，其值为准确度去掉“±”号及“%”后的数字再经过圆整取较大的约定值。按照国际法制计量组织（OIML）建议书No. 34的推荐，仪表的准确度等级采用以下数字：1×10^n、1.5×10^n、1.6×10^n、2×10^n、2.5×10^n、3×10^n、4×10^n、5×10^n 和 6×10^n，其中 $n=1$、0、−1、−2、−3 等。上述数列中禁止在一个系列中同时选用 1.5×10^n 和 1.6×10^n、3×10^n 也只有证明必要和合理时才采用。作为OIML成员国，我国的自动化仪表精度等级有0.01、0.02、(0.03)、(0.05)、0.1、0.2、0.25、(0.3)、(0.4)、0.5、1.0、1.5、(2.0)、2.5、4.0、5.0等级别（括号内的精确度等级不推荐采用）。一般科学实验用的仪表精度等级在0.05级以上；工业检测

用仪表多在0.1～5.0级，其中校验用的标准表多为0.1或0.2级，现场用多为0.5～5.0级。仪表的精度等级通常都用一定的形式标志在仪表的标尺上，如在1.0外加一个圆圈或三角形表示该仪表精度等级为1.0级。

例如，某压力表的量程为10MPa，测量值的允许误差为±0.03MPa，则仪表的准确度为±0.03/10×100% = ±0.3%，由于国家规定的精度等级中不推荐采用0.3级仪表，所以该仪表的精度等级应定为0.5级。

（3）线性度。仪表线性度又称非线性误差，是表示仪表实测输入-输出特性曲线与理想线性输入-输出特性曲线的偏离程度。如图1-2所示，仪表的线性度用实测输入-输出特性曲线1与拟合直线2（有时也称理论直线）之间的最大偏差值Δ_m与量程y_{FS}之比的百分数来衡量。

（4）变差。变差也称回差或迟滞误差，在外界条件不变的前提下，使用同一仪表对某一参数进行正反行程（即逐渐由小到大和逐渐由大到小）测量。两示值之差为变差。变差反映仪表检验时所得的上升曲线与下降曲线经常出现不重合的现象。仪表传动机构的间隙、运动部件的摩擦、仪表内部元件存在能量吸收、弹性元件的弹性滞后现象、磁性元件的磁滞现象等都会使仪表产生变差。通常要求仪表的变差不超过仪表准确度等级所允许的误差。

通常采用最大相对变差来表征仪表的变差特性，用在仪表全部测量范围内被测量值上行和下行所得到的两条特征曲线的最大偏差的绝对值与仪表量程比的百分数来表示，即

$$\text{最大相对变差} = \frac{|y_{\text{上行}} - y_{\text{下行}}|_{\max}}{y_{FS}} \times 100\% = \frac{\Delta H_{\max}}{y_{FS}} \times 100\%$$

式中，$y_{\text{上行}}$与$y_{\text{下行}}$分别为正行程与反行程测量示值，如图1-3所示。

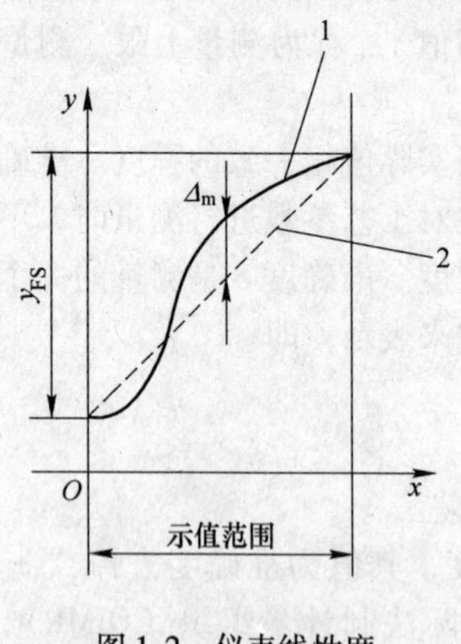

图1-2　仪表线性度

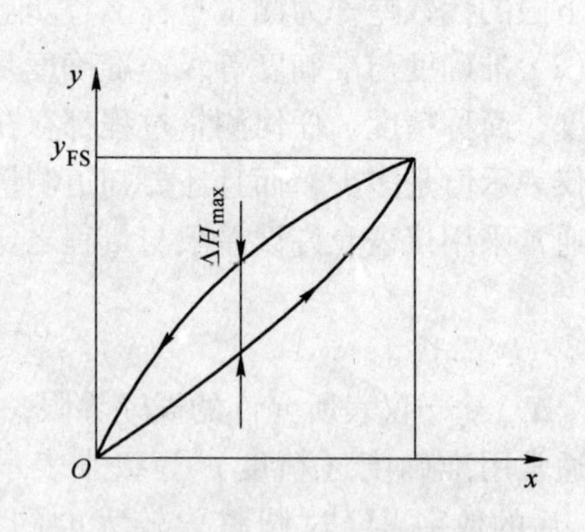

图1-3　仪表变差

（5）重复性。重复性指在测量装置在同一工作环境、被测对象参量不变的条件下，输入量按同一方向做多次（三次以上）全量程变化时，输入-输出特性曲线的一致程度。仪表的重复性用输入-输出特性曲线间最大偏差值Δ与量程y_{FS}之比百分数来表示。

（6）分辨力。分辨力是传感器（检测仪表）能检出被测信号的最小变化量。当被测信号的变化小于分辨力时，传感器对输入信号的变化无任何反应。对数字仪表而言，如果没

有其他附加说明，一般认为该仪表的最后一位所表示的数值就是它的分辨力。一般情况下，不能把仪表的分辨力当做仪表的最大绝对误差。

在检测仪表中，还经常用到分辨率的概念。分辨率常以百分比或几分之一表示，其数值是将分辨力除以仪表的满量程。

1.2 测量误差及处理方法

在测量过程中，由于测量方法的差异性、测量工具准确性、观测者的主观性、外界条件的变化及某些偶然因素等的影响，被测量的测量结果与客观真值之间总存在一定的差值，这种差值称为测量误差。它反映了测量结果与真值的不一致程度。

1.2.1 测量误差

1.2.1.1 测量误差的表示方法

（1）绝对误差。绝对误差是指被测量的测量值与真值之间的差值。

$$\Delta = x - x_0$$

式中 Δ——绝对误差；

x——测量值；

x_0——真值。

真值是指被测量本身的真实大小，是一个与被测量定义一致的量，也是一个理想的概念，通常用约定值或理论值代替。

绝对误差既表明误差的大小，又指明其正负方向。但用绝对误差难以比较测量值的准确程度，因而采用相对误差的表示形式。

（2）相对误差。相对误差是指被测量的绝对误差与约定值的百分比，通常有三种表示方式。

1）实际相对误差：绝对误差（测量误差）除以被测量的真值。

$$\delta_{实} = \frac{\Delta}{x_0} \times 100\%$$

2）给出值相对误差：绝对误差（测量误差）除以被测量的给出值。

$$\delta_{给} = \frac{\Delta}{给出值} \times 100\%$$

式中，给出值可以是“测量结果”、“标称值”、“实验值”、“示值”、“刻度值”等。

3）引用误差：在很多指示仪表中，各点示值误差（仪表示值-真值）基本相等，相对误差差别却很悬殊，为了反映这一客观存在的误差现象，提出了引用误差的概念。引用误差是一种简化的仪器示值的相对误差形式，用示值误差与仪表量程之比的百分比来表示，即

$$\delta_{引} = \frac{\Delta}{y_{max} - y_{min}} \times 100\% = \frac{\Delta}{y_{FS}} \times 100\%$$

仪表最大引用误差即为仪表的准确度。仪表的准确度包含了仪表允许误差和仪表量程两个因素，例如，一台测量范围为0～1100℃准确度为1级的测温仪表，测温仪表测量

1000℃时，相对误差为 $\pm 11/1000 \times 100\% = \pm 1.1\%$，而测量550℃时，相对误差为 $\pm 2\%$。故在选用指示仪表时，为获得合理的实际测量准确度，仪表应该在接近测量范围上限区域工作。此外，仪表选型时要注意仪表的基本误差的百分率是指引用误差（常用%F.S表示）还是相对误差（常用%R表示）。

1.2.1.2　误差分类

误差产生的原因很多，表现形式也是多种多样。根据误差产生的原因，可从不同角度对测量误差进行分类。

（1）按误差出现的规律分类。

1）系统误差。系统误差指在偏离测量规定条件时或由于测量方法引入的因素所引起的、按某确定规律变化的误差。它反映了测量结果对真值的偏离程度，可用“正确度”的概念来表征。

2）随机误差。随机误差也称偶然误差，是指在实际条件下，多次测量同一个量时，误差的绝对值和符号以不可预定方式变化的误差。它反映了测量结果的分散性，可用“精密度”的概念来表征。这种误差是由测量过程中某些尚未认知的原因或无法控制的因素所引起，其大小、符号无规律可循，因而无法对它进行修正，只能用统计理论来估计其影响。

3）粗大误差。粗大误差是指由于错误的读取示值、错误的测量方法等所造成，明显歪曲了测量结果的误差。这种测量值一般称为坏值或异常值，应根据一定的规则加以判断后剔除。

（2）按仪表工作条件分类。

1）基本误差。基本误差是仪表在规定的正常工作条件下（例如电源电压和频率、环境温度和湿度等）所产生的误差。通常在正常工作条件下的示值误差就是指基本误差。仪表的精确度等级通常是由基本误差所决定。

2）附加误差。附加误差是仪表偏离规定的正常工作条件时所产生的与偏离量有关的误差。例如，仪表工作温度超过规定时，将引起温度附加误差。如果不注意仪表的正确安装和使用，附加误差可能很大，甚至超过基本误差，因此不可忽视。

1.2.2　误差的分析与处理

1.2.2.1　系统误差的分析与处理

A　系统误差的分类

系统误差按其表现形式可分为定值系统误差和变值系统误差两类。

（1）定值系统误差。定值系统误差在整个测量过程中误差符号（方向）和数值大小均恒定不变。例如仪器仪表在校验时，标准表的误差会引起定值系统误差；仪表的零点偏高或偏低等所引起的误差也是定值系统误差。

（2）变值系统误差。变值系统误差是一种按照一定规律变化的系统误差。根据变化特点，它又可分累积系统误差、周期系统误差和复杂变化系统误差等。

1）累积系统误差。累积系统误差是指在测量过程中，随着时间的延伸，误差值逐渐增大或减小的系统误差。如测量过程中温度呈线性变化引起的误差；元件老化、磨损以及工作电池的电压或电流随使用时间的加长而缓慢降低等因素引起的误差。

2）周期系统误差。周期系统误差是指在测量过程中误差大小和符号按一定周期发生变化的系统误差。如冷端为室温的热电偶温度计会因室温的周期性变化而产生系统误差。

3）复杂系统误差。复杂系统误差的变化规律比较复杂，如导轨的直线度误差、刻度分划不规则的示值误差。

B 系统误差的减小或消除

为了进行正确的测量，并取得可靠的数据，在测量前或测量过程中，必须尽力减少或消除系统误差的来源，尽量将误差从产生根源上加以消除。首先，要检查仪表本身的性能是否符合要求，工作是否正常；其次，使用前应仔细检查仪器仪表是否处于正常的工作条件，如安装位置及环境条件是否符合技术要求、零位是否正确；此外必须正确选择仪表的型号和量程，检查测量系统和测量方法是否正确等。比较简单且经常采用减小系统误差的方法有：

(1) 检定修正法。检定修正法是指在测量前，预先对测量装置进行标定或检定，获取仪表的修正值。在测量过程中，对实际测量值进行修正，虽然此时系统误差不能被完全消除，但被大大削弱。

(2) 直接比较法。直接比较法也称零位式测量法，是用被测量与标准量直接进行比较，调整标准量使之与被测量相等，测量系统达到平衡，指零仪指零。直接比较法的测量误差主要取决于参与比较的标准量具的误差。由于标准量具的精确度较高，测量误差较小。

(3) 置换法。置换法也称替代法，在一定测量条件下，用可调的标准量具代替被测量接入测量仪表，然后调整标准量具，使测量仪表的指示值与被测量接入时相同，则测试的标准量具的示值即等于被测量。由于测量值的精度取决于标准量的精度，只要检测系统（仪表）的灵敏度足够高，就可达到消除系统误差的目的。

(4) 差值法。差值法也称测差法、微差法，用与被测量相近的固定不变的标准量与被测量相减，然后对二者的差值进行测量。由于测量仪表所测量的这个差值远远小于标准量，故测量微差的误差对测量结果的影响极小，测量误差主要由标准量具的精度决定。

(5) 交换比较法。交换比较法是将测量中某些条件（如被测物的位置）进行互换，使产生系统误差的原因对测量结果起相反的作用，从而抵消系统误差。

1.2.2.2 粗大误差

在一列等精密度多次测量值中，有时会发现个别值明显偏离该列算术平均值，该值可能是粗大误差，也可能是误差较大的正常值，不能随便剔除。正确的处理办法是：首先采用物理判别法，如果是由于写错、记错、误操作等，或是外界条件突变产生的，可以剔除。如果不能确定哪个是坏值，就要采用统计判别法，基本方法是规定一个置信概率和相应的置信系数，即确定一个置信区间，误差超过此区间的测量值就认为它不是属于随机误差，应予剔除。统计判别方法有莱以达准则、肖维勒准则、格拉布斯准则等。其中莱以达准则是最常用也是最简单的判别粗大误差的准则，它应用于测量次数充分多的情况。

莱以达准则又称3σ准则。它把等于3σ的误差称为极限误差，对于正态分布的随机误差，落在$\pm 3\sigma$以外的概率只有0.27%，它在有限次测量中发生的可能性很小。3σ准则就

是如果一组测量数据中某个测量值的残余误差的绝对值$|v_i|>3\sigma$时，则该测量值为可疑值（坏值），应剔除。

1.2.2.3 随机误差的分析和处理

A 随机误差的特性

在测量中，若系统误差对测量结果的影响已被尽可能消除，则所得数值的测量准确度取决于随机误差的大小。对单次测量结果而言，随机误差不具备规律性；但就多次重复测量结果而言，随机误差却具备统计规律性，呈现出正态分布、均匀分布、柯西分布、泊松分布等分布规律。对于大部分检测系统而言，可认为测量误差的分布是正态的，即

$$f(x-a)=f(\delta)=\frac{1}{\sigma\sqrt{2\pi}}e^{-\frac{\delta^2}{2\sigma^2}}$$

式中 $f(x-a)$——随机误差出现概率；

σ——标准误差；

a——被测量的真值（或数学期望）；

δ——随机误差，$\delta=x-a$。

图1-4为正态测量误差分布图。由该图可知，一般情况下，随机误差具有以下特性：

（1）单峰性。误差越小，出现的次数越多；误差越大，出现的次数越少；当$\delta=0$时，出现的概率最大。

（2）对称性。出现正误差和出现负误差的概率几乎相等，出现绝对值相等的误差的概率也几乎相等；重复测量的次数越多，图形对称性越好。

（3）抵偿性。在同一条件下对同一被测量进行测量，随着重复测量次数n的增加，各次随机误差$\delta_i(=x_i-a)$的算术平均值将趋于零，即$\lim\limits_{n\to\infty}\frac{1}{n}\sum\limits_{i=1}^{n}\delta_i=0$。该特性是随机误差最本质的特性。

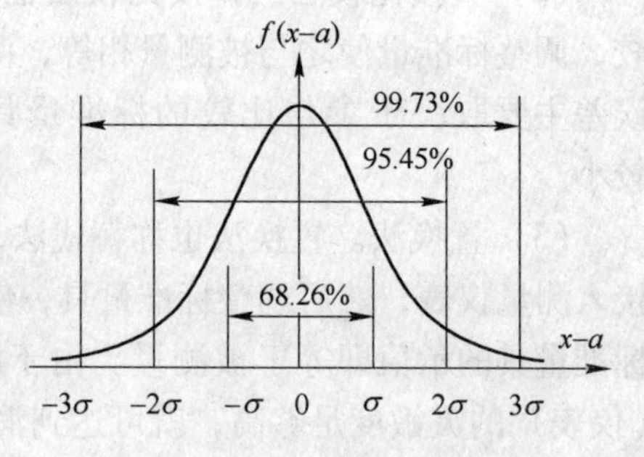

图1-4 测量误差的正态分布情况

（4）有界性。正态分布时的随机误差出现在$\pm3\sigma$范围的概率为99.73%，即误差出现在$\pm3\sigma$范围以外的可能性几乎为0，极限误差$\pm3\sigma$这可作为确定仪表随机误差的理论依据，当随机误差$\delta_i>3\sigma$，则认为该测量结果为坏值，此数据应予以剔除。

B 随机误差的统计处理

（1）算术平均值。在实际的工程测量中，测量的次数有限，而测量真值x_0也不可能知道。已消除系统误差的一组等精度测量值x_1，x_2，…，x_n，其算术平均值$\bar{x}$为：

$$\bar{x}=\frac{1}{n}\sum_{i=1}^{n}x_i$$

根据概率理论，当测量次数n足够大时，算术平均值$\bar{x}$是被测参数真值x_0（或数学期望）的最佳估计值，即用$\bar{x}$代替真值x_0。

（2）残差。测量值x_i与平均值$\bar{x}$之差称为残差，某次测量的残差v_i为：$v_i=x_i-\bar{x}$，如果将n个测量值残差求代数和，其值为0，即

$$\sum_{i=1}^{n} v_i = v_1 + v_2 + \cdots + v_n = 0$$

(3) 总体标准偏差 σ。由随机误差的性质可知，它服从于统计规律，其对测量结果的影响一般用标准误差 σ 来表示，即

$$\sigma = \sqrt{\frac{1}{n}\sum_{i=1}^{n}(x_i - x_0)^2} \qquad (n \to \infty)$$

式中，x_0 为真值。

(4) 实验标准偏差 S_{x_i}。在实际测量中，一般用 n（$n < \infty$）次等精度测量值的算术平均值 $\bar{x}$ 代替真值 x_0，用残差 v_i 代替绝对误差 δ_i，这时只能得到 σ 的近似估计值 S_{x_i}：

$$S_{x_i} = \sqrt{\frac{1}{n-1}\sum_{i=1}^{n}(x_i - \bar{x})^2}$$

(5) 算术平均值标准偏差 $S_{\bar{x}}$。$S_{\bar{x}}$是针对测量列中的最佳值即算术平均值而言的，因为 $\bar{x}$ 的值比测量列 x_i 中任何一个值都更加接近真值，所以 $S_{\bar{x}}$要比 S_{x_i}小$\sqrt{n}$倍：

$$S_{\bar{x}} = \frac{S_{x_i}}{\sqrt{n}} = \sqrt{\frac{1}{n(n-1)}\sum_{i=1}^{n}(x_i - \bar{x})^2}$$

C 置信区间与置信概率

在研究随机误差的统计规律时，不仅要知道随机变量在哪个范围内取值，而且还要知道在该范围内取值的概率。

随机变量取值的范围称为置信区间，它常用正态分布的标准偏差 σ 的倍数来表示，即 $\pm z\sigma$（z 为置信系数，σ 是置信区间的半宽）。置信概率（也称为置信度或置信水平）是随机变量在置信区间 $\pm z\sigma$ 的范围内取值的概率，习惯上把它记作 $P = 1 - \alpha$，其中 α 称为显著水平。若对正态分布函数 $y = f(x)$ 在 $-\sigma$ 到 $+\sigma$ 之间（即 $z = 1$）积分则有 $P = \int_{-\sigma}^{+\sigma} f(x)\mathrm{d}x = 68.27\%$；若置信系数 $z = 2$ 或 3，则置信概率 $P = 95.45\%$ 或 99.73%。

1.2.2.4 测量结果数据处理的步骤

为了得到比较准确的测量结果，对某一参数进行多次测量之后，通常按下列规程处理：

(1) 在测量前尽可能消除系统误差，将数据列表；

(2) 计算测量结果的算术平均值 $\bar{x}$，确定有效位数；

(3) 计算残余误差 $v_i = x_i - \bar{x}$，列于表中；

(4) 检查 $\sum_{i=1}^{n} v_i = 0$ 的条件是否满足；

(5) 计算 v_i^2 列于 v_i 旁边，用贝塞尔公式计算均方根误差；

(6) 判断是否有疏失误差，如有要抛弃，从（2）开始重新计算；

(7) 判断是否有不可忽略的系统误差，如有要减弱，重新计算；

(8) 计算算术平均值的均方根误差 $\sigma_{\bar{x}} = \sigma/\sqrt{n}$；

(9) 写出测量结果的表达式：$x = \bar{x} \pm z\sigma$（$z = 1, 2, 3$），并注明置信概率。

1.2.2.5 测量系统误差的合成

测量系统一般由若干个单元组成，测量过程中各个环节都产生误差，为了确定整个系统的误差，需要将每一个环节的误差综合起来，称为误差的合成。

A 系统误差的合成

系统误差是有规律出现的，通常可以将它分为已定系统误差和未定系统误差。

(1) 已定系统误差的合成。大小和正负已知的系统误差称为已定系统误差。设它们的数值分别为 E_1，E_2，…，E_m，则已定系统误差采用代数和的方法进行合成：

$$E = \sum_{i=1}^{m} E_i$$

(2) 未定系统误差。难以知道或不能确切掌握大小和正负的系统误差称为未定系统误差。设它们的数值分别为 e_1，e_2，…，e_n，则总的未定系统误差为：

$$e = \sum_{j=1}^{n} e_j$$

B 随机误差的合成

设测量结果中有 k 个彼此独立的随机误差，各单项的均方根误差分别为 σ_1，σ_2，…，σ_k，按方和根的方法综合 k 个彼此独立的随机误差的均方根误差：

$$\sigma = \sqrt{\sum_{i=1}^{k} \sigma_i^2}$$

C 误差综合

在误差分析时，系统误差通常用最大绝对误差表示，随机误差用标准偏差表示，在误差总合成时为了统一，一般用极限误差表示随机误差的大小，极限误差 $\Delta_k = z\sigma_i$（$z = 1$，2，3）。

若待测参数 y 的系统误差为 E（已定）和 e（未定），随机误差为 Δ_k，且相互独立，系统总的合成误差 Δ_y 可用下式表示：

$$\Delta_y = \sum_{i=1}^{m} E_i + \sum_{j=1}^{n} e_i + \sqrt{\sum_{p=1}^{k} \Delta_k^2}$$

1.3 测量不确定度

1.3.1 测量不确定度的基本概念

由于测量误差的客观存在，测量结果仅仅是被测量的一个估计值，带有不确定性。如何以最科学的方法评价测量结果质量的高低是人们长期以来一直关心的问题。测量不确定度作为评定测量结果质量的一个重要指标，是误差理论发展和完善的产物，是建立在概率论和统计学基础上的新概念，在检测技术中具有十分重要的地位。

(1) 测量不确定度的定义。测量不确定度（Uncertainty of measurement）是表征合理地赋予被测量值的分散性并与测量结果相联系的参数。不确定度的大小，体现测量质量的高低。不确定度小，表示测量数据集中，测量结果的可信程度高；不确定度大，表示测量数据分散，测量结果的可信程度低。一个完整的测量结果，不仅要给出测量值的大小，还要给出测量不确定度，以表明测量结果的可信程度。测量不确定度是对测量结果质量的定量评定。

（2）测量误差与测量不确定度的区别。测量误差和测量不确定度是误差理论中的两个重要且不同的概念，它们都可用作测量结果准确度评定的参数，是评价测量结果质量高低的重要指标。不确定度与测量误差有区别也有联系。误差是不确定度的基础，研究不确定度首先需要研究误差，只有对误差的性质、分布规律、相互联系及对测量结果的误差传递关系等有了充分的了解和认识，才能更好地估计各不确定度分量，正确得到测量结果的不确定度。用测量不确定度表示测量结果，易于理解、便于评定，具有合理性和实用性。但是测量不确定度的内容不能包罗更不能取代误差理论的所有内容。不确定度是现代误差理论的内容之一，是对经典误差理论的一个补充。

1.3.2 测量不确定度的分类与表达

不确定度按照其评定方法的不同，可以分为A类评定和B类评定。

A类评定（type A evaluation of uncertainty）是指对样本观测值用统计分析的方法进行不确定度评定，用标准偏差来表征。而B类评定（type B evaluation of uncertainty）则是指用不同于统计分析的其他方法进行不确定度评定的方法，据经验或资料及假设的概率分布估计的标准偏差表征。

A、B分类旨在指出评定的方法不同，只是为了便于理解和讨论，并不意味着两类分量之间存在本质上的区别。它们都基于概率分布，并且都是用方差或标准差定量表示，为方便起见而称为A类标准不确定度和B类标准不确定度。

实际使用时，根据表示方式的不同，不确定度常常用到三种不同的术语：标准不确定度、合成不确定度和扩展不确定度。

以标准偏差表示的不确定度就称为标准不确定度，用符号 u 表示。测量结果通常由多个测量数据子样组成。表示各个测量数据子样不确定度的偏差，称为标准不确定度分量，常加小脚标进行表示，如 u_1，u_2，…，u_n 等。

由各不确定分量合成的标准不确定度，称为合成标准不确定度。当间接测量时，即测量结果是由若干其他量求得的情况下，测量结果的标准不确定度等于各其他量的方差和（或）协方差加权和的正平方根，用符号 u_c 表示。

考虑到被测量的重要性、效益和风险，在确定结果的分布区间时，合理地将不确定度扩展 k 倍，从而得到扩展不确定度，用 U 或 U_p 表示。在合成标准不确定度 $u_c(y)$ 确定之后，乘以一个包含因子 k，即得扩展不确定度：

$$U = ku_c(y)$$

式中，k 为包含因子（置信系数），一般取2~3，取3时应说明来源。

扩展不确定度是确定测量区间的量，合理赋予被测量之值分布，大部分可望含于此区间内。

1.3.3 标准不确定度的评定

1.3.3.1 标准不确定度的A类评定

A类标准不确定度的评定通常可以采用标准偏差 S 及自由度 v 来表征，必要时要给出估计协方差。重复观测被测量，对测量数据进行统计分析，得到的实验标准偏差就是 A 类不确定度。若测量值的个数为 n，被测量的个数为 t，则自由度 $v=n-t$，如果另有 r 个约束条件，则自由度 $v=n-t-r$。A 类标准不确定度的基本计算方法如下：

在同一条件下对被测参量 x 进行 n 次等精度测量，测量值为 $x_i(i=1, 2, \cdots, n)$。该样本数据算术平均值 $\bar{x}=\frac{1}{n}\sum_{i=1}^{n}x_i$，进而可以算出算术平均值标准偏差 $S_{\bar{x}}=\sqrt{\frac{1}{n(n-1)}\sum_{i=1}^{n}(x_i-\bar{x})^2}$，测量结果的标准不确定度为 $u_A=S_{\bar{x}}$。

1.3.3.2 标准不确定度的 B 类评定

在许多情况下，并非都能做到用以上所述的统计方法来评定标准不确定度，故产生了有别于统计分析的 B 类评定方法。既然 B 类评定方法获得的不确定度不依赖于对样本数据的统计，它必然要设法利用与被测量有关的其他先验信息来进行估计。因此，如何获取有用的先验信息十分重要。可以作为 B 类评定的信息来源有许多，常用的有以下几种：

(1) 过去的测量数据；

(2) 校准证书、检定证书、测试报告及其他证书文件；

(3) 生产厂家的技术说明书；

(4) 引用的手册、技术文件、研究论文和实验报告中给出的参考数据及不确定度值等；

(5) 测量仪器的特性和其他相关资料等；

(6) 测量者的经验与知识；

(7) 假设的概率分布及其数字特征。

总之，通过对上述至少一种以上信息的获取、综合与分析后，从中合理提取并估计反映该被测量值的分散性大小的数据。

根据先验知识的不同，B 类不确定度的评定方法也不一样，主要有以下几种：

(1) 若由先验信息给出测量结果的概率分布及其“置信区间”和“置信水平”，则标准不确定度 $u(x_i)$ 为该置信区间半宽 a 与该置信水平 P 下的包含因子 k_P 的比值，即

$$u(x_i)=a/k_P$$

(2) 若由先验信息给出的测量不确定度 U 为标准差的 k 倍时，则标准不确定度 $u(x_i)$ 为该测量不确定度 U 与倍数 k 的比值，即

$$u(x_i)=U/k$$

(3) 若由先验信息给出测量结果的“置信区间”及其概率分布，则标准不确定度为该置信区间半宽 b 与该概率分布置信水平接近 1 的包含因子 k_1 的比值，即

$$u(x_i)=b/k_1$$

第三种评定方法的置信水平并未确定，一般从保守的角度考虑，对无限扩展的正态分布包含因子可取 3（置信水平 0.9973），其余有限扩展的概率分布则取置信水平为 1 的包含因子，具体数值可查常见的误差概率分布表。这种情况还包括，从测量分布没有明确但可以从前人经验总结出来的一些常见分布情形中去合理选定其接近的分布类型，也可以倾向于保守估计的原则选定该分布类型及其包含因子。

上述 B 类评定标准不确定度的方法，关键在于合理确定其测量分布及其在该分布置信

水平下的包含因子。B 类不确定度主要采用的概率分布有正态分布、均匀分布、三角分布、反正弦分布及两点分布等，表 1-1 与表 1-2 为这几种常见概率分布下的包含因子。当无法确定分布类型时，GUM（Guide to the Expression of Uncertainty in Measurement）建议采用均匀分布。

表 1-1 正态分布置信水平与包含因子

置信水平 P	包含因子 k_P	置信水平 P	包含因子 k_P	置信水平 P	包含因子 k_P
0.5000	0.667	0.9500	1.960	0.9950	2.807
0.6827	1.000	0.9545	2.000	0.9973	3.000
0.9000	1.645	0.9900	2.576	0.9900	3.291

表 1-2 非正态分布置信水平与包含因子

分布类型	$P=1$	$P=0.9973$	$P=0.99$	$P=0.95$
均匀分布	$\sqrt{3}$	1.73	1.71	1.65
三角分布	$\sqrt{6}$	2.32	2.20	1.90
反正弦分布	$\sqrt{2}$	1.41	1.41	1.41
两点分布	1.00	1.00	1.00	1.00

1.3.3.3 标准不确定度合成

当测量结果受多个因素影响而形成若干个不确定度分量时，测量结果的标准不确定度可通过这些标准不确定性分量合成得到。由各不确定分量合成的标准不确定度，称为合成标准不确定度，用符号 u_c 表示，一般用下式表示：

$$u_c = \sqrt{\sum_{i=1}^{m} u_i^2 + 2\sum_{1\leqslant i<j}^{m} \rho_{ij} u_i u_j}$$

式中 u_i——第 i 个标准不确定度分量；

ρ_{ij}——第 i 和第 j 个标准不确定度分量之间的相关系数；

m——不确定度分量的个数。

对于间接测量的情形，有如下的合成标准不确定度公式（标准不确定度传播公式）：

$$u_c(y) = \sqrt{\sum_{i=1}^{m}\left(\frac{\partial F}{\partial x_i}\right)^2 u^2(x_i) + 2\sum_{1\leqslant i<j}^{m}\frac{\partial F}{\partial x_i}\frac{\partial F}{\partial x_j}u(x_i)u(x_j)}$$

$$= \sqrt{\sum_{i=1}^{m} a_i^2 u^2(x_i) + 2\sum_{1\leqslant i<j}^{m}\rho_{ij}a_i a_j u(x_i)u(x_j)}$$

式中 $u_c(y)$——输出量估计值 y 的标准不确定度；

$u(x_i), u(x_j)$——输入量估计值 x_i 和 x_j 的标准不确定度；

a_i——函数 $F(X_1, X_2, \cdots, X_n)$ 在 $(x_1, x_2, \cdots, x_n)$ 处的偏导数，称为灵敏系数，在误差合成公式中称为传播系数，$a_i = \frac{\partial F}{\partial x_i}$；

ρ_{ij}——X_i 和 X_j 在 (x_i, x_j) 处的相关系数。

1.3.3.4 扩展不确定度的评定

测量结果的分散性在传统场合多用合成标准不确定度 u_c 来表示，但在其他一些商业、工业和计量法规，以及涉及健康与安全的领域，常要求采用扩展不确定度来表示。

扩展不确定度可以用两种不同的方法来表示：一种是采用标准差的倍数，即用合成标准不确定度 u_c 乘以包含因子 k，即

$$U = ku_c$$

另一种是根据给定的置信概率或置信水平 P 来确定扩展不确定度，即

$$U_P = k_P u_c$$

扩展不确定度的评定关键是确定包含因子，其方法主要有自由度法（degrees of freedom method）、超越系数法（kurtosis method）和简易法（simplified method）三种。

1.3.3.5　测量结果与测量不确定度的表示

测量结果是由测量所得到的赋予被测量的值，测量结果仅是被测量的估计值。一个完整的测量结果一般应包括两部分内容：一部分是被测量的最佳估计值，一般由算术平均值给出；另一部分就是有关测量不确定度的信息。

对于测量不确定度，在进行分析和评定完毕后，应给出测量不确定度的最后报告。报告应尽可能详细，以便使用者可以正确地利用测量结果。同时，为了便于国际间和国内的交流，应尽可能地按照国际和国内统一的规定来描述。

测量结果 x 的完整表达式中应包含：测量值、不确定度、单位、置信水平、扩展因子 k。常见的测量结果的表达形式为：

$$X = x \pm U\ (\text{单位}),\ (P = 0.9、0.95、0.99),\ k = 2 \text{ 或 } 3$$

式中，$P = 0.95$；k 近似为 2 是工程习惯常用值可缺省，不必注明 P 值；而其余 P 值均应标注。

1.4　检测技术及仪表的发展

检测技术的发展是科学发展突破的基础，生产水平与自动化程度的提高，要有更先进的检测技术与仪表。而科学技术，尤其是大规模集成电路技术、微型计算机技术、机电一体化技术、微机械和新材料技术的不断进步，为检测技术和仪表的发展提供了物质手段。检测技术及仪表发展的总趋势表现在以下几个方面：

（1）传感器逐渐向集成化、数字化、智能化、网络化、组合式方向发展。

（2）不断拓展测量领域和范围，努力提高检测精度和可靠性。

（3）软测量技术、数据融合处理方法等新技术得到迅速发展和广泛应用。

（4）非接触法检测技术得到重视和发展。

（5）虚拟仪器技术的发展。

（6）网络化的检测系统。

思考题与习题

1-1　简述检测仪表的基本组成与作用。

1-2　仪表的常用性能指标有哪些？工业上常用的精度等级有哪些？

1-3 检测及仪表在控制系统中起什么作用？两者的关系如何？

1-4 简述偏差式、零位式与微差式测量的工作原理及特点。

1-5 误差的表示方法一般分为几种？它们之间有什么关系？

1-6 某弹簧管式压力计量程为0～10MPa，准确度为0.5级，试问此压力计的允许误差是多少？如果此压力计的示值为8.5MPa，则仪表示值的最大相对误差和绝对误差各为多少？

1-7 有一块压力表其正向可测到0.6MPa，负向可测到－0.1MPa，现只校验正向部分，其最大误差发生在0.3MPa处，即上行和下行时，标准压力表的指示值分别为0.305MPa和0.295MPa。问该表是否符合准确度等级为1.5级的要求？

1-8 按照系统误差的变化特点，系统误差可分为几种？如何减小恒值系统误差？

1-9 随机误差的特性是什么？怎样减小随机误差？

1-10 何谓不确定度？测量不确定度与误差有什么区别？

1-11 对某参数进行多次重复测量，测量数据列于表1-3中。试求测量过程中可能出现的最大误差。

表1-3 测量数据

x_i	8.23	8.24	8.25	8.26	8.27	8.28	8.29	8.30	8.31	8.32	8.41
次数	1	3	5	8	10	11	9	7	5	1	1

1-12 用指示式测温仪对某一温度进行测量，仪表准确度等级为1.0级，测温范围为0～1100℃。温度测试结果见表1-4。试对测温结果进行分析。

表1-4 测温结果

序号	1	2	3	4	5	6	7	8
t/℃	998	997	1000	999	1001	998	999	997

2 温度检测与仪表

温度是表示物体的冷热程度的物理量，是工业生产中主要的工艺参数。温度检测与控制是确保生产过程优质、高产、低耗和安全的一项重要技术。如果温度计的选择或使用不当，是无法得到满意结果的。

温度概念的建立以及温度的测量都是以热平衡为基础的。当两个冷热程度不同的物体接触后必然要进行热交换，最终达到热平衡时，它们具有相同的温度。通过测量被选物体随温度变化的性能，可以定出被测物体的温度数值，这就有了形形色色的温度计。目前比较理想的物质和物理性能有：液体、气体的体积或压力，金属或合金的电阻，热电偶的热电势和物体的热辐射等。这些性能随温度变化，都可作为温度测量的依据。

2.1 温标及测温方法

2.1.1 温标

温标，它不是温度标准（Temperature Standard），而是温度标尺（Temperature Scale）的简称。温标是利用一些物质的“相平衡温度”作为固定点刻在“标尺”上，而固定点中间的温度值则是利用某种函数关系来描述，称为内插函数，或称为内插方程。通常把温度计、固定点和内插方程称为温标的三要素，或称为三个基本条件。

（1）经验温标。借助于某一种物质的物理量与温度变化的关系，用实验方法或经验公式所确定的温标，称为经验温标，有华氏、摄氏、兰氏、列氏等。

1）华氏温标规定水的沸腾温度为212度，氯化氨和冰的混合物为0度，这两个固定点中间等分为212份，每一份为1度，记作℉。

2）摄氏温标把水的冰点定为0摄氏度，把水的沸点定为100摄氏度，将两个固定点之间的距离等分为100份，每一份为1摄氏度，记作℃。

经验温标的缺点在于它的局限性和随意性。例如，若选用水银温度计作为温标规定的温度计，那么别的物质（例如酒精）就不能用了，而且使用温度范围也不能超过上下限（如0℃，100℃），超过了就不能标定温度了。

（2）热力学温标。物理学家开尔文根据卡诺热机的原理提出了热力学温标，但卡诺热机是不存在的，只好从与卡诺原理等效的理想气体状态方程入手来复现热力学温标。

当气体的体积恒定时，一定质量的理想气体，其温度与压强成正比，当选水三相点的压强 p_s 为参考点时，则理想气体的温标方程为：

$$T = \frac{p}{p_s} \times T_s$$

由于实际气体与理想气体的差异，当用气体温度计测量温度时，总要进行一些修正，因此，气体温标的建立是相当繁杂的，而且使用同样繁杂，很不方便。

（3）国际温标。1989 年 7 月第 77 届国际计量委员会（CIPM）批准的国际温度咨询委员会（CCT）制定的新温标即 ITS-90。我国从 1994 年 1 月 1 日起全面实行 ITS-90 国际温标。

ITS-90 的热力学温度仍记作 T，为了区别于以前的温标，用“T_{90}”代表新温标的热力学温度，其单位仍是 K。与此并用的摄氏温度计为 t_{90}，单位是℃。T_{90}与 t_{90}的关系仍是

$$t_{90} = T_{90} - 273.15$$

2.1.2 温度测量方法及其分类

温度传感器按其使用方法，通常分为接触式和非接触式两类。

接触式温度测量的特点是温度传感器的检测部分直接与被测对象接触，通过传导或对流达到热平衡，从而使温度计的示值能直接表示被测对象的温度。接触式测温的测量精度相对较高，直观可靠，在一定的测温范围内，也可测量物体内部的温度分布。但由于感温元件与被测介质直接接触，会影响被测介质的热平衡状态，而接触不良又会增加测温误差；腐蚀性介质或温度太高将严重影响感温元件的性能和寿命。

非接触式温度测量的特点是感温元件不与被测对象直接接触，而是通过接受被测物体的热辐射能实现热交换，从而测出被测对象的温度。因此，采用非接触测温不影响物体温度分布状况与运动状态，适合于测量高速运动物体、带电体、高压、高温和热容量小或温度变化迅速（瞬变）对象的表面温度，也可用于测量温度场的温度分布。

由各类温度检测方法构成的温度计及测温范围见表 2-1。

表 2-1 温度检测方法及其测温范围

测温方式	类 别	原 理	典型仪表	测温范围/℃
接触式测温	膨胀类	利用液体、气体的热膨胀及物质的蒸气压变化	玻璃液体温度计	-100~600
			压力式温度计	-100~500
		利用两种金属的热膨胀差	双金属温度计	-80~600
	热电类	利用热电效应	热电偶	-200~2300
	电阻类	固体材料的电阻随温度而变化	铂热电阻	-260~850
			铜类电阻	-50~150
			热敏电阻	-50~300
	其他电学类	半导体器件的温度效应	集成温度传感器	-50~150
		晶体的固有频率随温度而变化	石英晶体温度计	-50~120
	光纤类	利用光纤的温度特性测温或作为传光介质	光纤温度传感器	-50~400
非接触式测温			光纤辐射温度计	200~4000
	辐射类	用普朗克定律	光电高温计	800~3200
			辐射传感器	400~2000
			比色温度计	500~3200

2.2 热电偶温度计

热电偶是应用最普遍、最广泛的温度测量元件。它具有结构简单、制作方便、测量范围宽、准确度高、热惯性小等优点，且能直接输出直流电压信号，或方便地转换成线性化的直流电流信号，可以远传，便于集中检测和自动控制。

2.2.1 热电偶测温原理

两种不同的导体或半导体材料 A 和 B 组成如图 2-1 所示的闭合回路。如果 A 和 B 所组成的回路，两个结合点处的温度 T-T_0，则回路中就会有电流产生。也就是回路中会有电动势存在，这种现象称为热电效应，或称塞贝克效应。回路中的电势称为热电势，记作 E_{AB}。导体 A、B 称为热电极。接点 1 通常是焊接在一起被置于测温场感受被测温度，称为测量端、热端或工作端。接点 2 要求温度恒定，称为自由端、冷端或参比端。

理论已经证明热电势是由接触电势和温差电势两部分组成。

2.2.1.1 接触电势

当两种电子密度不同的导体或半导体材料相互接触时，就会发生自由电子扩散现象，自由电子从电子密度高的导体流向电子密度低的导体。比如如果材料 A 的电子密度大于材料 B，则会有一部分电子从 A 扩散到 B，使得 A 失去电子而带正电，B 获得电子而带负电，在 A 和 B 接点两侧形成了电位差。电位差的存在又阻止电子进一步地由 A 向 B 扩散。当电子扩散力和电场阻力达到平衡时，在 A 和 B 接触处就形成了接触电势（见图 2-2）。其关系式为：

$$E_{AB}(T)=\frac{kT}{e}\ln\frac{N_A(T)}{N_B(T)} \tag{2-1}$$

式中 $N_A(T)$，$N_B(T)$—— 材料 A 和 B 在温度 T 时的电子密度；

e——单位电荷，4.802×10^{-10} 绝对静电单位；

k——玻耳兹曼常数，1.38×10^{-23} J/℃；

T——接触处温度，K。

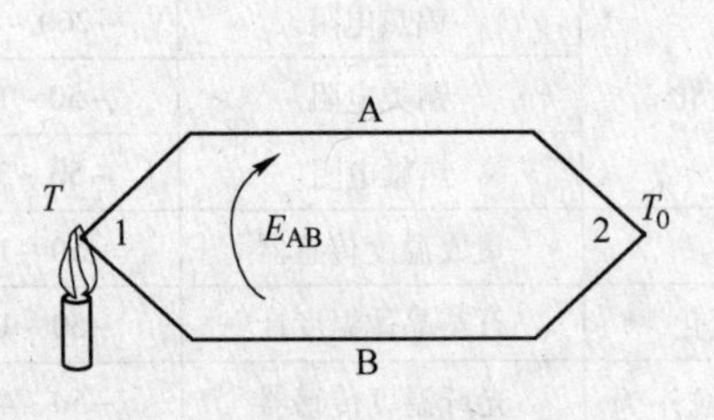

图 2-1 塞贝克效应示意图

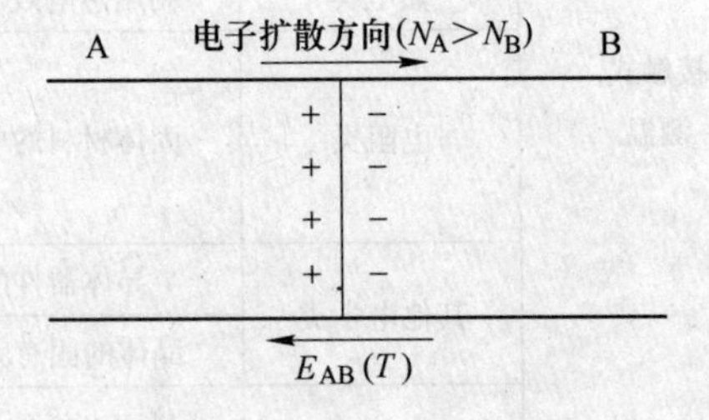

图 2-2 接触电势原理图

因此，接触电势的大小和方向主要取决于两种材料的性质和接触面温度的高低。

2.2.1.2 温差电势

温差电势是由于同一种导体或半导体材料两端温度不同而产生的一种电动势。由于温度梯度的存在，改变了电子的能量分布，温度较高的一端电子具有较高的能量，其电子将向温度较低的一端迁移，电子扩散建立了动态平衡后，在同种材料两侧也产生了电位差，称为温差电势（见图2-3）。温差电势的大小与材料两端温度和材料性质有关，与沿热电极的温度分布无关。如果 $T>T_0$，则温差电势为：

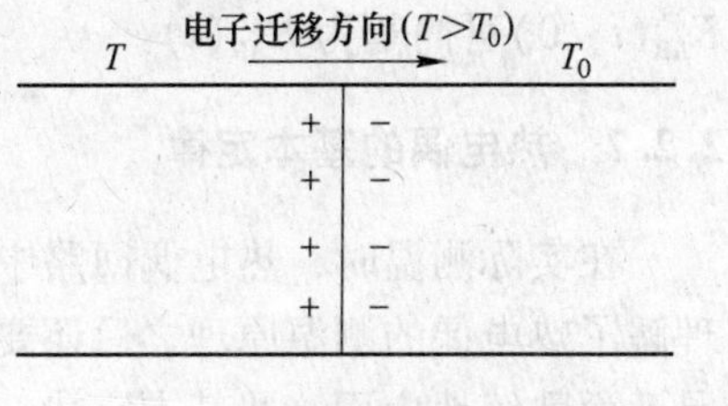

图2-3　温差电势原理图

$$E(T,T_0)=\frac{k}{e}\int_{T_0}^{T}\frac{1}{N}\mathrm{d}(N\cdot t) \tag{2-2}$$

式中　N——材料的电子密度，是温度的函数，

T，T_0——材料两端的温度。

2.2.1.3　热电偶闭合回路的总热电动势

如图2-1所示的闭合回路中，因为 $N_A\neq N_B$，在A和B两种材料接触处有两个接触电势，又因为 $T\neq T_0$，在导体A与B中还各有一个温差电势。因此，闭合回路总热电动势应为接触电势和温差电势的代数和，即

$$E_{AB}(T,T_0)=E_{AB}(T)+E_B(T,T_0)-E_{AB}(T_0)-E_A(T,T_0) \tag{2-3}$$

根据式（2-1）有：

$$\begin{aligned}E_{AB}(T)-E_{AB}(T_0)&=\frac{kT}{e}\ln\frac{N_A(T)}{N_B(T)}-\frac{kT_0}{e}\ln\frac{N_A(T_0)}{N_B(T_0)}\\&=\frac{k}{e}\int_{T_0}^{T}\mathrm{d}\left(t\cdot\ln\frac{N_A}{N_B}\right)\\&=\frac{k}{e}\int_{T_0}^{T}\ln\frac{N_A}{N_B}\mathrm{d}t+\frac{k}{e}\int_{T_0}^{T}t\mathrm{d}\left(\ln\frac{N_A}{N_B}\right)\\&=\frac{k}{e}\int_{T_0}^{T}\ln\frac{N_A}{N_B}\mathrm{d}t+\frac{k}{e}\int_{T_0}^{T}t\frac{\mathrm{d}N_A}{N_A}-\frac{k}{e}\int_{T_0}^{T}t\frac{\mathrm{d}N_B}{N_B}\end{aligned} \tag{2-4}$$

根据式（2-2）有：

$$\begin{aligned}E_B(T,T_0)-E_A(T,T_0)&=\frac{k}{e}\int_{T_0}^{T}\frac{1}{N_B}\mathrm{d}(N_B\cdot t)-\frac{k}{e}\int_{T_0}^{T}\frac{1}{N_A}\mathrm{d}(N_A\cdot t)\\&=\frac{k}{e}\int_{T_0}^{T}t\cdot\frac{\mathrm{d}N_B}{N_B}-\frac{k}{e}\int_{T_0}^{T}t\cdot\frac{\mathrm{d}N_A}{N_A}\end{aligned} \tag{2-5}$$

将式（2-4）和式（2-5）代入式（2-3），则有：

$$E_{AB}(T,T_0)=\frac{k}{e}\int_{T_0}^{T}\ln\frac{N_A}{N_B}\mathrm{d}t=E_{AB}(T)-E_{AB}(T_0) \tag{2-6}$$

由式（2-6）可以看出，热电偶总的热电动势即为两个接点分热电动势之差。对于已选定的热电偶，当参考端恒定时，E_{AB}（T_0）为常数 C，则回路总热电势 E_{AB}（T，T_0）变成测量端温度 T 的单值函数。

$$E_{AB}(T,T_0)=E_{AB}(T)-C=f(T)$$

当 T_0 恒定不变时，热电偶产生的热电动势只随测量端温度的变化而变化，即一定的热电动势对应着一定的温度。

国际实用温标IPTS-90规定热电偶的温度测值为摄氏温度 t（℃），参比端温度定为0℃。因此，实用的热电势不再写成 $E_{AB}(T,T_0)$，而是 $E_{AB}(t,t_0)$。如果 $t_0=0$℃时，则

$E_{AB}(t,0)$可简写为$E_{AB}(t)$。

2.2.2　热电偶的基本定律

在实际测温时，热电偶回路中必然要引入测量热电动势的显示仪表和连接导线，因此理解了热电偶的测温原理之后还要进一步掌握热电偶的一些基本规律，并能在实际测温中灵活而熟练地应用这些基本定律。

2.2.2.1　均质材料定律

由一种均质材料组成的闭合回路，不论沿材料长度方向各处温度如何分布，回路中均不产生热电动势。

可见，组成热电偶的两种材料 A 和 B 必须各自都是均质的，否则会由于沿热电偶长度方向存在温度梯度而产生附加热电动势，引入不均匀性误差。因此在进行精密测量时要尽可能对电极材料进行均匀性检查和退火处理。该定律是同名极法检定热电偶的理论根据。

2.2.2.2　中间导体定律

在热电偶测温回路中插入第三种（或多种）导体，只要其两端温度相同，则热电偶回路的总热电势与串联的中间导体无关。图 2-4 所示为典型中间导体的连接方式。

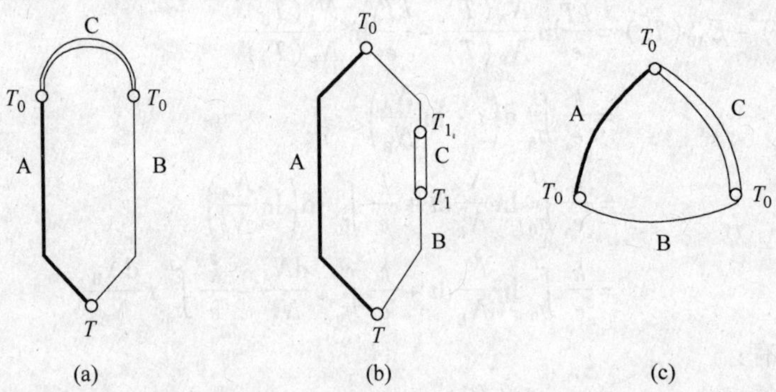

图 2-4　热电偶回路中接入第三种导体的接线图

图 2-4（a）所示是在热电偶 A、B 材料的参考端处接入第三种导体 C，且 A-C 和B-C 的接点处温度均为 T_0，则其回路总热电势为：

$$E_{ABC}(T,T_0) = E_{AB}(T) + E_B(T,T_0) + E_{BC}(T_0) + E_{CA}(T_0) + E_A(T,T_0) \tag{2-7}$$

在进一步分析式（2-7）之前，先分析图 2-4(c)所示的特殊情况。图 2-4(c)中假定 A、B、C 三种导体的接点温度相同，设为 T_0，则：

$$E_{ABC}(T_0) = E_{AB}(T_0) + E_{BC}(T_0) + E_{CA}(T_0)$$
$$= \frac{kT_0}{e}\left[\ln\frac{N_A(T_0)}{N_B(T_0)} + \ln\frac{N_B(T_0)}{N_C(T_0)} + \ln\frac{N_C(T_0)}{N_A(T_0)}\right] = 0$$

由此得知：

$$E_{BC}(T_0) + E_{CA}(T_0) = -E_{AB}(T_0) \tag{2-8}$$

将式（2-8）代入式（2-7），得：

$$E_{ABC}(T,T_0) = E_{AB}(T) + E_B(T,T_0) - E_{AB}(T_0) + E_A(T,T_0)$$

将此式与式（2-3）比较后，可得：

$$E_{ABC}(T,T_0)=E_{AB}(T,T_0)$$

从而证明了中间导体定律的结论。

中间导体定律表明热电偶回路中可接入测量热电势的仪表。只要仪表处于稳定的环境温度中，原热电偶回路的热电势将不受接入测量仪表的影响。同时该定律还表明热电偶的接点不仅可以焊接而成，也可以借用均质等温的导体加以连接。在测量液态金属或固体表面温度时，常常不是把热电偶先焊接好再去测温，而是把热电偶丝的端头直接插入或焊在被测金属表面上，把液态金属或固体金属表面看作是串接的第三种导体，如图 2-5 所示。

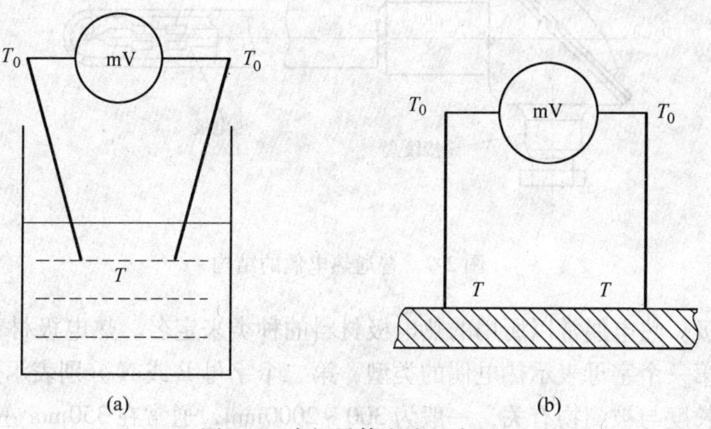

图 2-5　中间导体定律的应用

（a）金属熔体温度测量；（b）金属表面温度测量

2.2.2.3　中间温度定律

在热电偶测温回路中，测量端的温度为 T，连接导线各端点的温度分别为 T_n 和 T_0（见图 2-6），如 A 与 A′、B 与 B′的热电性质相同，则总的热电动势等于热电偶的热电动势 $E_{AB}(T,\ T_n)$ 与连接导线的热电动势 $E_{A'B'}(T_n,\ T_0)$ 的代数和，其中 T_n 为中间温度，即

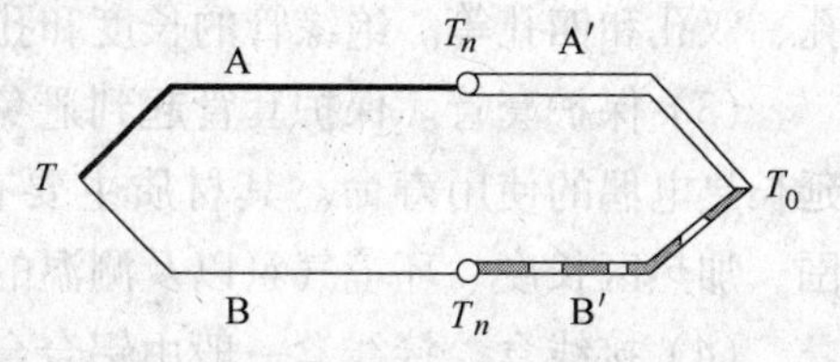

图 2-6　热电偶中间温度定律示意图

$$E_{ABB'A'}(T,\ T_n,T_0)=E_{AB}(T,T_n)+E_{AB}(T_n,T_0)$$

或

$$E_{ABB'A'}(t,t_n,t_0)=E_{AB}(t,t_n)+\ E_{A'B'}(t_n,t_0)$$

中间温度定律是应用补偿导线的理论依据。只要选配出与热电偶的热电性能相同或相近的补偿导线，便可使热电偶的参考端远离热源而不影响热电偶测温的准确性。

2.2.2.4　参考电极定律

两种导体 A、B 分别与参考电极 C（标准电极）组成热电偶，如果它们所产生的热电动势为已知，那么，A 与 B 两热电极配对后的热电动势可按下式求得：

$$E_{AB}(T,\ T_0)=E_{AC}(T,T_0)+E_{CB}(T,T_0)$$

人们多采用高纯铂丝作为参考电极，这样大大地简化了热电偶的选配工作。

2.2.3　热电偶的结构

为了适应不同生产对象的测温要求和条件，热电偶的种类很多，通用的有工业热电偶、铠装型热电偶、高性能热电偶和包覆热电偶等。热电偶还可分为可拆卸与不可拆卸两类，可拆卸的工业热电偶可将热电极组件从保护管中取出。

2.2.3.1　工业用热电偶

工业用热电偶结构如图 2-7 所示。它一般由热电极、绝缘套管、保护管和接线盒组成。普通型热电偶按其安装时的连接形式可分为固定螺纹连接、固定法兰连接、活动法兰连接、无固定装置等多种形式。

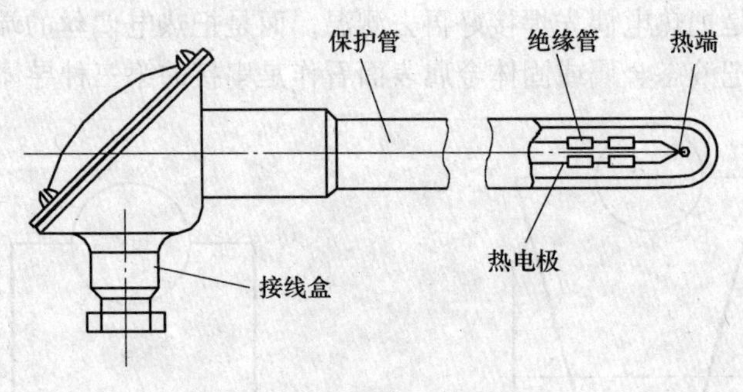

图 2-7　普通热电偶的结构

（1）热电极。热电偶常以所用的热电极材料的种类来定名。热电极材料采用英文符号命名，符号的第一个字母表示热电偶的类型，第二个字母 P 或 N 分别表示热电偶正极或负极。热电极的长度与被测物有关，一般为 300～2000mm，通常在 350mm 左右。

（2）绝缘管。绝缘管用以防止两根电极短路，通常采用高铝或工业陶瓷管，结构有单孔、双孔和四孔等。绝缘管的长度和孔径大小，取决于热电极的长度和直径。

（3）保护套管。保护套管起到避免热电极受被测介质的化学腐蚀或机械损伤的作用，延长热电偶的使用寿命。其材质主要有金属、非金属和金属陶瓷三类，一般根据测量范围、加热区长度、环境气氛以及测温的时间常数等条件来确定。

（4）接线盒。接线盒一般由铝合金制成，固定接线座，连接补偿导线，兼有密封和保护接线端子的作用。

热电偶型号的表示全国极不统一，不过可以通过下面这种比较实用的热电偶型号的表示方法来进行判断：

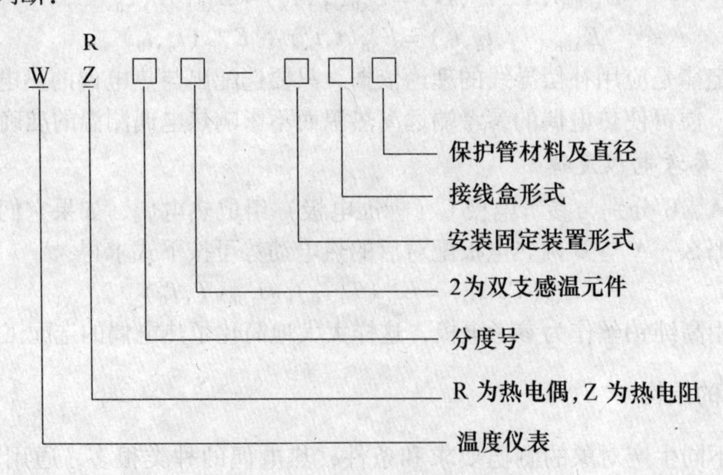

2.2.3.2 铠装热电偶

铠装热电偶电缆是将热电偶丝用无机物绝缘及金属套管封装，压实成可挠的坚实组合体。用铠装热电偶电缆制成的热电偶称铠装热电偶。它具有惯性小、挠性好、机械强度、耐压性能好等特点，适合于各种测量场合，在－200～1600℃温度范围内均可使用。它的结构形式如图2-8所示。铠装热电偶电缆的产品名称、代号及分度号见表2-2。铠装热电偶的长度可以做得很长，最大长度可达1500m；品种多，可制成单支式、双支式和三支式等各类铠装热电偶。铠装热电偶可用于快速测温或热容量很小的物体的测温，结构坚实可耐强烈的振动和冲击，还可用于高压设备上的测温。

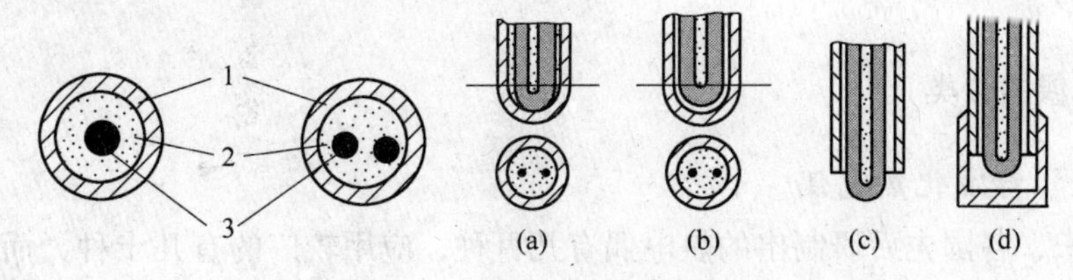

图2-8 铠装热电偶断面结构

(a) 碰底型；(b) 不碰底型；(c) 露头型；(d) 帽型

1—金属套管；2—绝缘材料；3—热电极

表2-2 铠装热电偶电缆的产品名称、代号及分度号

产品名称	代 号	热电偶分度号
铠装镍铬-镍硅热电偶电缆	KK	K
铠装镍铬硅-镍硅镁热电偶电缆	KN	N
铠装镍铬-康铜热电偶电缆	KE	E
铠装铁-康铜热电偶电缆	KJ	J
铠装铜-康铜热电偶电缆	KT	T

2.2.3.3 快速微型热电偶

快速微型热电偶是专为测量钢水、铁液及其金属熔体温度而设计制造的，又称为“消耗式热电偶”，其结构如图2-9所示。它的测温元件小，响应速度快；每测一次换一只新的热电偶，无需定期维修，而且准确度较高；由于纸管不吸热，故可测得真实温度。快速微型热电偶在高温熔体测量中已广泛使用。目前我国有两类快速热电偶，即快速铂铑热电偶与快速钨铼热电偶。

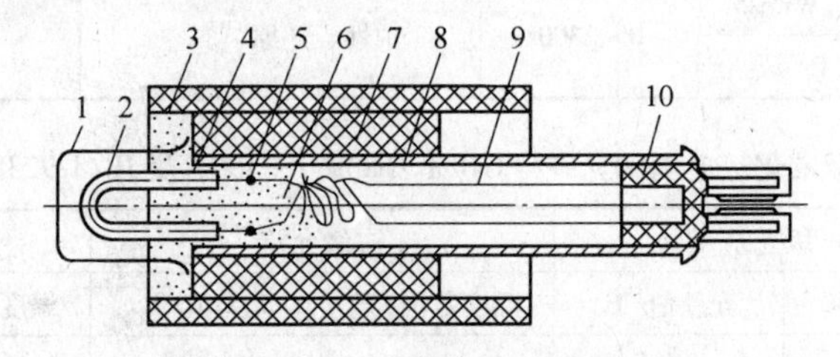

图2-9 快速微型热电偶

1—外保护帽；2—U形石英管；3—外纸管；4—绝热水泥；5—热电偶自由端；6—棉花；7—绝热纸管；8—小纸管；9—补偿导线；10—塑料插件

2.2.3.4　薄膜式热电偶

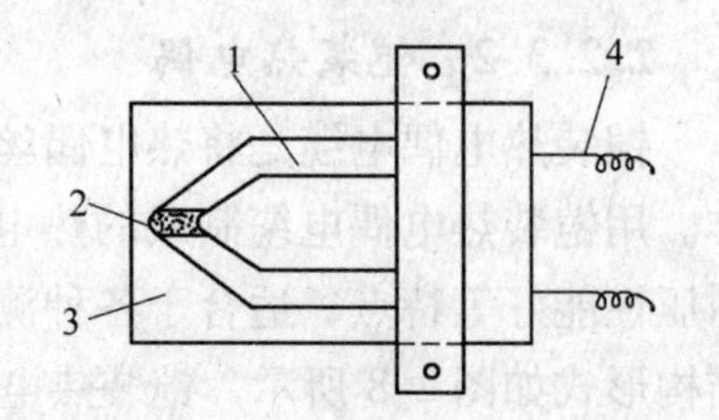

图 2-10　薄膜式热电偶的结构
1—热电极；2—工作端；3—绝缘基板；4—引出线

采用真空蒸镀或化学涂层等制造工艺将两种热电极材料蒸镀到绝缘基板上，形成薄膜状热电偶，其热端接点极薄，为 0.01～0.1μm。它适于壁面温度的快速测量，基板由云母或浸渍酚醛塑料片等材料做成，热电极有镍铬-镍硅、铜-康铜等。它的结构形式如图 2-10 所示。薄膜式热电偶一般在 300℃以下测温，使用时用黏结剂将基片黏附在被测物体表面上，反应时间约为数毫秒。

2.2.4　热电偶的分类

2.2.4.1　标准化热电偶

长期以来，各国先后研制出的热电偶有几百种，应用较广的有几十种，而国际电工委员会（IEC）推荐的工业用标准热电偶为八种（目前我国的国家标准与国际标准统一）。其中分度号 S、R、B 三种热电偶均由铂和铂铑合金制成，称贵金属热电偶；分度号分别为 K、N、T、E、J 的五种热电偶，是由镍、铬、硅、铜、铝、锰、镁、钴等金属的合金制成，称为廉价金属热电偶。这八种标准热电偶的电极材料、最大测温范围、适用气氛等见表 2-3。表 2-4 列出了不同等级（通常分为三级）标准化工业热电偶使用测温范围和允差，供选用时参考。所谓允差，是指热电偶的热电动势-温度关系对分度表的最大偏差。

表 2-3　工业用热电偶测温范围

名　称	分度号	测量范围/℃	适用气氛	稳定性
铂铑$_{30}$-铂铑$_{6}$	B	200～1800	氧化、中性	<1500℃，优；>1500℃，良
铂铑$_{13}$-铂	R	-40～1600	氧化、中性	<1400℃，优；>1400℃，良
铂铑$_{10}$-铂	S			
镍铬-镍硅（铝）	K	-270～1300	氧化、中性	中等
镍铬硅-镍硅	N	-270～1260	氧化、中性、还原	良
镍铬-康铜	E	-270～1000	氧化、中性	中等
铁-康铜	J	-40～760	氧化、中性、还原、真空	<500℃，良；>500℃，差
铜-康铜	T	-270～350	氧化、中性、还原、真空	-170～200℃，优
钨铼$_{3}$-钨铼$_{25}$	WRe3-WRe25	0～2300	中性、还原、真空	中等
钨铼$_{5}$-钨铼$_{26}$	C			

表 2-4　标准化热电偶的允差（GB/T 16839.1—1997 及 JB/T 9238—1999）

类　型	一级允差		二级允差		三级允差	
	温度范围/℃	允差值/℃	温度范围/℃	允差值/℃	温度范围/℃	允差值/℃
S、R	0～1100	±1	0～600	±1.5	—	
	1100～1600	±［1+0.003(t-1100)］	600～1600	±0.0025｜t｜		

续表 2-4

类　型	一级允差		二级允差		三级允差	
	温度范围/℃	允差值/℃	温度范围/℃	允差值/℃	温度范围/℃	允差值/℃
B	—		600～1700	±0.0025丨t丨	600～800	±4
					800～1700	±0.005丨t丨
K、N	-40～1100	±1.5 或 ±0.004丨t丨	-40～1300	±2.5 或 ±0.0075丨t丨	-200～40	±2.5 或 ±0.015丨t丨
E	-40～800	±1.5 或 ±0.004丨t丨	-40～900	±2.5 或 ±0.0075丨t丨	-200～40	±2.5 或 ±0.015丨t丨
J	-40～750	±1.5 或 ±0.004丨t丨	-40～750	±2.5 或 ±0.0075丨t丨	—	
T	-40～350	±0.5 或 ±0.004丨t丨	-40～350	±1 或 ±0.0075丨t丨	-200～40	±1 或 ±0.015丨t丨

（1）铂铑$_{10}$-铂热电偶（分度号为 S）。该热电偶正极的名义成分为含铑 10%（质量分数）的铂铑合金（代号 SP），负极为纯铂（代号 SN）。它的特点是热电性能稳定，抗氧化性强，宜在氧化性、惰性气氛中连续使用。长期使用温度为 1400℃，超过此温度，纯铂丝将因再结晶而晶粒粗大，故长期使用温度限定在 1400℃以下，短期使用温度为 1600℃。在所有热电偶中，它的准确度等级最高，但热电动势比较小，需配灵敏度高的显示仪表。S 型热电偶的分度表见附表 1-1。

（2）镍铬-镍硅（镍铝）热电偶（分度号为 K）。该热电偶的正极为铬质量分数为 10%的镍铬合金（代号 KP），负极为含硅 3%（质量分数）的镍硅合金（代号 KN）。它的负极亲磁，因此用磁铁可鉴别出热电偶的正负极。它的优点是，使用温度范围宽，高温下性能较稳定，热电动势与温度的关系近似线形，价格便宜。但它不适宜在真空，含碳、含硫气氛及氧化与还原交替的气氛下裸丝使用。它适宜在氧化性、惰性气氛中连续使用。长期使用温度为 1000℃，短期使用为 1200℃，最高使用温度可达 1300℃。K 型热电偶的分度表见附表 1-2。

（3）镍铬硅-镍硅镁热电偶（分度号为 N）。它是 20 世纪 70 年代研制出来的一种新型镍基合金测温材料，在 1300℃下进行的对比实验中，经 218h 后 K 型热电偶超差，而 N 型热电偶经 483H 仍未超差。这充分体现了它在 1300℃以下的高温抗氧化能力。其热电动势的长期稳定性及短期热循环的复现性也较好，在 -200～1300℃范围内，有全面取代廉金属热电偶与部分代替 S 型热电偶的趋势。

（4）镍铬-铜镍热电偶（分度号为 E）。在常用热电偶中其热电动势率最大，在 -200℃时其热电动势率为 25μV/℃，至 700℃时为 80μV/℃，比 K 型热电偶高一倍。它适宜在 -250～870℃范围内的氧化性、惰性气氛中连续使用，尤其适宜在 0℃以下使用。

2.2.4.2　非标准化热电偶

（1）钨铼系热电偶。钨铼系热电偶是最成功的难熔金属热电偶，可以测到 2400～2800℃高温。它的特点是在空气中易氧化，只能用于干燥氢气、真空和惰性气氛。热电动势率大约为 S 型的 2 倍，在 2000℃时的热电势接近 30mV，价格仅为 S 型的 1/10。因此

WRe 热电偶成为冶金、材料、航天、航空及核能等行业中重要的测温工具。

美国标准 ASTM-E230—2002 中已正式将钨铼$_5$-钨铼$_{26}$热电偶定为标准化热电偶，并规定分度号为“C”，这极大地推动了钨铼$_5$-钨铼$_{26}$热电偶的发展和应用。

(2) 铱铑系热电偶。铱铑$_{40}$-铱热电偶的常用温度为 1800～2200℃，不能用于还原气体，主要用于喷气发动机燃烧区的测温。

(3) 非金属热电偶。近年来国外已定型并投入生产的有石墨-碳化钛（C-TiC）热电偶和碳化硼-石墨（B_4C-C）热电偶等多种产品，在含碳气氛、中性和还原气氛中，可用到2500℃。电极材料具有耐热、高温强度大，热电动势和热电势率大大超过金属热电偶，熔点高，在熔点温度下稳定的特点。有可能在某些温度范围内替代贵金属热电偶材料，但其复现性很差，目前还没有统一的分度表。

用碳化硅（P 型）、碳化硅（N 型）以及 $MoSi_2$ 等耐热材料构成的热电偶，可在氧化性气氛中使用到 1700～1850℃的高温。B_4C-C 热电偶在氧化性气氛中只能用到 500℃，但在还原气氛中，其在 600～2000℃范围内线性好，热电动势率大，最适宜做控制信号。

2.2.5 热电偶的冷端补偿

根据热电偶的测温原理，从 $E_{AB}(t, t_0) = f(t) - f(t_0)$ 的关系式可看出，只有当参比端温度 t_0 稳定不变且已知时，才能得到热电势 E 和被测温度 t 的单值函数关系。此外，实际使用的热电偶分度表中热电势和温度的对应值是以 t_0 = 0℃为基础的，但在实际测温中由于环境和现场条件等原因，参比端温度 t_0 往往不稳定，也不一定恰好等于 0℃，因此需要对热电偶冷端温度进行处理。常用的处理方法有如下四种。

(1) 冰点法。这是一种精度最高的处理方法，可以使 t_0 稳定地维持在 0℃。其实施方法是将碎冰和纯水的混合物放在保温瓶中，再把细玻璃试管插入冰水混合物中，在试管底部注入适量的油类或水银，热电偶的参比端就插到试管底部，满足 t_0 = 0℃的要求。

(2) 计算法。在没有条件实现冰点法时，可以设法把参比端置于已知的恒温条件下，得到稳定的 t_0，根据中间温度定律公式

$$E(t,0) = E(t,t_0) + E(t_0,0)$$

式中，$E(t_0, 0)$ 是根据参比端所处的已知稳定温度 t_0 去查热电偶分度表得到的热电势。然后根据所测得的热电势 $E(t, t_0)$ 和查到的 $E(t_0, 0)$ 二者之和再去查热电偶分度表，即可得到被测量的实际温度 t。

(3) 冷端补偿器法。在工业生产应用中，通常采用冷端补偿器来自动补偿 t_0 的变化，图 2-11 是热电偶回路接入补偿器的示意图。

冷端补偿器是一个不平衡电桥，桥臂 $R_1 = R_2 = R_3 = 1\Omega$，采用锰铜丝无感绕制，其电阻温度系数趋于零。桥臂 R_4 用铜丝无感绕制，其电阻温度系数约为 4.3×10^{-3}℃$^{-1}$，当温度为 0℃时 $R_4 = 1\Omega$。R_g 为限流电阻，配用不同分度号热电偶时，R_g 作为调整补偿器供电电流之用。

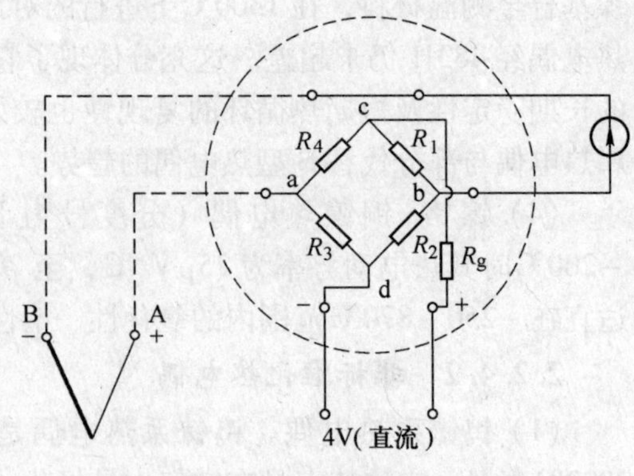

图 2-11 热电偶冷端补偿器示意图

桥路供电电压为直流电，大小为4V。

当热电偶参比端和补偿器的温度 $t_0=0$℃时，补偿器桥路四臂电阻 $R_1\sim R_4$ 均为1Ω，电桥处于平衡状态，桥路输出端电压 $U_{ba}=0$，指示仪表所测得的总电势为：

$$E=E(t,t_0)+U_{ba}=E(t,0)$$

当 t_0 随环境温度增高时，R_4 增大，则 a 点电位降低，U_{ba} 增加。同时由于 t_0 增高，$E(t,\ t_0)$ 将减小。只要冷端补偿器电路设计合理，使 U_{ba} 的增加值恰等于 $E(t,\ t_0)$ 的减少量，那么指示仪表所测得的总电势 E 将不随 t_0 而变，相当于热电偶参比端自动处于0℃。由于电桥输出电压 U_{ba} 随温度变化的特性为 $U_{ba}=\Phi(t)$，与热电偶的热电特性 $E=f(T)$ 并不完全一致，这就使得具有冷端补偿器的热电偶回路的热电势在任一参比温度下都得到完全补偿是困难的。实际上只有在平衡点温度和计算点温度下可以得到完全补偿，而在其他参比端温度值时只能得到近似的补偿，因此采用冷端补偿器作为参比端温度的处理方法会带来一定的附加误差。我国工业用的冷端补偿器有两种参数：一种是平衡点温度定为0℃，另一种是定为20℃，它们的计算点温度均为40℃。

（4）补偿导线法。生产过程用的热电偶一般直径和长度一定，结构固定；而在生产现场又往往需要把热电偶的参比端移到离被测介质较远且温度比较稳定的场合，以免参比端温度受到被测介质的热干扰。实践中常应用补偿导线来解决此问题。

补偿导线是在一定温度范围内（包括常温）具有与所匹配的热电偶的热电动势的标称值相同的一对带有绝缘层的导线，用它们连接热电偶与测量装置（见图2-12），以补偿它们与热电偶连接处的温度变化所产生的误差。补偿导线分为延长型与补偿型两种。延长型补偿导线合金丝的名义化学成分及热电动势标称值与配用热电偶偶丝相同，它用字母“X”附加在热电偶分度号之后表示，如“EX”。补偿型补偿导线合金丝的名义化学成分与配用热电偶偶丝不同，但其热电动势值在0~100℃（一般型）或0~200℃（耐热型）时与配用热电偶的热电动势标称值相同，它用字母“C”附加在热电偶分度号之后表示，如“KC”。不同合金丝可应用于同种型号分度号的热电偶，并用附加字母予以区别，如“KCA”和“KCB”。

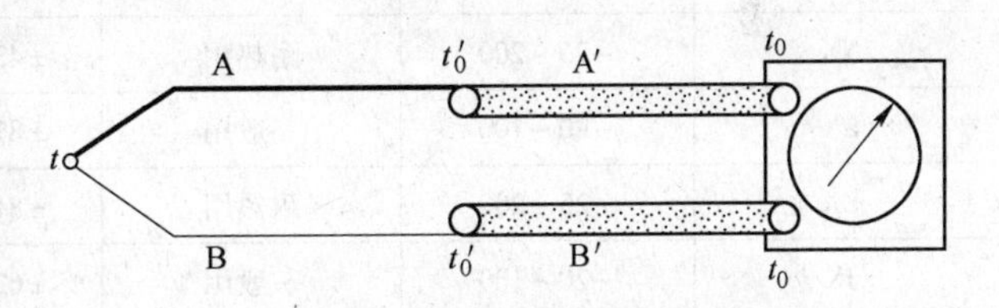

图2-12 补偿导线连接图

由图2-12，根据中间导体定律，引入了补偿导线A′和B′后的回路总热电势为：

$$E=E_{AB}(t,t_0')+E_{A'B'}(t_0',t_0)$$

由于在规定使用温度范围内补偿导线A′和B′与所取代的热电偶丝A和B的热电特性一致，故

$$E_{AB}(t_0,t_0')=E_{A'B'}(t_0,t_0')$$

因此

$$E=E_{AB}(t,t_0)$$

为了保证测量精度等要求，在使用补偿导线时必须严格遵照有关规定要求，如补偿导线型号必须与热电偶配套，环境温度不能超出其使用温度范围，以免产生附加误差。常用补偿导线使用温度范围及允许误差见表2-5，其绝缘层与护套主体材料、着色等规定见表2-6。关于补偿导线的更详细的规定请参看GB/T 4989—2013（热电偶用补偿导线）与

GB/T 4990—2013（热电偶用补偿导线合金丝）。型号的头一个字母与配用热电偶的分度号相对应，字母“X”表示延长型补偿导线，字母“C”表示补偿型补偿导线。

表 2-5 补偿导线允许误差（GB/T 4989—2013）

型号	导线温度范围/℃	使用分类	允差/μV		热电偶测量端温度/℃
			精密级	普通级	
SC 或 RC	0~100	一般用	±30（2.5℃）	±60（5.0℃）	1000
SC 或 RC	0~200	耐热用	—	±60（5.0℃）	1000
KCA	0~100	一般用	±44（1.1℃）	±88（2.2℃）	1000
KCA	0~200	耐热用	±44（1.1℃）	±88（2.2℃）	900
KCB	0~100	一般用	±44（1.1℃）	±88（2.2℃）	900
KX	-20~100	一般用	±44（1.1℃）	±88（2.5℃）	900
KX	-25~200	耐热用	±44（1.1℃）	±88（2.2℃）	900
NC	0~100	一般用	±43（1.1℃）	±86（2.2℃）	900
NC	0~200	耐热用	±43（1.1℃）	±86（2.2℃）	900
NX	-20~100	一般用	±43（1.1℃）	±86（2.2℃）	900
NX	-25~200	耐热用	±43（1.1℃）	±86（2.2℃）	900
EX	-20~100	一般用	±81（1.0℃）	±138（1.7℃）	500
EX	-25~200	耐热用	±81（1.0℃）	±138（1.7℃）	500
JX	-20~100	一般用	±62（1.1℃）	±123（2.2℃）	500
JX	-25~200	耐热用	±62（1.1℃）	±123（2.2℃）	500
TX	-20~100	一般用	±30（0.5℃）	±60（1.0℃）	300
TX	-25~200	耐热用	±30（0.5℃）	±60（1.0℃）	300

注：本表所列允差用微伏表示，用摄氏度表示的允差与热电偶测量端的温度有关，括号中的温度值是按表列热电偶测量端温度换算的。

表 2-6 常用补偿导线绝缘层与护套材料及着色

补偿导线型号	绝缘层着色		护套着色				绝缘层及护套材料	
	正极	负极	一般用		耐热用		一般用	耐热用
			普通级	精密级	普通级	精密级		
SC 或 RC	红	绿	黑	灰	黑	黄	V. V（主体材料为聚氯乙烯材料，耐热 100℃或70℃）	F. B（以聚四氟乙烯为主体材料）
KCA/KCB	红	蓝	黑	灰	黑	黄	V. V（主体材料为聚氯乙烯材料，耐热 100℃或70℃）	F. B（以聚四氟乙烯为主体材料）
KX	红	黑	黑	灰	黑	黄	V. V（主体材料为聚氯乙烯材料，耐热 100℃或70℃）	F. B（以聚四氟乙烯为主体材料）
NC/NX	红	灰	黑	灰	黑	黄	V. V（主体材料为聚氯乙烯材料，耐热 100℃或70℃）	F. B（以聚四氟乙烯为主体材料）
EX	红	棕	黑	灰	黑	黄	V. V（主体材料为聚氯乙烯材料，耐热 100℃或70℃）	F. B（以聚四氟乙烯为主体材料）
JX	红	紫	黑	灰	黑	黄	V. V（主体材料为聚氯乙烯材料，耐热 100℃或70℃）	F. B（以聚四氟乙烯为主体材料）
TX	红	白	黑	灰	黑	黄	V. V（主体材料为聚氯乙烯材料，耐热 100℃或70℃）	F. B（以聚四氟乙烯为主体材料）

2.2.6 测温线路

2.2.6.1 工业用热电偶测温的基本线路

在实际测温时，因热电偶长度受到一定的限制，参考端温度的变化将直接影响温度测量的准确性。因此，热电偶测温线路一般由热电偶元件、显示仪表及中间连接部分（温度补偿器、补偿导线或铜导线）组成，如图 2-13 所示。参考端形式与用途见表 2-7。

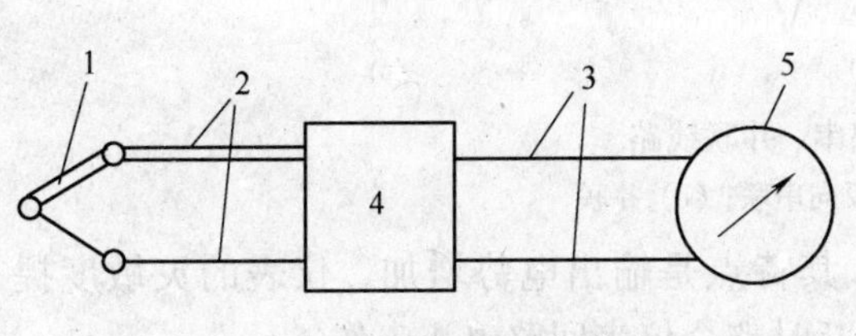

图 2-13 单点测温基本线路

1—热电偶；2—补偿导线；3—铜导线；

4—温度补偿电桥；5—显示仪表

表 2-7 参考端的形式与用途

参考端形式	用 途
冰点式参考端	用于校正标准热电偶等高精度温度测量
电子式参考端	用于热电温度计的温度测量
恒温槽式参考端	
补偿式参考端	
室温式参考端	用于精度不太高的温度测量

2.2.6.2 多点温度测量的基本线路

如图 2-14 所示，用同型号的多支热电偶进行多点温度测量时，共用一台显示仪表和一支实现冷端温度补偿的补偿热电偶。为了节省补偿导线，这组同型号的热电偶经过比较短的补偿导线分别连接到温度分布比较均匀的接线板上，再用铜导线依次接到切换开关上，由切换开关最后接到显示仪表上去。用补偿导线做成的补偿热电偶反向串接在仪表回路中，补偿热电偶的冷端在接线板上，热端维持恒温 t_0。

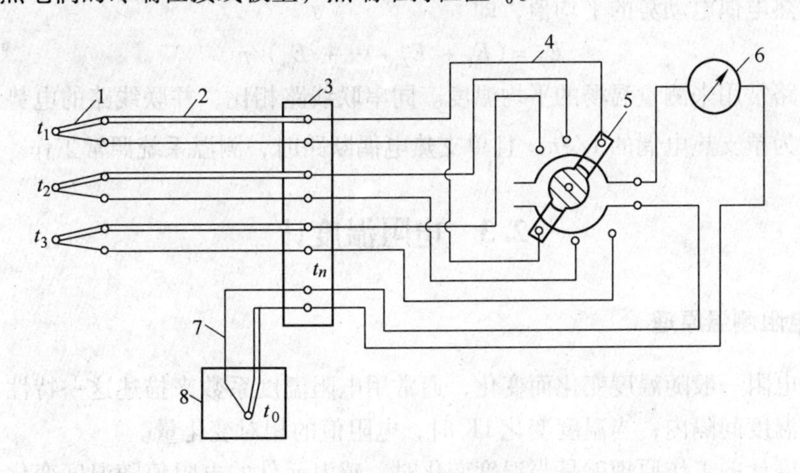

图 2-14 多点测温线路

1—工作端热电偶；2—工作端补偿导线；3—接线板；4—铜导线；

5—切换开关；6—显示仪；7—参比端补偿导线；8—参比端热电偶

2.2.6.3 热电偶串、并联线路

(1) 热电偶的正向串联。正向串联就是将 n 支同型号热电偶异名极串联的接法，如图

2-15（a）所示。其总电势为：

$$E_X = E_1 + E_2 + \cdots + E_n$$

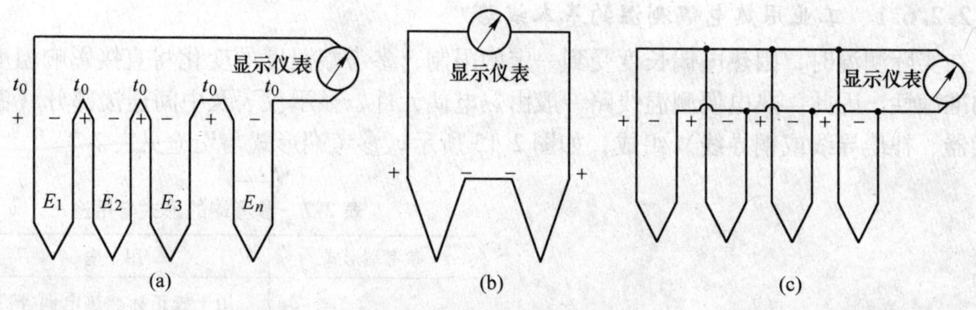

图2-15　热电偶串、并联线路

（a）正向串联；（b）反向串联；（c）并联

热电堆就是采用这种方法来测量温度的，其特点是输出电势增加，仪表的灵敏度提高。多支热电偶串联的缺点是当一支热电偶烧断时整个仪表回路停止工作。

（2）热电偶的反向串联。热电偶反向串联是将两支同型号热电偶的同名极串联，这样组成的热电偶称为差分或微差热电偶，如图2-15（b）所示。如果两支差分热电偶的时间常数相差很大，则构成微分热电偶，可用来测量温度变化速度。其输出热电势 ΔE 反映出两个测量点（t_1 和 t_2）温度之差，或是同一点温度变化的快慢。

$$E = E(t_1, t_0) - E(t_2, t_0) = E(t_1, t_2)$$

为使 ΔE 值能更好地反映被测参数的状态，应选用线性特性良好的热电偶。

（3）热电偶的并联。将几支同型号热电偶的正极和负极分别连接在一起的线路称为并联线路，如图2-15（c）所示。如果几支热电偶的电阻值均相等，则并联测量线路的总电势等于几支热电偶电动势的平均值，即

$$E_X = (E_1 + E_2 + \cdots + E_n)/n$$

并联线路常用来测量温场的平均温度。同串联线路相比，并联线路的电势虽小。但其相对误差仅为单支热电偶的 $1/\sqrt{n}$，且单支热电偶断路时，测温系统照常工作。

2.3　电阻温度计

2.3.1　热电阻测温原理

物体的电阻一般随温度变化而变化，通常用电阻温度系数来描述这一特性。它的定义是：在某一温度间隔内，当温度变化1K时，电阻值的相对变化量。

电阻温度计的工作原理就是当温度变化时，感温元件的电阻值随温度变化而变化，将变化的电阻值作为电信号输入显示仪表，通过测量电路的转换，在仪表上显示出温度的变化值。这种电阻随温度变化的特性可以用作图法、数学表示法和列表法的形式表示出来。电阻-温度对照表，即分度表。

2.3.1.1　铂热电阻

采用高纯度铂丝绕制成的铂电阻具有测温精度高、性能稳定、复现性好、抗氧化性强

等优点，因此在基准、标准、实验室和工业中被广泛应用。但其在高温下容易被还原性气氛所污染，使铂丝变脆，改变其电阻温度特性，所以须用套管保护方可使用。

绕制铂电阻感温元件的铂丝纯度是决定温度计精度的关键。铂丝纯度愈高，其稳定性、复现性愈好，测温精度也愈高。铂丝纯度常用R_{100}/R_0表示，R_{100}和R_0分别表示100℃和0℃条件下的电阻值。对于标准铂电阻温度计，规定$R_{100}/R_0 > 1.3925$；对于工业用铂电阻温度计，根据ITS-90，$R_{100}/R_0 = 1.3851 \sim 1.3925$。

标准铂电阻R_0只有10Ω或100Ω两种，其技术指标列于表2-8中。实际使用的还有Pt20、Pt50、Pt200、Pt300、Pt500、Pt1000和Pt2000等。铂电阻的使用温度范围是-200~850℃。在如此宽广的温域内，很难用一个数学公式准确地描述其电阻与温度的数学关系，通常是分成两个温度范围分别描述：

$$-200℃ \leqslant t \leqslant 0℃: R_t = R_0[1 + At + Bt^2 + C(t-100)t^3]$$

$$0℃ \leqslant t \leqslant 850℃: R_t = R_0(1 + At + Bt^2)$$

当$R_{100}/R_0 = 1.3851$时，$A = 3.9083 \times 10^{-3}℃^{-1}$；$B = -5.775 \times 10^{-7}℃^{-2}$；$C = -4.183 \times 10^{-12}℃^{-4}$。

表2-8 铂电阻的分度号及允许误差

铂热电阻	温度测量范围	分度号	R_0/Ω	最大允许误差/℃
A级	-200~850	Pt10 Pt100	10 100	±（0.15+0.002|t|）
B级		Pt10 Pt100	10 100	±（0.30+0.005|t|）

2.3.1.2 铜热电阻

在测温准确度要求不高且温度较低的场合，铜电阻得到广泛的应用。铜热电阻的测温范围为-50~150℃，分度号为Cu50和Cu100，在0℃时R_0的阻值分别为50Ω和100Ω。铜电阻电阻温度系数较大，价格便宜，但电阻率低，因而体积大，热惯性较大。电阻与温度的数学关系式（ITS-90）为：

$$R_t = R_0[1 + At + Bt(t-100) + Ct^2(t-100)]$$

式中，$A = 4.280 \times 10^{-3}℃^{-1}$；$B = -9.31 \times 10^{-8}℃^{-2}$；$C = 1.23 \times 10^{-9}℃^{-3}$。

铜热电阻的允许误差为±（0.30+0.006|t|）。

2.3.2 热电阻的结构

工业热电阻有普通装配式和柔性安装铠装式两种结构形式，如图2-16所示。

热电阻由电阻体、绝缘套管、保护套管和接线盒组成。电阻体由电阻丝和电阻支架组成。电阻丝采用双线无感绕法绕制在具有一定形状的云母、石英或陶瓷塑料支架上，支架起支撑和绝缘作用。内引线是热电阻出厂时自身具备的引线，对于工业铂电阻而言，中低温用银丝作引线，高温用镍丝；为了减小引线电阻的影响，其直径往往比电阻丝的大得多。它与接线盒柱相接，以便与外接线路相连而测量及显示温度。

按JB/T 8622—1997标准生产的热电阻，R_0的数值是由接线端子开始计算的；按国际

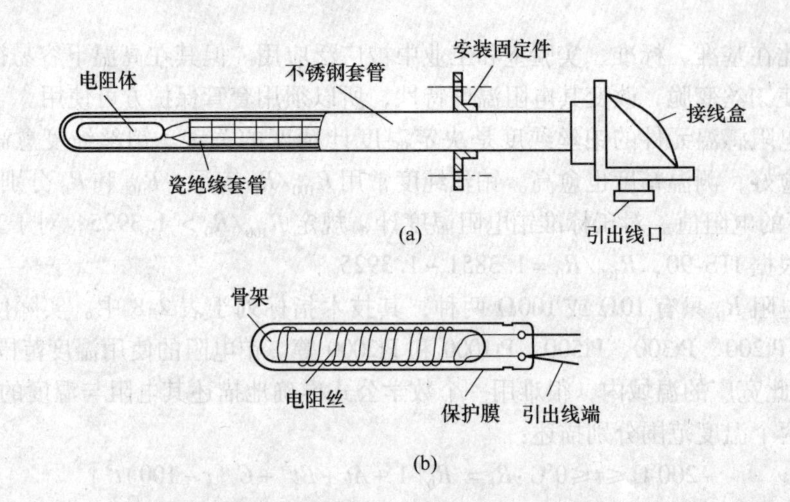

图 2-16 工业热电阻的基本结构

（a）装配式热电阻；（b）电阻体

电工委员会的标准，R_0 不包括内引线的阻值，仅从热电阻感温元件的端点算起。

2.3.3 特殊热电阻

2.3.3.1 铠装热电阻

铠装热电阻就是将热电阻感温元件，装入经压制、密实的氧化镁绝缘、有内引线的金属套管内，焊接感温元件和内引线后，再将装有感温元件的金属套管端头填实、焊封，形成的坚实整体的热电阻。内引线形式为三线与四线制。

铠装热电阻的外径尺寸一般为 ϕ2 ~ 8mm，个别的可制成 ϕ1mm。常用温度为 -200 ~ 600℃。同带保护管的热电阻相比，铠装热电阻具有外径尺寸小、响应速度快、抗振、可挠等特点，适于安装在结构复杂的部位。

2.3.3.2 薄膜铂热电阻

用膜工艺改变原有的线绕工艺，制备薄膜铂热电阻。它由亚微米或微米厚的铂膜及其依附的基板组成。它的测温范围是 -50 ~ 600℃，能够准确地测出所在表面的真实温度。

薄膜铂热电阻具有高阻值、灵敏度高、响应快、外形尺寸小、成本低，但抗固体颗粒正面冲刷性能差的特点，适用于表面及狭小区域、快速测温及需要高阻值元件的场合。

2.3.3.3 厚膜铂热电阻

厚膜铂热电阻的制备工艺是，高纯铂粉与玻璃粉混合，加有机载体调成糊状浆料，用丝网印刷在刚玉基片上，再烧结安装引线，调整阻值，最后涂玻璃釉作为电绝缘及保护层。

厚膜铂热电阻与线绕铂电阻的应用范围基本相同，但铠装的形式在表面温度测量及在恶劣机械振动环境下应用优势更为明显。它可作为表面温度传感器、容器温度传感器以及插入式温度传感器使用。

2.3.3.4 热敏电阻

热敏电阻是一种电阻值随温度呈指数变化的半导体热敏元件。

电阻可以根据需要做成各种形状，由于体积可以做得很小，热惯性小，适合快速测温；电阻温度系数大，灵敏度较高；电阻值高，在使用时连接导线电阻所引起的误差可以忽略；功耗小，适于远距离的测量与控制。但它的稳定性和互换性较差。

根据材料组成的不同，热敏电阻的温度特性也不一样。按其温度特性，热敏电阻有负温度系数热敏电阻NTC、正温度系数热敏电阻PTC和临界温度热敏电阻CTR。热敏电阻使用温度范围见表2-9。

表2-9 热敏电阻的使用温度范围

热敏电阻的种类	使用温度范围	基本材料
NTC热敏电阻	低温 −130～0℃	在常用的组成中添加铜，降低电阻
	常温 −50～350℃	锰、镍、钴、铁等过渡族金属氧化物的烧结体
	中温 150～750℃	Al_2O_3 + 过渡族金属氧化物的烧结体
	高温 500～1300℃ 1300～2000℃	ZrO_2 + Y_2O_3 的复合氧化物烧结体
PTC热敏电阻	−50～150℃	以 $BaTiO_3$ 为主的烧结体
CTR热敏电阻	0～150℃	BaO、P与B的酸性氧化物，硅的酸性氧化物及碱性氧化物MgO、CaO、SrO等氧化物构成的烧结体

为解决感温元件互换性的问题，首先从材质及制造工艺入手，保证元件的热敏指数B值、电阻率ρ值及几何形状的一致性；其次是采用多支热敏电阻的组合体，利用串、并联等形式组成新的测温元件，实现互换。

2.3.4 热电阻测温线路

热电阻温度计精密测量常选用电桥或电位差计，对于工程测温，多用自动平衡电桥或数字仪表或不平衡电桥。常用的电桥电路的测量原理如图2-17所示。图2-17（a）中从热电阻体的一端各引出一根连接导线，共两根导线，这种方式称为二线制接法。将热电阻及其连接导线作为电桥的一臂，利用该不平衡电桥将热电阻阻值转换为相应的输出电势，再送入显示（或控制）仪表G。

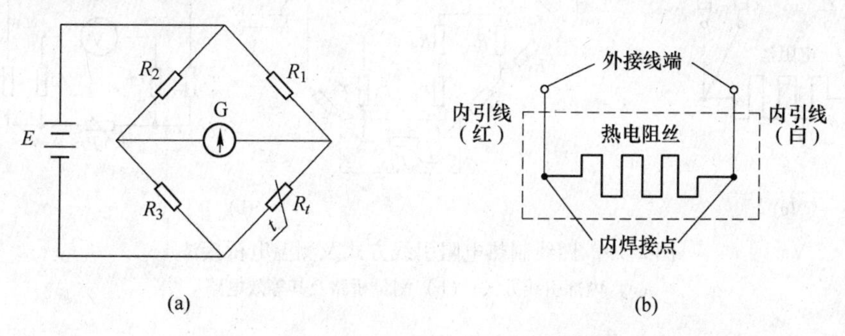

图2-17 热电阻测温原理与二线制接法引线方式
（a）原理图；（b）内部引线方式

由图2-17（a）可知，测量过程中有电流流过热电阻而产生热量，从而造成失真的结果，这称为自热效应，是热电阻测温的一个缺点。在使用热电阻测温时，需限制流过热电阻的电流以防止热电阻自热效应对测量精度的影响。

热电阻测温的另一个缺点是电阻低。由于热电阻阻值一般较小，而生产实践中热电阻安装的地方（现场）与仪表（控制室）相距甚远，当环境温度变化时其连接导线的电阻也将变化，因为连接导线与热电阻是串联的，也是电桥臂的一部分，会造成测量误差，因此，二线制接法只能用于测温精度不高的场合。为了提高测温精度，现在一般采用三线制或四线制接法来消除这项误差。

三线制是指在电阻体的一端连接两根引线，另一端连接一根引线的热电阻引线形式，如图 2-18（a）所示（内部接线请参考图 2-18b）。如图 2-18（b）与（c）所示，三线制接法热电阻和电桥配合使用时，由于在两个相邻桥臂中各接入了一根连接导线，可以较好地消除引线电阻（图中表示为 $r_1 \sim r_3$）的影响，显然测量精度比二线制接法高。

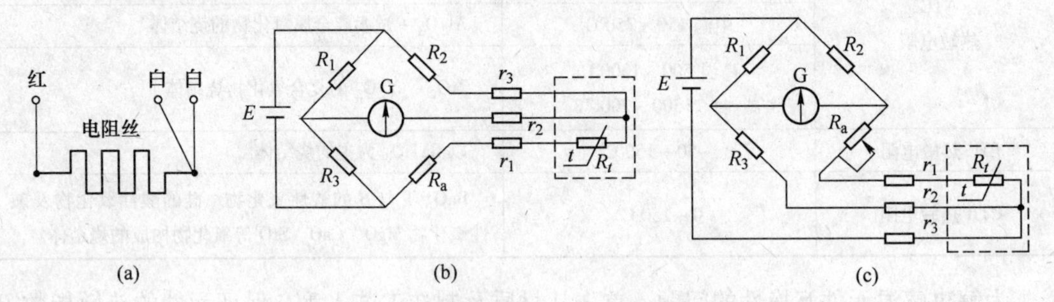

图 2-18　三线制热电阻引线方式及测温电桥接法

（a）内部引线方式；（b）接法一；（c）接法二

热电阻四线制接法测量线路如图 2-19 所示，四线制主要用于高精度温度的测量。只要电路设计合理，流过热电阻的电流恒定，则测量仪表两端电压等于 I_0R_t，与接线电阻 $r_1 \sim r_4$ 无关，故它可消除连接线电阻的影响。实际上图 2-19（b）所示的测量桥路同时可以消除测量电路中寄生电动势引起的误差。四线制接线方式一般用于准确度要求较高的场合。

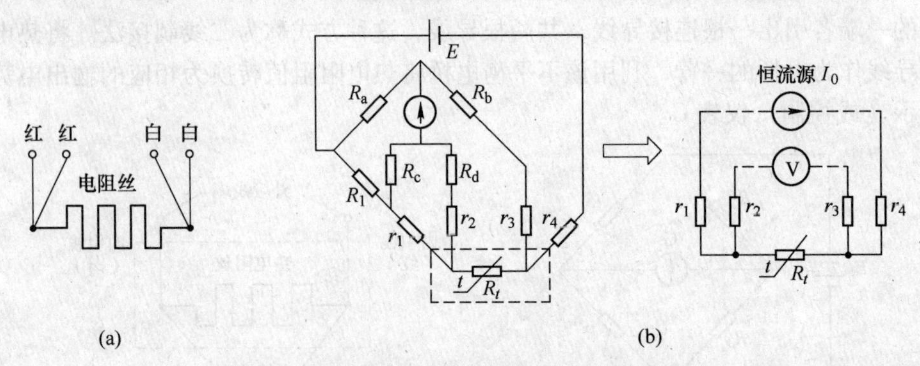

图 2-19　四线制热电阻引线方式及测温电桥接法

（a）内部引线方式；（b）测量桥路及其等效电路

2.4　辐射温度计

辐射温度计是由测量物体的辐射通量给出按温度单位分度的输出信号的仪表。它可以测量运动物体的温度，且不会破坏物体的温度场，因此，基于热辐射原理的非接触式光学测温仪器得到了较快的发展和应用。目前，非接触式测温技术已在冶金、化工、机械、建材、核工业、航天等行业得到广泛应用。非接触式温度测量仪大致分成两类：一类是光学辐射式高温计，包括光学高温计、光电高温计、全辐射高温计、比色高温计等；另一类是红外辐射温度计，包括全红外线辐射型、单色红外辐射、比色型等。

辐射测温方法广泛应用于900℃以上的高温区测量中。近年来随着红外技术的发展，测温的下限已下移到常温区，大大扩展了非接触式测温的使用范围。

2.4.1 辐射测温原理

任何物体都能以电磁波的形式向周围辐射能量。辐射测温的物理基础是普朗克（Planck）定律和斯忒藩-玻耳兹曼（Stefan-Boltzmann）定律。

（1）普朗克定律。单位时间内单位表面积向其上的半球空间的所有方向辐射出去的在包含波长 λ 在内的单位波长内的能量称为光谱辐射力（spectral emissive power），其单位为 $W/(m^2 \cdot m)$ 或者 $W/(m^2 \cdot \mu m)$，单位分母中的 m 或 μm 表示单位波长的宽度。黑体的光谱辐射力 E_0（λ，T）随热力学温度 T 及波长 λ 的变化由普朗克定律所描述，即

$$E_0(\lambda,T) = C_1\lambda^{-5}\left(e^{\frac{C_2}{\lambda T}} - 1\right)^{-1}$$

对于实际物体，某一波长下的辐射强度 $E(\lambda, T)$ 为：

$$E(\lambda,T) = \varepsilon E_0(\lambda,T)$$

式中 λ——由物体发出的辐射波长，m；

C_1——普朗克第一辐射常数，其数值为 $3.742 \times 10^{-16}\,W \cdot m^2$；

C_2——普朗克第二辐射常数，其数值为 $1.438 \times 10^{-2}\,m \cdot K$；

T——物体的绝对温度，K；

ε——灰体的辐射率，或称黑度系数，即物体表面辐射本领与黑体辐射本领之比值，与灰体材料性质、形状、温度及波长等因素有关，其值 $0 < \varepsilon \leqslant 1$。

普朗克公式对任何温度都适用，但实际使用很不方便。因此在低温和短波下通常采用维恩公式。

在 $T < 3000K$ 和 $\lambda < 0.8\mu m$ 范围内，即 $\frac{C_2}{\lambda T} \gg 1$ 时，可用维恩公式代替普朗克公式。维恩公式表达式为：

$$E_0(\lambda,T) = C_1\lambda^{-5}e^{-\frac{C_2}{\lambda T}}$$

（2）斯忒藩-玻耳兹曼定律。单位时间内单位表面积向其上的半球空间的所有方向辐射出去的全部波长范围内的能量称为辐射力（emissive power），其单位为 W/m^2。斯忒藩-玻耳兹曼定律建立了物体总的辐射力 E 与热力学温度 T 间的定量关系，即

$$E = \sigma\varepsilon T^4 \tag{2-9}$$

式中 σ——斯忒藩-玻耳兹曼常数，即黑体辐射常数，其值为 $5.6697 \times 10^{-8}\,W/(m^2 \cdot K^4)$。

由此可知，在一定波长下，测量物体的辐射强度，可推算出其温度，这就是辐射温度计测温的基本原理。怎样测量辐射强度？怎样保证这个测量在一定波长（窄波段）下进行？在仪表的测量结果中如何考虑辐射率 ε 的影响？这是辐射式测温中必须解决的三个基本问题。

2.4.2　亮度高温计

亮度高温计是根据物体发出光谱的辐射亮度与其温度的关系来测温的，是发展最早、应用最广的非接触式温度计。

2.4.2.1　亮度与亮度温度

物体在高温状态下会发光，当温度高于700℃就会明显地发出可见光，具有一定的亮度。由维恩公式可知，绝对黑体在波长 λ 一定（通常选 $\lambda=0.66\mu m$）时，辐射强度 E_λ 就只是温度的单值函数了。因为各物体的发射率不同，所以即使它们的亮度相同，但实际温度并不同。因此，按某物体温度刻度的温度计不能用来测量发射率不同的其他物体的温度。为了解决上述问题，仪表将按黑体的温度刻度，故引用亮度温度 T_L 的概念。

$$E(\lambda,T)=\varepsilon E_0(\lambda,T)=E_0(\lambda,T_L)$$

$$\varepsilon C_1\lambda^{-5}\exp[-C_2/(\lambda T)]=C_1\lambda^{-5}\exp[-C_2/(\lambda T_L)] \tag{2-10}$$

用这种刻度的亮度高温计去测量实际物体（$\varepsilon\neq1$）的温度时，得到的温度示值称为被测物体的“亮度温度”。对式（2-10）两边取对数后，得到被测物体实际温度 T 和亮度温度 T_L 之间的关系：

$$\frac{1}{T_L}-\frac{1}{T}=\frac{\lambda}{C_2}\ln\frac{1}{\varepsilon_\lambda}$$

由此可见，使用已知波长 λ 的单色辐射光学高温计测得物体亮度温度后，必须同时知道物体在该波长的发射率 ε，才可知道实际温度。因为实际物体 $0<\varepsilon<1$，所以测到的亮度温度总是低于真实温度。

2.4.2.2　灯丝隐灭式光学高温计

灯丝隐灭式光学高温计是一种典型的单色辐射光学高温计，在所有的辐射式温度计中它的精度最高，因此很多国家用它来作为基准仪器复现金或银凝固点温度以上的国际温标。

如图2-20所示，高温计的核心元件是一只标准灯3，其弧形钨丝灯的加热采用直流电源E，用滑线电阻器7调整灯丝电流以改变灯丝亮度。标准灯经过校准，电流值与灯丝亮度关系成为已知。灯丝的亮度温度由毫伏表6测出。物镜1和目镜4均可沿轴向调整，调整目镜位置使观测者能清晰地看到标准灯的弧形灯丝；调整物镜的位置使被测物体成像在灯丝平面上，在物像形成的发光背景上可以看到灯丝。观测者目视比较背景和灯丝的亮度，如果灯丝亮度比被测物体的亮度低，则灯丝在背景上显现出暗的弧线，如图2-21（a）所示；若灯丝亮度比被测物体亮度高，则灯丝在相对较暗的背景上显现出亮的弧线，如图2-21（b）所示；只有当灯丝亮度和被测物体亮度相等时，灯丝才隐灭在物像的背景里，如图2-21（c）所示，此时毫伏计指示电流值就是被测物体亮度对应的读数。

由于灯丝从600℃才开始发光，因此，光学高温计的测温下限不能低于600℃。这样，一般的光学高温计有两个刻度：一个是800～1400℃，当亮度温度超过1400℃时，钨丝过热开始升华，形成灰暗的薄膜而造成测量误差；另一个是1400～2000℃，图2-20中的2是灰色吸收玻璃，它的作用就是在保证标准灯钨丝不过热的情况下能延伸仪表的测量范围，利用灰色吸收玻璃将减弱了的被测热源的辐射亮度和灯丝亮度进行比较，使测温上限

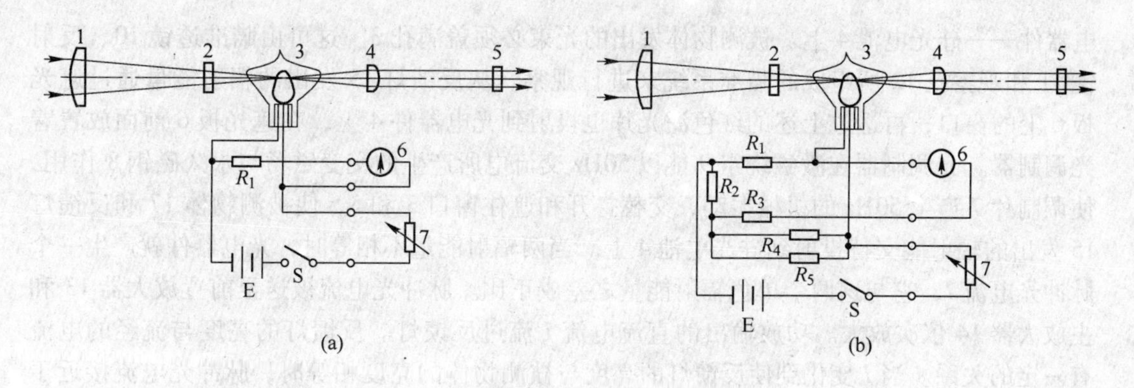

图 2-20 灯丝隐灭式光学高温计原理图

(a) 电压式；(b) 电桥式

1—物镜；2—吸收玻璃；3—高温计标准灯；4—目镜；5—红色滤光片；

6—测量电表；7—滑线电阻器

达到 1400～2000℃。

在比较被测物体和灯丝亮度时，为了造成窄的光谱段，必须加入红色的滤光片 5。图 2-22 画出的是红色滤光片的光谱透过系数 τ_λ 曲线和人眼睛的相对光谱敏感度 ν_λ 曲线。两条曲线的共同部分就是能透过滤光片，被感受到的光谱段，为 $\lambda=0.62\sim0.72\mu m$。该波段的重心波长，$\lambda\approx0.66\mu m$，称为光学高温计的“有效波长”。这是单色辐射光学高温计的一个重要的特征参数，在亮度高温计的设计和温度换算中都必须用到它。

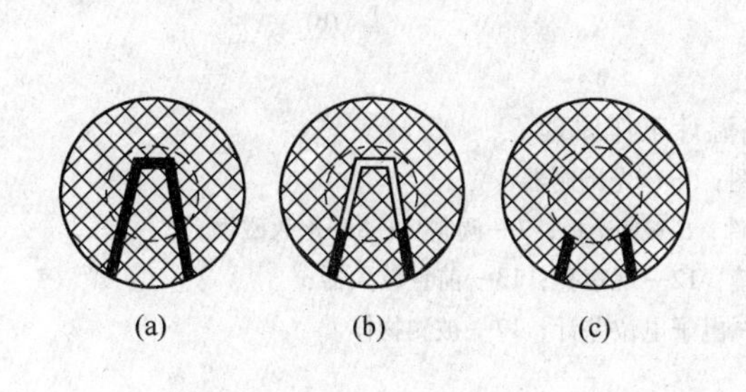

图 2-21 灯丝亮度调整图

(a) 灯丝太暗；(b) 灯丝太亮；(c) 隐丝（正确）

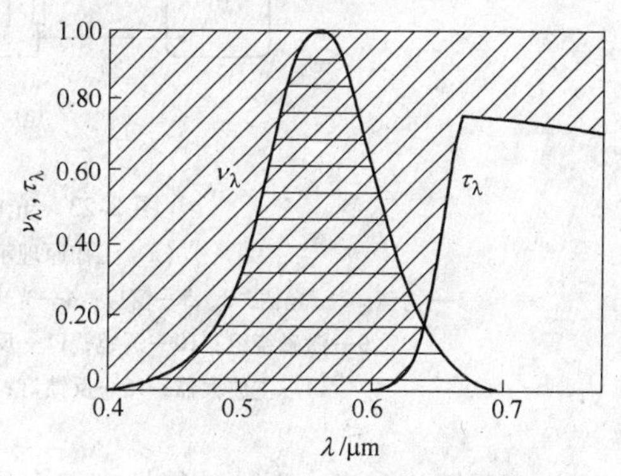

图 2-22 红色滤光片光谱透过系数 τ_λ 和人眼睛相对光谱敏感度 ν_λ 曲线

2.4.2.3 光电高温计

光学高温计在测量物体温度时，是由人的眼睛来判断亮度平衡状态，带有测量人的主观性，同时由于测量温度是不连续的，难以做到被测温度的自动记录。光电高温计是在光学高温计的基础上发展起来的能自动连续测温的仪表，可以自动平衡亮度。它采用光电器件作为敏感元件感受辐射源的亮度变化，并将其转换成与亮度成比例的电信号，电信号的大小对应被测物体的温度，此信号经放大后送检测系统并自动记录下来。

图 2-23 是 WDL-31 型光电高温计的工作原理示意图。被测物体 17 发射的辐射能量由物镜 1 聚焦，通过光栏 2 和遮光板 6 上的窗口 3，透过装于遮光板内红色滤光片入射到光

电器件——硅光电池 4 上。被测物体发出的光束必须盖满孔 3。这可由瞄准透镜 10、反射镜 11 和观察孔 12 所组成的瞄准系统来进行观察。从反馈灯 15 发出的辐射能量通过遮光板 6 上的窗口，再透过上述的红色滤光片也投射到光电器件 4 上，在遮光板 6 前面放置着光调制器。光调制器在激磁绕组 9 能以 50Hz 交流电所产生的交变磁场与永久磁钢 8 作用，使调制片 7 产生 50Hz 的机械振动，交替打开和遮住窗口 3 和 5，使被测物体 17 和反馈灯 15 发出的辐射能交替投射到硅光电池 4 上。当两辐射能量不相等时，光电器件就产生一个脉冲光电流 I，它与这两个单色辐射能量之差成正比。脉冲光电流被送至前置放大器 13 和主放大器 14 依次放大。功放输出的直流电流 I 流过反馈灯。反馈灯的亮度与流经的电流有一定的关系。当 I 变化到使反馈灯的亮度与被测物体的亮度相等时，脉冲光电流接近于零。这时选取用温度刻度的电子电位差计 16 自动指示和记录反馈灯 I 的大小。由于采用了光电负反馈，仪表的稳定性能主要取决于反馈灯的“电流—辐射亮度”特性关系的稳定程度。

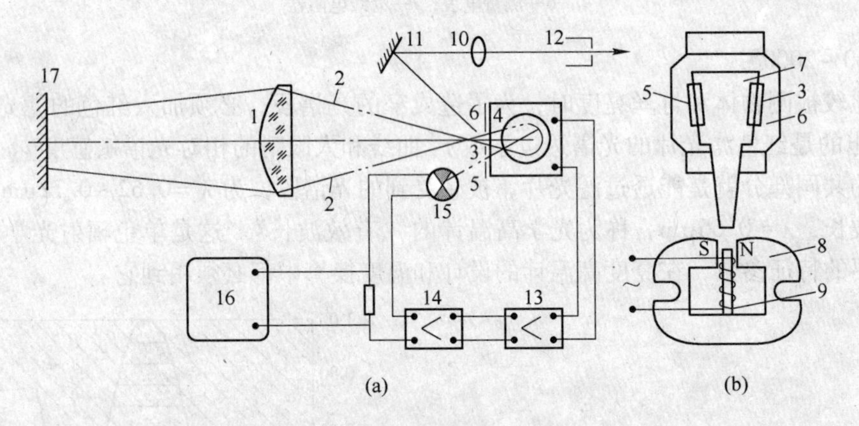

图 2-23 光电高温计工作原理

（a）工作原理示意图；（b）光调制器

1—物镜；2—光栏；3，5—窗口；4—光电器件；6—遮光板；7—调制片；8—永久磁钢；9—激磁绕组；10—透镜；11—反射镜；12—观察孔；13—前置放大器；14—主放大器；15—反馈灯；16—电子电位差计；17—被测物体

由于反馈灯和光电器件的特性有较大的分散性，器件互换性差，因此在更换反馈灯和光电池时需要重新进行校准和分度。在 400 ~ 1100℃ 范围内使用的光学高温计，通常用黑体炉分度。

2.4.2.4 亮度高温计的使用

（1）发射率 ε（λ，T）的影响。由于被测物体均为非黑体，其 ε 随波长、温度、物体表面情况而变化，使被测物体温度示值可能具有较大的误差。为此可以人为地创造黑体辐射条件，把一根一端封闭的耐高温的细长管插入到被测对象中去，充分受热后管底的辐射就近似于黑体辐射。光学高温计瞄准管子底部所测得的温度就可以视为被测对象的真实温度。另外，也可使用热电偶对它进行校对。

（2）中间介质。理论上光学高温计与被测目标间没有距离上的要求，只要求物像能均匀分布满目镜视野中的灯丝即可。实际上其间的灰尘、烟雾、水蒸气和二氧化碳等对热辐射均可能有散射效应或吸收作用从而造成测量误差，并且难修正。所以实际使用时高温计与被测物体距离不宜太远，一般在 1 ~2m 比较合适，最好不要超过 3m。

（3）被测对象。光学高温计不宜测量反射光很强的物体，不能测量不发光的透明火焰，也不能用光学高温计测量冷光的“温度”。

2.4.3　比色温度计

根据维恩偏移定律，当温度增高时绝对黑体的最大单色辐射强度向波长减小的方向移动，使两个固定波长 λ_1 和 λ_2 的亮度比 R 随黑体温度 T 而变化。

$$R=\left(\frac{\lambda_2}{\lambda_1}\right)^5 e^{\frac{\theta_2}{T}\left(\frac{1}{\lambda_2}-\frac{1}{\lambda_1}\right)}$$

两边取对数，有：

$$\ln R=5\ln\frac{\lambda_2}{\lambda_1}+\frac{C_2}{T}\left(\frac{1}{\lambda_2}-\frac{1}{\lambda_1}\right)$$

当 λ_1 和 λ_2 一定时，可简化成：

$$\ln R=A+BT^{-1}$$

可知，当黑体温度不同时，两个波长的辐射亮度比 R 也不同，并呈线性关系变化。若 λ_1 和 λ_2 预先规定后，测得此两波长下的亮度比 R，就可求出黑体温度。对于实际物体引入比色温度概念，即温度为 T 的实际物体在两个不同的波长下的亮度比值与温度为 T_R 的绝对黑体在同样两波长的亮度比值相等，则把 T_R 称为实际物体的比色温度。

$$T_R=\frac{C_2(1/\lambda_2-1/\lambda_1)}{\ln R-5\ln(\lambda_2/\lambda_1)}$$

应用维恩公式，可推导出物体实际温度 T 和比色温度 T_R 的关系为：

$$\frac{1}{T}-\frac{1}{T_R}=\frac{\ln(\varepsilon_{\lambda1}/\varepsilon_{\lambda2})}{C_2(1/\lambda_1-1/\lambda_2)}$$

式中，波长 $\varepsilon_{\lambda1}$ 和 $\varepsilon_{\lambda2}$ 分别为实际物体在辐射波长为 λ_1 和 λ_2 时的单色光谱发射率。

比色法光学测温的特点如下：

（1）由于光谱发射率与波长的关系，比色温度可以小于、等于或大于真实温度。对于灰体，当 $\varepsilon_{\lambda1}=\varepsilon_{\lambda2}\neq1$ 时，同样可能出现 $T=T_R$，这是比色温度计最大优点。由此，波长的选择是决定该仪表准确度的重要因素。

（2）中间介质如水蒸气、二氧化碳、尘埃等对 λ_1 和 λ_2 的单色辐射均有吸收，尽管吸收率不一定相同，但对单色辐射亮度的比值 R 的影响相对会减小。

比色温度计的结构有单通道和双通道两种方式。图 2-24 所示为按照比色测温原理设计的单通道光电比色高温计的工作原理。被测物体的辐射能量经物镜组 1 聚焦，经过通孔成像

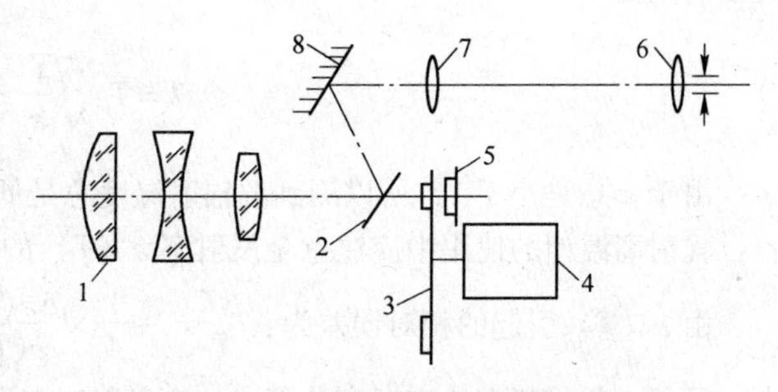

图 2-24　单通道光电比色高温计原理图

1—物镜组；2—通孔成像镜；3—圆盘；4—同步电动机；5—接收器；6—目镜；7—倒像镜；8—反射镜

镜2而到达硅光电池接收器5。同步电动机4带动圆盘3转动，圆盘上装有两种不同颜色的滤光片，可允许两种波长的光交替通过。接收器5输出两个相应的电信号。对被测对象的瞄准通过反射镜8、倒像镜7和目镜6来实现。

接收器输出的电信号经变送器完成比值运算和线性化后输出统一直流信号。它既可接模拟仪表也可以接数字式仪表，来指示被测温度值。为使光电池工作稳定，它被安装在一恒温容器内，容器温度由光电池恒温电路自动控制。

只要波长选择合适，比色温度计可减小被测物体表面发射率变化所引起的误差，尤其适用于测量发射率较低的光亮表面，或者在光路上存在着烟雾、灰尘等场所。

2.4.4 辐射高温计

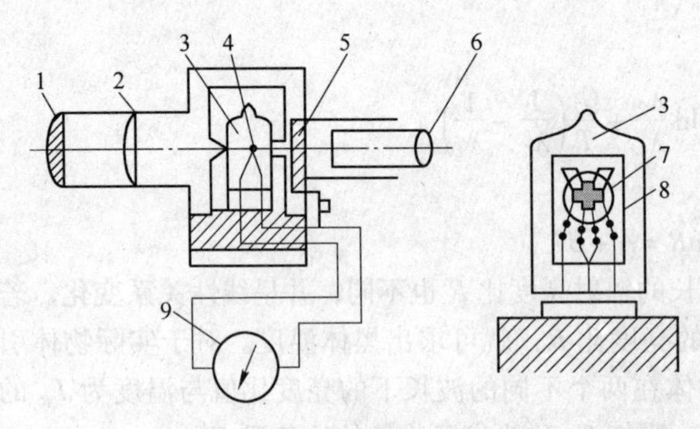

图2-25 辐射高温计原理图

1—物镜；2—光栅；3—玻璃泡；4—热接收器；5—滤光片；6—目镜；7—铂箔；8—云母片；9—二次仪表

根据绝对黑体全辐射定律的原理公式（2-9）设计的高温计称为辐射高温计。辐射高温计是基于被测物体的辐射热效应进行工作的，如图2-25所示。

被测物体所有能透过光学系统的辐射能量由物镜1聚焦经光栅2投射到热接收器4上，这种热接收器多为热电堆结构。热电堆是由4~8支微型热电偶串联而成，可得到较大的热电势。热电堆的测量端贴在类十字形的铂箔7上，铂箔涂成黑色以增加热吸收系数。热电堆的参比端贴夹在热接收器周围的云母片8中。在瞄准物体的过程中可以通过目镜6进行观察，目镜前有灰色玻璃5用来削弱光强，以保护观察者的眼睛。整个高温计机壳内壁面涂成黑色以便减少杂光干扰和尽量造成黑体条件。

辐射高温计与光学高温计一样，它也是按绝对黑体进行分度的，用它测量发射率为 ε 的实际物体温度时，其示值并非真实温度。还需要引入“辐射温度”的概念。辐射温度即是：热辐射体与黑体在全波长范围的积分辐射出射度相等时，黑体的温度被称为热辐射体的辐射温度 T_p。

$$T = T_p \sqrt[4]{\frac{1}{\varepsilon}}$$

由于 ε 总是小于1，所以测到的辐射温度总是低于实际物体的真实温度。

辐射高温计的使用中应注意全发射率 ε（T）的影响。

由 ε（T）引起的相对误差为：$\frac{\Delta T}{T} = -\frac{1}{4} \times \frac{\Delta\varepsilon(T)}{\varepsilon(T)}$

虽然一些材料在给定温度范围内的全发射率有资料可供参考，但资料中提供的值，未必与被测物体的状态完全相同。所以，在准确测温时，应实际测量被测对象的发射率。如在被测物体上焊接热电偶（测量结果作为真实温度），同时用辐射高温计瞄准其测量端进行示值比较，求出该条件下的全发射率，再进行修正。

2.4.5 红外测温计

2.4.5.1 红外温度计

A 红外温度计的原理

对于波长在0.75～40μm的红外光谱波段，热辐射体发出的部分光谱波段的辐射通量与温度之间的关系，仍然可依据普朗克定律确定。可以通过光探测器或热探测器测量部分辐射通量进而确定热辐射体的温度。利用红外辐射测定温度的方法，将非接触式测温向低温方向延伸，低温区已至－50℃，高温区达3000℃。红外温度计由红外探测器和显示仪表两大部分组成，是一个包括光、机、电的红外测温系统，其结构与比色温度计基本相同。红外温度计按测量方式可分成固定式与扫描式，依据光学系统的不同可分成变焦点式与固定焦点式。红外温度计按测量波长分类见表2-10。

表2-10 红外温度计按测量波长分类

色 型	波 段	名 称	测量波长/μm	测量温度下限/℃
单色型	宽波段	—	8～13	-50
	窄波段	硅辐射温度计	0.9	400
		锗辐射温度计	1.6	250
		PbS 辐射温度计	2	150
		PbSe 辐射温度计	4	100
		光学温度计	0.65（0.66）	800
双色型	窄波段	硅辐射温度计	0.80，0.97	600
		锗辐射温度计	1.50，1.65	400
		PbS 辐射温度计	2.05，2.35	300

光学系统采用透射式或反射式。透射式光学系统的透镜采用的是能透过相应波段辐射的材料。测量700℃以上高温的波段主要在0.76～3μm的近红外区，可采用一般的光学玻璃或石英玻璃；测量中温的波段主要在3～5μm的中红外区，多采用氟化镁、氧化镁等热压光学透镜；测量低温时主要在5～14μm的中、远红外区，多采用锗、硅、热压硫化锌等材料制成的透镜。反射式光学系统多采用凹面玻璃反射镜，并在镜的表面镀金、铝、镍或铬等对红外辐射反射率很高的金属材料。红外探测器的种类与特征见表2-11。

表2-11 红外探测器的种类与特征

种 类	类 型	名 称	特 征
热探测器	热敏电阻型	热敏电阻	可在室温下工作，灵敏度与波长无关
	热电动势型	热电堆	灵敏度低，响应慢
	热释电型	TGS，$PbTiO_3$，$LiTaO_3$	价格便宜
光探测器	光导型	HgCdTe，InSb，PbSe，PbS	必须冷却，灵敏度与波长无关， 灵敏度高，响应快
	光生伏特型	InAs，InSb，HgCdTe	价格贵

B　红外温度计的使用

（1）发射率的影响。

1）观测角度。红外温度计是通过一个小的立体角来测量表面温度，而表面的发射率一般是垂直表面的法线。因此，测量表面温度时，观测角不宜大于45°。

2）波长。几乎所有金属的光谱发射率都随波长的增加而减小，而非金属则相反。所以，要针对不同的材料选择适宜波长的红外温度计。

3）温度。发射率与波长和温度有关，但温度变化对其影响较小。

4）表面状态。表面的粗糙程度和氧化层厚度，通常增加表面的发射率。如表面氧化层厚度增加，发射率逐渐增大，达到10μm厚时，发射率趋于稳定。

（2）消除烟雾、水汽等影响应注意的事项。

1）选择适宜的温度计。水汽与 CO_2 对波长为2.7μm与4.3μm的红外线吸收得很厉害，因此要选择测量波段远离吸收波段的红外温度计，这样才能不受水汽与 CO_2 的影响。

2）选择合适的安装位置。温度计应安装在振动小，不妨碍工作，烟雾、水汽和粉尘少的地方。安装位置距被测表面越近，光谱吸收误差越小。使用时安装位置距目标0.5～3m为宜。

2.4.5.2　红外热像仪

红外热像仪利用红外探测器按顺序直接测量物体各部分发射出的红外辐射，综合起来就得到物体发射红外辐射通量的分布图像，这种图像称为热像图。由于热像图本身包含了被测物体的温度信息，因此也称温度图。

红外热像仪通常由红外探测器、光学扫描系统（焦平面技术则省去了光机扫描系统）和显示单元组成，如图2-26所示。扫描系统把被测对象的辐射经光学系统的扫描镜，聚焦在焦平面上。焦平面内安置红外探测元件。在光学会聚系统与探测器之间有一套光学-机械扫描装置，它由两个扫描反光镜组成，一个用作垂直扫描，另一个用作水平扫描。从目标入射到探测器上的红外辐射随着扫描镜的转动而移动，按次序扫过物空间的整个视场。在扫描过程中，入射红外辐射能使探测器产生响应。一般说来，探测器的响应是与红外辐射的能量成正比的电压信号，扫描过程使二维的物体辐射图形转换成一维的电子视频信号序列。该信号经过放大、发射率修正和环境温度补偿后，由视频监视系统实现热像显示和温度测量。

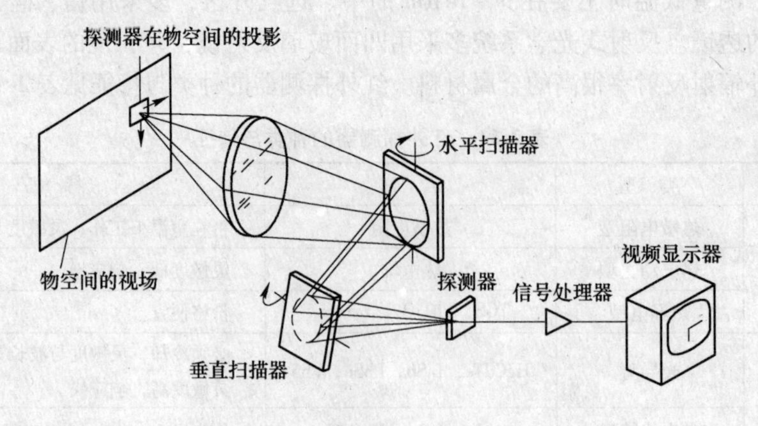

图2-26　扫描热像仪原理示意图

简而言之，红外热像仪就是通过非接触探测红外热量，并将其转换生成热图像和温度值，进而显示在显示器上，并可以对温度值进行计算的一种检测设备。热像仪用于面积大且温度分布不均匀的被测对象上，可求其整个面积的平均温度或表面温场随时间的变化；在有限的区域内，可寻找过热点或过热区域的情况。

红外热像仪一般分为光机扫描成像系统和非光机扫描成像系统。

光机扫描成像系统采用单元或多元光电、光导或光伏红外探测器。单元探测器获得图像时间长，多元阵列探测器也可做成实时热成像仪。

非扫描成像的焦平面热像仪，其探测器由单片集成电路组成，被测目标的整个视野都聚焦在上面，图像更加清晰，采用PC卡，仪器非常小巧轻便。

红外热电视也是热像仪的一种。它通过热释电摄像管（PEV）接受被测物体表面红外辐射，并把目标内热辐射分布的不可见热图像转变成视频信号。

2.5 测温仪表的选择及安装

2.5.1 温度计的选择原则

温度计是指包括感温元件、变送器、连接导线及显示仪表等在内的一个完整的测量系统。温度计的选择需要考虑的因素很多，诸如测温范围、测量准确度、仪表应具备的功能、环境条件、维护技术、仪表价格等等，可归纳为以下几方面：

（1）满足生产工艺对测温提出的要求。根据被测温度范围和允许误差，确定仪表的量程及准确度等级。在一些需长期观察的测温点，可选择自动记录式仪表。对一些只要求温度监测的场合，通常选择指示式仪表即可。如果需自动控温，则应选择带控制装置的测温仪表或配用温度变送器，组成灵活多样的控温系统。

（2）组成测温系统的各基本环节必须配套。感温元件、变送器、显示仪表和连接导线都有确定的性能、规格及型号，必须配套使用。如热电偶测温系统，当选用K分度号的热电偶时，补偿导线的型号、变送器及显示仪表的分度号都必须是与该类热偶相配用的，否则会得出错误的测量结果。

（3）注意仪表工作的环境。了解和分析生产现场的环境条件，诸如气氛的性质（氧化性、还原性等）、腐蚀性、环境温度、湿度、电磁场、振动源等等，据此选择恰当的感温元件、保护管、连接线，并采用合适的安装措施，保证仪表能可靠工作和达到应有的使用寿命。

（4）投资小且管理维护方便。在满足工艺要求的前提下，尽量选用结构简单、工作可靠、易于维护的测量仪表。对一个设备进行多点测温时，可考虑数个测温元件共用一个多点记录仪。

2.5.2 接触式测温元件的选型

一般在 $t<500$℃的中、低温区，如家用及汽车行业，用得较多的是热电阻或热敏电阻，在 $t>500$℃高温区，如冶金炉窑等热工设备的在线检测，选用较多的是热电偶。

热电偶的选用除了考虑被测对象的温度范围外，还需要考虑使用环境的气氛，通常被测对象的温度范围在 $-200\sim300$℃时可选用T型热电偶（它在廉金属热电偶中精度最高）

或E型热电偶（它是廉金属热电偶中热电势最大、灵敏度最高的）。当上限温度低于1000℃，可优先选K型热电偶，其优点为使用温度范围宽（上限最高可达1300℃），高温性能较稳定，价格较满足该温区的其他热电偶低。当上限温度低于1300℃，可选用N型或K型。当测温范围为1000～1400℃时，可选S或R型热电偶。当测温范围为1400～1800℃时，应选B型热电偶。当测温上限大于1800℃，应考虑选用还属非国际标准的钨铼系列热电偶（其最高上限温度可达2800℃，但超过2300℃其准确度要下降；要注意保护，因为钨极易氧化，必须用惰性或干燥氢气把热电偶与外界空气严格隔绝，不能用于含碳气氛）或非金属耐高温热电偶。

在氧化气氛下，且被测温度上限小于1300℃，应优先选用抗氧化能力强的廉金属N型或K型。当测温上限高于1300℃，应选S、R或B型贵金属热电偶。在真空或还原性气氛下，当上限温度低于950℃时，应优先选用J型热电偶（不仅可在还原性气氛下工作，也可在氧化气氛中使用）。高于此限，选钨铼系列热电偶，或非贵金属系列热电偶，或选采取特别的隔绝保护措施的其他标准热电偶。

2.5.3 非接触式测温元件的选型

在同一温度下，从仪表的灵敏度上讲，光学高温计的灵敏度最高，比色温度计次之，辐射温度计差一些。

从测量误差上来讲，随着温度升高，T_R、T_L 的相对误差也增大，而 T_P 的相对误差维持不变；对于发射率低的物体，其 T_P 与真实温度相差较大，而比色温度 T_R 的差别最小。

被测物体周围空气中含有的CO、CO_2、水蒸气及灰尘等，对辐射温度计测量结果的影响最大，光学高温计次之，比色温度计最小。故比色温度计可在较恶劣的环境下使用。

2.5.4 感温元件的安装

关于感温元件的安装，在各生产厂家的产品说明书中均有介绍。各种温度计不论是出厂前的分度，还是使用中的检定，都是只考虑温度计本身而不考虑使用条件。但是，对热电偶进行分度和检定时是不带保护套管的，且要满足在均匀温场的炉腔内插入足够深度的条件。在工业应用时会遇到各种各样非常复杂的情况，为避免产生较大的误差，在安装与使用中要采取各种措施以保证测温的准确性。

（1）正确选择测温点。选择安装地点时，要使测量点的温度具有代表性。例如，安装时热电偶应迎着被测介质的流向插入，使工作端处于流速最大的地方，即管道中心位置，不应插在死角区；非接触式温度计应选择有利的瞄准部位，安装在不妨碍工作，烟雾、水气和粉尘少的地方。

（2）避免热辐射等引起的误差。在温度较高的场合，应尽量减小被测介质与设备内壁表面之间的温度差，为此感温元件应插在有保温层的设备和管道处；在有安装孔的地方应设法密封，避免被测介质逸出或冷空气吸入而引入误差。

（3）防止引入干扰信号。如在测量电炉温度时，要防止因炉温较高，炉体绝缘电阻急剧下降，对地干扰电压引入感温元件；避免雨水、灰尘等渗入造成漏电或接触不良等故障；保护非接触温度计的瞄测光路，免受污染。

（4）确保安全可靠。避免机械损伤、化学腐蚀和高温导致的变形。凡安装承受较大压力的感温元件时，必须保证密封。在振动强烈的环境中，感温元件必须有可靠的机械固定措施及必要的防振手段。

2.5.5　布线要求

（1）热电偶温度计应按规定型号配用热电偶的补偿导线，正、负极不要接错，并注意使用温度不超出其规定值。

（2）热电阻应采用三线制接法与显示仪表相接；连接导线可采用普通铜导线，但其电阻值要符合仪表的要求。

（3）导线应有良好的绝缘。信号导线不能与交直流电源输电线合用一根穿线管，导线应远离电源动力线敷设，以减弱电磁感应带入的干扰。

2.6　新型温度传感器

2.6.1　光纤光栅温度传感器

光纤光栅温度传感器是一种将被测状态转变为可测的光信号的装置，具有灵敏度高、抗电磁干扰、耐高温、耐腐蚀，体积小、重量轻等特点。根据光纤在传感器中作用，传感器分为功能型、非功能型及拾光型三大类。

（1）功能型或传感型光纤传感器（FF）：光纤不仅作为导光物质，而且还是敏感元件。

（2）非功能型（传光型）传感器（NFF）：传感功能由非光纤型敏感元件完成，光纤仅起导光作用。

（3）拾光型传感器：用光纤作探头，接收由被测对象辐射的光或被反射、散射的光。

作为功能型光纤传感器中的一种新型传感器，光纤光栅制作简单、稳定性好、体积小、抗电磁干扰、使用灵活、易于同光纤集成及可构成网络等诸多优点，近年来被广泛应用于光传感领域。光纤光栅温度传感器可以检测的物理量很多，包括温度、压力、应变、应力、位移、扭角、扭应力、加速度、电流、电压、磁场、频率及浓度等，应用前景很好。

2.6.1.1　光纤光栅结构与工作原理

1978 年加拿大 Hill 等人首次在掺锗石英光纤采用驻波写入法中发现光纤的光敏效应，并制成世界上第一根光纤光栅。1989 年，美国 Meltz 等人实现了光纤布拉格光栅（FBG，Fiber Bragg Grating）的激光侧面写入技术，使光纤光栅迅猛发展。

光纤光栅传感器所用光纤与普通通讯用光纤基本相同，一般由纤芯、包层、涂覆层和护套组成，如图 2-27 所示。光纤芯的主要成分为掺锗二氧化硅，用以提高纤芯的折射率，与包层形成全内反射条件将光限制在纤芯中。单模光纤其纤芯直径为 9μm，包层主要成分也为掺锗二氧化硅，直径为 125μm。涂覆层一般为环氧树脂、硅橡胶等高分子材料，外径为 250μm，以增强光纤的柔韧性、机械强度和耐老化特性。

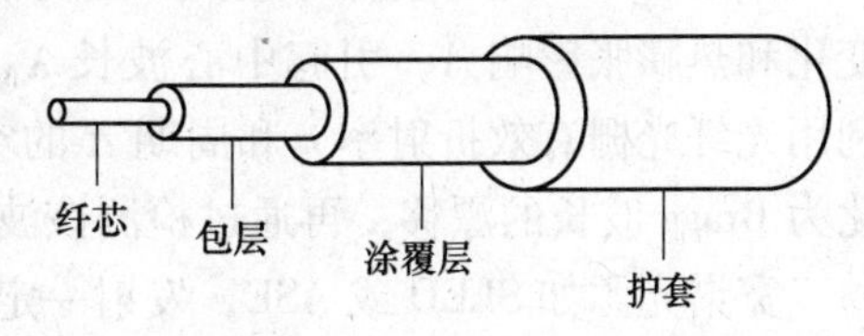

图 2-27　光纤的结构

如图 2-28 所示，在普通光纤中，让纤芯折射率发生周期性变化就构成了结构最简单的均匀光纤布拉格光栅，这种结构被认为是大部分光纤布拉格光栅的基本组成部分。其工作原理可以这样简单描述：图中输入光为宽光源，在光纤纤芯传播，并在每个光栅面处发生散射，当满足布拉格条件时，每个光栅平面反射回来的光逐步累加，最后形成一个反射峰，反射光为窄带光信号，其中心波长 λ_B（Bragg 波长）随光纤芯的有效折射率 n 和光栅周期 Λ 变化而变化，即

$$\lambda_B = 2n\Lambda$$

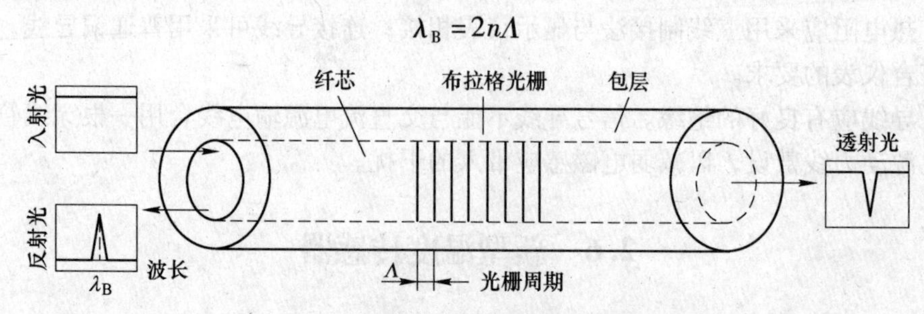

图 2-28 均匀光纤光栅结构及其波导图

光纤光栅的种类很多，从工作机理上出发可分为短周期光栅（或称反射光栅）和长周期光栅（或称透射光栅）；光纤光栅从结构上可分为周期性结构和非周期性结构；从功能上可分为滤波型光栅和色散补偿型光栅，色散补偿型光栅是非周期光栅，它还有一个好听的名字叫啁啾光栅（chirp 光栅）。光纤光栅广泛用于传感器和光纤通信领域。

2.6.1.2 光纤布拉格光栅传感原理与温度检测

光纤光栅的 Bragg 波长对温度变化 ΔT 和纵向应变 ε 很敏感，其关系为：

$$\frac{\Delta\lambda_B}{\lambda_B} = (\alpha_\Lambda + \alpha_n)\Delta T + (1 - P_e)\varepsilon = K_T\Delta T + K_\varepsilon\varepsilon$$

式中 α_Λ ——光纤的线膨胀系数，表示热膨胀引起光栅周期变化，$\alpha_\Lambda = \frac{1}{\Lambda}\frac{\partial\Lambda}{\partial T}$；

α_n ——光纤材料的热光系数，表示热光效应导致有效折射率变化，$\alpha_n = \frac{1}{n}\frac{\partial n}{\partial T}$；

P_e ——光纤材料的弹光系数，$P_e = \frac{1}{n}\frac{\partial n}{\partial\varepsilon}$；

K_T ——温度灵敏度系数；

K_ε ——应变灵敏度系数。

由上可知，光纤受外界应变和温度影响将通过弹光效应和热光效应影响 n、光纤长度变化和热膨胀影响 Λ，引起中心波长 λ_B 的改变。所以，光纤光栅传感器基本原理就是：利用光纤光栅有效折射率 n 和周期 Λ 的空间变化对外界参量的敏感特性，将被测量变化转化为 Bragg 波长的漂移，再通过检测该波长的移动来实现测量的，如图 2-29 所示。

宽谱光源如 SLED 或 ASE，发射一定带宽的光，通过环行器入射到光纤光栅中，当光纤光栅探头测量外界状态，光栅自身的栅距或折射率发生变化，从而引起反射波长的变化，由于光纤光栅的波长有选择性，符合条件的光被反射回来，再通过环行器送入波长测量系统测出光栅的反射波长变化，并进而推导出被测量的变化。

由于中心波长的任何改变，都是应变和温度共同作用的结果，因此当用光纤光栅传感

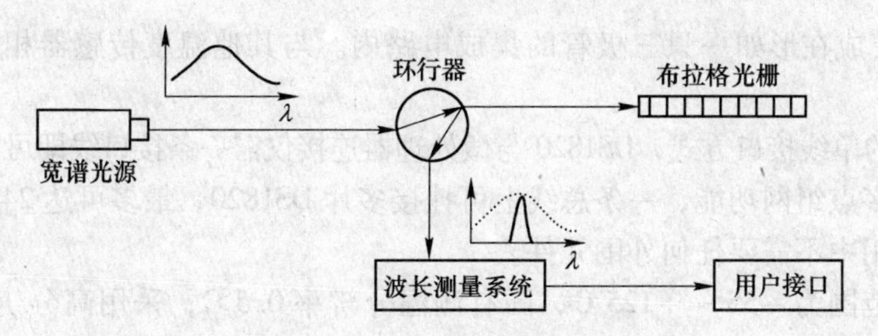

图 2-29 光纤光栅传感器检测原理

器检测单一参数时，须防止光纤光栅传感器的应变交叉敏感，例如当测量温度时，需屏蔽振动等引起的应变对温度测量精度的影响。此外，为提高温度、应变灵敏度系数，进而得到更大的测量精度，可将 FBG 封装在温度和或应变增敏材料中，以便对微小应变和温度变化量进行“放大”，从而提高测量精度，使传感器的测量范围得以扩展。选用热膨胀系数大的有机材料、金属或合金等材料可以较大地提高光纤光栅的温度灵敏度系数，如用一种热膨胀系数很大的混合聚合物对光纤光进行封装，在 20～80℃范围内可将光纤光栅的温度灵敏度提高 11.2 倍。在用光纤光栅测量温度时，由于热光系数 α_n 实际上是温度的函数，只有当温度变化不大时才近似为常数，实际使用时应考虑温度的非线性影响。

2.6.2 半导体集成电路温度传感器

集成温度传感器是利用晶体管的基极-发射极的正向压降随着温度升高而降低的特性，把感温 PN 结及有关电子线路集成在一个小硅片上，构成一个小型化、一体化及多功能化的专用集成电路片。AD590 集成电路温度传感器就是典型的一种，其原理电路如图 2-30 所示。

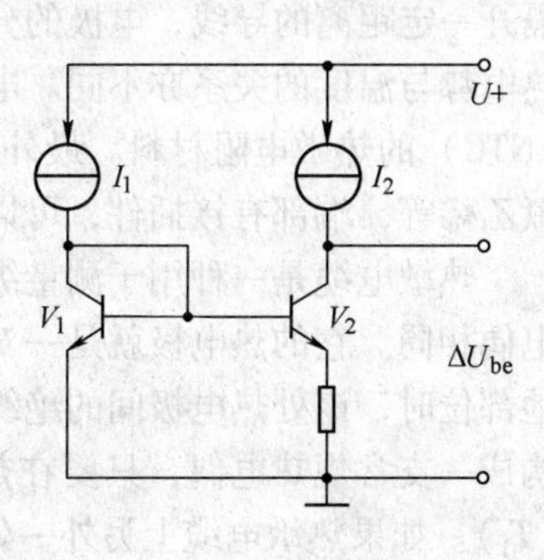

图 2-30 AD590 原理电路

已知晶体管的结电压 U_{be} 是温度的函数。

$$U_{be}=\frac{kT}{q}\ln\left(\frac{I_c}{A}\right)$$

式中 k——玻耳兹曼常数；

q——电子的电荷量；

I_c——集电极中恒电流；

A——与温度以及结构、材料等多种因数有关的系数。

由于系数 A 的存在，一般采用一对非常匹配的差分对管作为温度敏感元件，这样两管的结电压差 ΔU_{be} 为：

$$\Delta U_{be}=\frac{kT}{q}\ln\left(\frac{I_1}{I_2}\gamma\right)$$

式中，γ 是 V_1 与 V_2 的发射极面积比例因子，是由结构决定的系数；电流 I_1 与 I_2 由恒流源提供，从而得到一个与温度成正比例的 ΔU_{be}。

AD590 是电流输出型温度传感器，它产生一个与热力学温度成正比的电流输出。其测温范围为 -55～+50℃，分为 I、J、K、L、M 几挡，其温度校正误差随型号不同而异。

DS1820 则是在此基础上发展起来的可组网的数字式智能型温度传感器，全部传感元件及转换电路集成在形如一只三极管的集成电路内。与其他温度传感器相比，DS1820 具有以下特点：

（1）独特的单线接口方式，DS1820 与微处理器连接仅需一条接口线即可实现双向通讯。

（2）支持多点组网功能，一条总线上可挂接多片 DS1820，最多可达 248 片。

（3）在使用中不需要任何外围元件。

（4）测温范围为 -55 ~ +125℃，固有测温分辨率 0.5℃，采用高分辨率模式分辨率可达 0.1℃。

（5）测量结果以 9 位数字量方式串行传送。

对 DS1820 的使用，多采用单片机实现数据采集。处理时将 DS1820 信号线与单片机一位口线相连，单片机可挂接多片 DS1820，构成多点温度检测系统。DS1820 在测量中无需进行通道切换、A/D 转换和结果修正，能够直接读出所测温度，在工业过程控制、桥梁质量监测、空调系统、智能楼宇等常温测量中有广泛的应用。

2.6.3　特种测温热敏电缆

热敏电缆利用热电偶的热电效应，又被称为连续热电偶或寻热式热电偶，但它测量的不是偶头端部的温度，而是沿热电极长度上最高温度点的温度。

热敏电缆主要由热电极、隔离材料、保护管三部分组成。热电极是一对平行的、彼此隔开一定距离的导线，电极的分度号、材质与标准化热电偶相似。材料不同，热敏电缆的热电势与温度的关系亦不同。电极间填充的隔离材料是用专门工艺制成的具有负温度系数（NTC）的热敏电阻材料。最外层是铠装金属保护管，如耐热蚀合金、不锈钢或双层聚四氟乙烯等，端部有接插件，可以通过接插件延长其长度。端部是简易帽，结构简单。

热敏电缆是一种用于测量纵向空间最高温度点温度的新型传感器，它的测温原理与热电偶相同。它的热电极就是一对热电偶丝，当连续热电偶上任何一点的温度（T_1）高于其他部位时，该处热电极间的绝缘电阻就下降，导致出现“临时”热电偶测量端，这时它就构成一支常规热电偶，只要在热电偶参考端测量出热电势，就能确定临时接点处的温度（T_1）。如果热敏电缆上另外一处出现 T_2 高于 T_1 的情况，该处热电极间的绝缘电阻会变得低于 T_1 点的电阻，出现新的“临时”热电偶测量端，此时测出的热电势，对应于热电偶上新出现的 T_2 点处的温度。这就是热电势跟踪热敏电缆上最高温度点的原理。

由于连续热电偶的“临时”热接点不是紧密连接，热接点之外两电极间也并非完全绝缘，所以热敏电缆的输出电势与同种热电偶相比稍有降低，出现一定的测量误差。但这十几摄氏度的误差，对于火警预报来说是可以接受的，所以此项测温技术在火灾事故预警中有独特的应用。如果需要确定高温点的位置，则要增加一根测距电缆。该电缆有三根芯线，一根为低阻线，两根为高阻线，电阻率分别为 ρ_1、ρ_2，它们之间采用负温度系数的热敏电阻隔离，一旦出现高温，三线之间相当于用两个低值电阻相连，如图 2-31 所示。测量低阻线和高阻线 1 间的电阻 R_{AC}，低阻线和高阻线 2 间的电阻

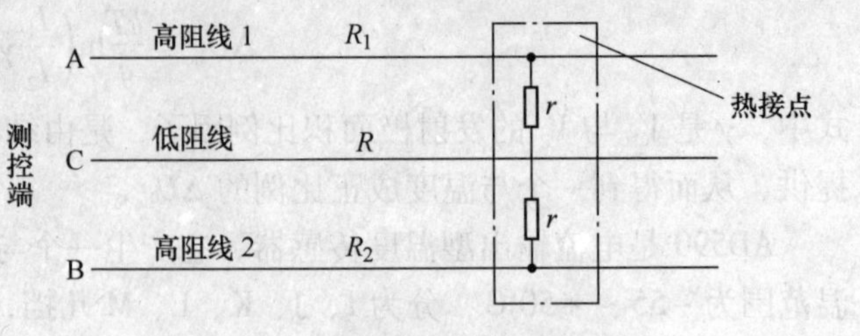

图 2-31　测距原理示意图

R_{BC}，并取其差值，则可计算测控端与热接点的距离 L。

$$R_{AC}-R_{BC}=R_1+R+r-(R_2+R+r)=R_1-R_2$$

$$L=k(R_1-R_2)/(\rho_1-\rho_2)$$

目前我国已有以热电偶为电极的 K 型热敏电缆，测温范围为 150～600℃，还有以相同材料为电极的电阻型热敏电缆，可用于 150～350℃的温度范围。

2.7 工业特殊测温技术

2.7.1 热流计

热流计也称热通量传感器，它基本上都是由带有热电堆的薄片制成。把它贴附于壁的表面上是为了测量通过壁的热流量。热通量传感器是由若干支串联的热电偶所组成，如图 2-32 所示。

$$q=\frac{\lambda_S}{L_S}(T_H-T_L)$$

式中 λ_S——附加壁材料的热导率；

L_S——附加壁的厚度；

T_H，T_L——壁的两个表面温度。

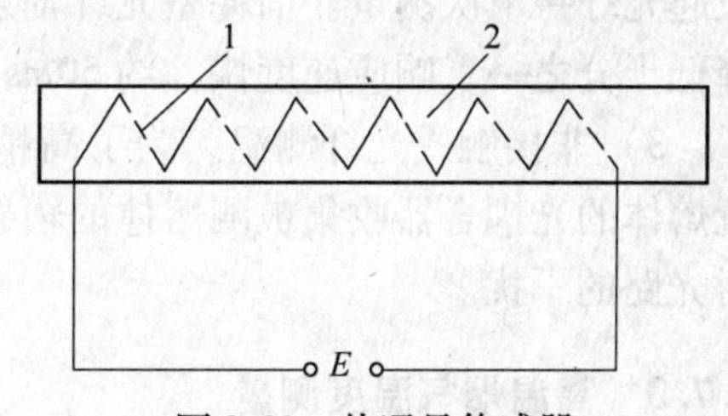

图 2-32 热通量传感器

1—热电堆；2—匹配层材料

$$q=\frac{\lambda_S}{L_S}\frac{1}{nS}E=CE$$

式中 n——串联热电偶数目；

S——热电偶的塞贝克系数；

C——检定常数；

E——热电堆的输出。

测量传输热的热流计可以用于确定最佳保温层的厚度以及了解设备散热损失的测试中。如电解槽的热流分布及热平衡测试中就采用热流计获得电解槽壳的热流分布，了解电解槽的散热损失。它还可用于一些大型热设备的安全管理，及时反映炉衬损坏情况。

2.7.2 高温金属熔体的温度测量

高温金属熔体温度测量分为两种方式：一种是连续测温，另一种是间断测量。在高温熔体中进行连续温度检测，由于熔体温度高、熔体运动的机械冲刷及侵蚀等作用，温度测量的可靠性就是对其保护管的耐腐蚀与抗热振性能能力的考验。

（1）铝液连续测温。炉内温度达 1000～1300℃，由于金属同铝液反应，因此，热电偶保护管是关键。采用表面改进的 SiC 保护管及 Si_3N_4 结合 SiC 保护管，寿命可达 3～6 个月。

（2）铜液连续测温。为抗铜腐蚀，采用 MAC-6 型金属陶瓷保护管，它是一种由高性能热电偶、填充剂、高温黏结剂构成的复合管形实体结构。

（3）钢液连续测温。钢液温度达 1500～1700℃，由于钢液面激烈搅动，强烈冲刷传感器，所以保护管除了耐高温、抗氧化外，还要有抗钢渣侵蚀及热冲击的能力。采用国产

Mo-MgO 系金属陶瓷管配用钨铼热电偶，在套管与热电偶间隙填充干而细的 Al_2O_3 粉形成实体，参考端用磷酸铝密封，这样，既能使热电偶与外界隔绝，又可增加热电偶抗氧化与振动能力。

1）消耗型测温。有关钢水、铁液温度测量，世界各国广泛采用消耗式快速微型热电偶，虽然响应速度快、准确度较高，但每次测量后必须更换探头，难以自动化，更不能高频率或连续测温。

2）消耗型光纤辐射测温。这是一种全新的金属熔体测温法。消耗型光纤辐射温度计是将光纤的端头浸入到被测的金属熔体中，将金属熔体内部的热辐射，直接通过光纤导入辐射温度计进行测温。消耗型光纤测温法最大的优点是，通常不依赖被测对象的发射率。光纤是由芯线与金属包套构成的“玻璃棒”，其直径非常细小（$\phi 125\mu m$），相对的开口也很小，即使插入深度很浅，也可在熔体内形成一个等温的玻璃圆筒空腔，具有良好的黑体条件，即可实现高精度测温。其测温程序为：插入熔体测量→端部蚀损，得到测温结果→拉起光纤→下次测量。消耗型光纤辐射温度计与消耗型热电偶对比，具有如下优点：成本降低十分之一；响应速度快，约 50ms；易自动化；可实现高频率测量。

3）非接触式光纤测温。为了高精度连续测量熔体的温度，非接触式光纤测温利用逼近熔体的光耦合器收集被测熔体的辐射能，并经光纤传输到光电转换器，减少了各种介质对光路的干扰。

2.7.3 高温烟气温度测量

随着被测气体温度的增高，温度传感器与周围容器壁的辐射换热相对于对流和导热换热所占的比例增大。尤其当测温元件周围有低温吸热面时，测温元件对冷壁面辐射热较大，使得温度计示值低于实际气体温度，造成以辐射为主的测温误差。目前已被采用的测量高温气体的具体实施办法有以下几种：

（1）加遮热罩。在热电偶的热端套上 1 ~ 3 层薄壁同心圆筒状或其他适当形式的遮热罩，如图 2-33 所示。加遮热罩后测温热电偶和冷壁面被隔离开，温度传感器不直接对冷壁面进行热辐射，而是对温度高的遮热罩进行辐射散热，从而减小了测温误差。

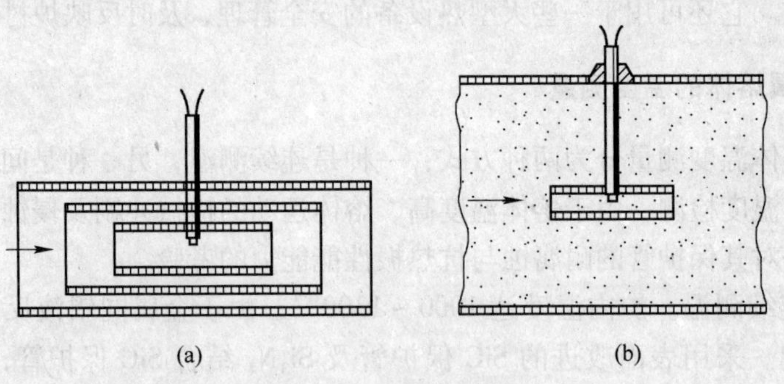

图 2-33 加遮热罩示意图

（a）3 层遮热罩；（b）1 层遮热罩

（2）抽气式热电偶。如图 2-34 所示，当喷射介质（压缩空气或高压蒸汽）以高速经由拉瓦尔管喷出时，在喷射器始端造成很大的抽力，使被测高温气体以高速流经铠装热电偶的测量端，极大地增加了对测量端的对流传热；又有遮蔽套的作用，相当大地减少了周围物体与测量端的辐射传热，所以抽气热电偶测得的温度可接近气体的真实温度。工业炉窑平衡测试与计算方法暂行规定中指出，欲测量高温气体温度，应采用抽气式热电偶。

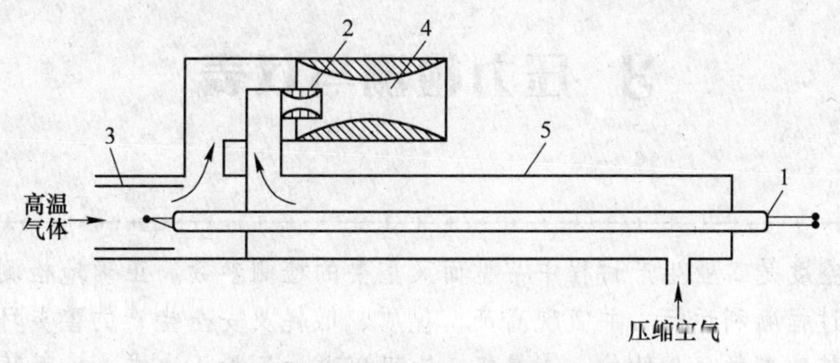

图 2-34　抽气式热电偶原理图

1—铠装热电偶；2—喷嘴；3—遮热罩；4—混合室扩张管；5—外金属套管

2.7.4　真空炉温度测量

随着真空冶金技术的发展，相继出现硬质合金的烧结炉、锡铅合金真空蒸馏炉、电子元件真空烧结炉等真空炉，它们的炉膛内温度高达 1400℃以上。对于真空状态下的高温检测，必须保证测温元件的安装不破坏真空炉的密封。一般采用真空炉专用密封热电偶。热电偶采用实体化结构及密封性极强的连接方式，即保护管折断也不会改变系统真空度。

在真空环境下，1100℃以下，选用 K 型或 N 型热电偶；炉温高于 1100℃，可选用 S 型或 R 型；B 型或钨铼系热电偶使用温度为 1500℃以上。在烧结 WC 等硬质合金时，最好使用刚玉及耐热合金复合型保护管。

思考题与习题

2-1　何谓热电现象？产生热电现象的原因是什么？回路的总热电势与哪些因素有关？

2-2　为什么要对热电偶参比端的温度进行处理？常用的处理方法有几种？

2-3　何谓补偿导线？为什么要规定补偿导线的型号和极性？在使用中应注意哪些问题？

2-4　试用热电偶原理分析：

（1）补偿导线的作用；

（2）如果热电偶已选择了配套的补偿导线，但连接时正负极接错了，会造成什么测量结果？

2-5　热电阻温度计为什么要采用三线制接法？为什么要规定外阻值？

2-6　选择接触式测温仪表时，应考虑哪些问题？感温元件的安装应按照哪些要求进行？

2-7　对管内流体进行温度测量时，测温套管的插入方向取顺流的还是逆流的？为什么？

2-8　非接触测温方法的理论基础是什么？辐射测温仪表有几种？

2-9　说明亮度温度的意义，简述光学高温计中的灯泡、红色滤光片和灰色吸收玻璃的作用。

2-10　说明红外辐射特征，并分析红外测温仪表的工作原理。

2-11　试分析发射率对全辐射温度、亮度温度、比色温度的影响。

3 压力检测与仪表

压力和真空度是工业生产过程中常见而又重要的检测参数。正确地检测和控制压力是保证工业生产过程顺利运行，并实现高产、优质、低耗及安全生产的重要环节。此外，生产过程的一些其他参数，如物位、流量等，也可以通过测量压力或差压而获得。

3.1 概　　述

3.1.1 压力的概念及单位

压力是指均匀垂直地作用于单位面积上的力，其基本国际单位是帕斯卡（简称帕，用符号 Pa 表示），有时也采用 hPa（=100Pa）、kPa（=1000Pa）或 MPa（$=10^6$Pa）等单位。由于历史原因，其他一些压力单位还在使用，表 3-1 给出了各种压力单位之间的换算关系。

表 3-1　常用压力换算表

单　位	Pa	atm	mmHg	mmH_2O	kgf/cm^2	bar	Psi
帕斯卡（Pa）	1	9.869×10^{-6}	7.501×10^{-3}	0.102	1.02×10^{-5}	10^{-5}	1.450×10^{-4}
标准大气压（atm）	101.325×10^3	1	760	1.033×10^4	1.033	1.013	14.696
毫米汞柱（mmHg）	1.333×10^2	1.316×10^{-3}	1	13.595	1.360×10^{-3}	1.333×10^{-3}	1.934×10^{-2}
毫米水柱（mmH_2O）	9.807	0.968×10^{-4}	7.36×10^{-2}	1	1.000×10^{-4}	9.807×10^{-5}	1.422×10^{-3}
千克力/厘米^2（工程大气压）（kgf/cm^2）	9.807×10^4	0.968	735.56	1.000×10^4	1	0.981	14.223
巴（bar）	10^5	0.987	750.062	1.020×10^4	1.020	1	14.504
磅/寸^2（Psi）	6.895×10^2	6.805×10^{-2}	51.715	703.072	7.031×10^{-2}	6.895×10^{-2}	1

3.1.2 压力表示方法

压力有三种表示方法，即绝对压力、表压力、负压力或真空度，它们的关系如图 3-1 所示。绝对压力是以绝对零压为基准的，而表压力、负压力或真空度都是以当地大气压为基准的。工程上所用的压力，大多为表压。表压为绝对压力与大气压力之差：

$$p_{表压}=p_{绝对压力}-p_{大气压力}$$

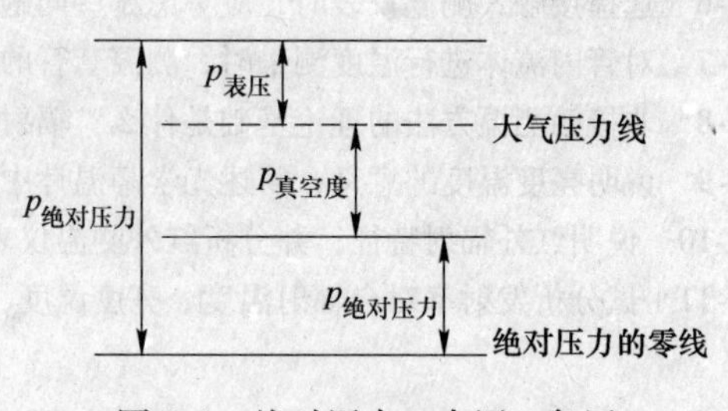

图 3-1　绝对压力、表压、负压（真空度）的关系

当被测压力低于大气压力时，一般用负压或真空度来表示，它是大气压力与绝对压力之差，即：

$$p_{真空度}=p_{大气压力}-p_{绝对压力}$$

后面所提到的压力，除特别说明外，均指表压或真空度。为方便起见，通常把真空度分为几个区间，$p=101.325\sim1.333$kPa（绝对压力），与常压相差不大，称做“粗真空”；在 $p=1.333$kPa 左右，气体开始导电，一般旋转式真空泵能达到 0.1333Pa 的负压，所以 $p=1.333$kPa ~ 0.1333Pa 称做“低真空”；一般扩散式真空泵能达到 1.333μPa 的负压，所以 $p=0.1333$Pa ~ 1.333μPa 称做“高真空”；1.333μPa 以下称做超高真空。目前人们已能获取 133.3pPa（pPa 表示 10^{-12}Pa）以下的真空。不过真空度的划分方法并不唯一，不同的文献有不同的划分法。

3.1.3 压力检测的基本方法

（1）弹性力平衡法。利用弹性元件受压力作用发生弹性形变而产生的弹性力与被测压力相平衡的原理，将压力转换成位移，测出弹性元件变形的位移大小就可以测出被测压力。该方法应用最为广泛。利用弹性平衡法制得的压力检测仪器有弹簧管压力计、波纹管压力计及膜式压力计等。

（2）重力平衡法。重力平衡法是利用一定高度的工作液体产生的重力或砝码的重量与被测压力相平衡的原理来检测压力的。利用重力平衡法制成的压力计主要有液柱式和活塞式。液柱式压力计，如 U 形管压力计、单管压力计，具有结构简单、读数直观的特点。活塞式压力计是一种标准型压力测量仪器。

（3）机械力平衡法。其原理是将被测压力经变换元件转换成一个集中力，用外力与之平衡，通过测得平衡时的外力来得到被测压力。此类型压力计主要用在压力测量或差压变送中，精度较高，但结构复杂。

（4）物性测量法。利用物性测量法制成的压力计是基于敏感元件的某些物理特性在压力作用下发生与压力成确定关系变化的原理，将被测压力直接转换成电量进行测量的，如压电式、振弦式和应变片式、电容式、光纤式和电离式真空计等。

3.2 液柱式压力计

液柱式压力计具有读数直观、数据可靠、准确度高等优点，它不仅能测表压、压差，还能测负压，是科学研究和实验研究中常用的压力检测工具。

3.2.1 液柱式压力计的原理

液柱式压力计是根据流体静力学原理，把被测压力转换成液柱高度来测量压力的。所用的液体称为工作液，常用的工作液有水、酒精、水银等。液柱式压力计有 U 形管压力计、单管压力计和斜管微压计，一般用于低压、负压或压差的检测。

U 形管压力计，如图 3-2（a）所示，两侧压力 p_1、p_2 与工作液液柱高度 h 间有如下关系：

$$\Delta p = p_2 - p_1 = gh(\rho_0 - \rho) \tag{3-1}$$

式中 ρ_0，ρ——U 形管中所充工作液密度和肘管内传压介质的密度；

h——工作液高度差，$h = h_1 + h_2$；

g——重力加速度。

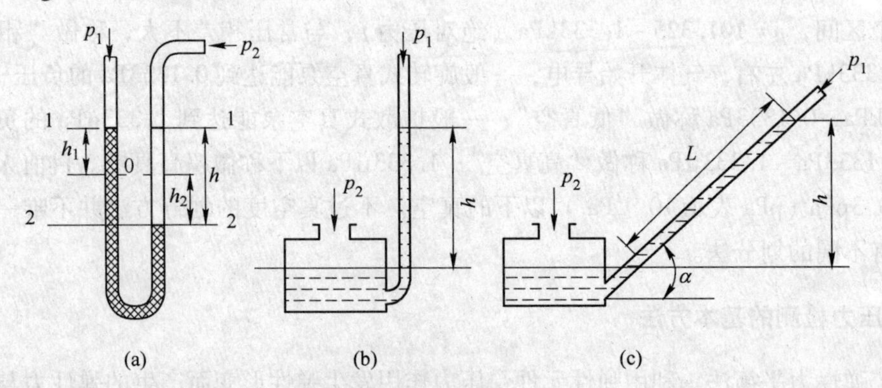

图 3-2 液柱式压力计

(a) U 形管压力计；(b) 单管压力计；(c) 斜管微压计

若 p_1 为大气压，则 Δp 为被测对象的绝对压力与环境压力之差，即表压力 p_e。当 $\rho_0 \gg \rho$，则式（3-1）可写成：

$$\Delta p = p_e = \rho_0 gh$$

通常在 U 形管的中间有一“0”点标尺，为得到 h 的值，需要分别读取 h_1 和 h_2 的值。为使用方便，常把 U 形管的一边肘管换成大截面容器，成为只需读取一个液面高度的单管式液体压力计，如图 3-2（b）所示。在压差的作用下，单管内工作液高度发生变化，被测压力 p_2 与单管上升液面 h 之间有以下关系：

$$\Delta p = p_2 - p_1 = g(\rho_0 - \rho)\left(1 + \frac{d^2}{D^2}\right)h$$

式中 d，D——单管和大容器的内直径。

当 $D \gg d$，且 $\rho_0 \gg \rho$，则：

$$\Delta p = p_2 - p_1 = \rho_0 gh$$

当被测压力较小时，液面高度差随之减小，读数误差对测量结果的影响将显著增大。为了减小这一影响，可采取斜管微压计，其工作原理如图 3-2（c）所示。

斜管微压计两侧压力 p_1、p_2 和液柱长度 l 的关系可表示为：

$$\Delta p = p_2 - p_1 = (\rho_0 - \rho)gl\left(\sin\alpha + \frac{d^2}{D^2}\right)$$

式中 α——斜管的倾斜角度，(°)；

d——玻璃管内直径；

D——大容器的内直径。

当 $D \gg d$，且 $\rho_0 \gg \rho$，则：

$$\Delta p = p_2 - p_1 = \rho_0 gl\sin\alpha$$

显然，α 越小，则相同液柱长度对应的被测压力就越小，有利于提高测量微小压力的准确度。一般 α 为 15°~30°。

3.2.2　液柱式压力计的测量误差及其修正

由液柱式压力计的表达式 $\Delta p = gh(\rho_0 - \rho)$ 可知，压力值不仅与液柱高度有关，而且与工作液密度及重力加速度有关。仪表在实际使用时，使用地点的温度、重力加速度等都会影响液柱式压力计的测量精度。在测量过程中，需对具体测量问题进行分析，有些影响因素可以忽略，有些则必须加以修正。

3.3　弹性式压力计

弹性式压力计以弹性元件受力产生的弹性变形为测量基础，具有测量范围宽、结构简单、价格便宜、使用方便等特点，在工业中的应用十分广泛。

3.3.1　弹性元件

弹性元件是一种简单可靠的测压敏感元件。随测压的范围不同，所用弹性元件形式也不一样。常用的几种弹性元件如图 3-3 所示。

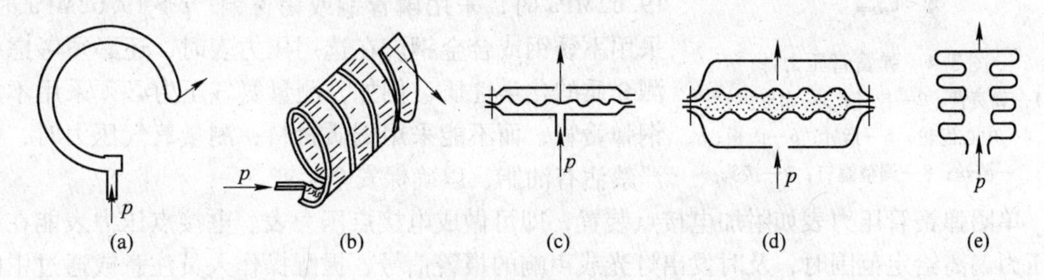

图 3-3　弹性元件

（a）单圈弹簧管；（b）多圈弹簧管；（c）弹性膜片；（d）膜盒；（e）波纹管

（1）弹簧管。单圈弹簧管（见图 3-3a）是弯成圆弧形的金属管子。当接入压力 p 后，它的自由端就会产生位移。单圈弹簧管位移量较小，为了增大自由端的位移量，以提高灵敏度，可以采用多圈弹簧管（见图 3-3b）。

（2）弹性膜片和膜盒。弹性膜片是由金属或非金属弹性材料做成的膜片（见图 3-3c），在压力作用下，膜片将弯向压力低的一侧，使其中心产生一定的位移。为了增加膜片的中心位移，提高灵敏度，可把两片膜片焊接在一起，成为一个薄盒子，称为膜盒（见图 3-3d）。

（3）波纹管。波纹管是一个周围为波纹状的薄壁金属筒体（见图 3-3e）。这种弹性元件易变形，且变形位移可以很大。

根据胡克定律，弹性元件在一定范围内变形与所受外力（压力）成正比关系，即

$$x = pA/C$$

式中　p——压力，Pa；

A——承受压力的有效面积，m^2；

C——弹性元件的刚度系数。

膜片、膜盒、波纹管多用于微压、低压或负压的测量；单圈弹簧管和多圈弹簧管可以用于高、中、低压及负压的测量。根据弹性元件形式的不同，弹性式压力计相应地可分为弹簧管压力表、膜盒微压计、波纹管差压计及膜片压力计等主要类型。

3.3.2　弹簧管压力计

如图3-4所示，弹簧管是截面为非圆形（椭圆或扁圆）并弯成圆弧状的空心管子。管子的一端为封闭，另一端为开口。封闭端为自由端，开口端为固定端。

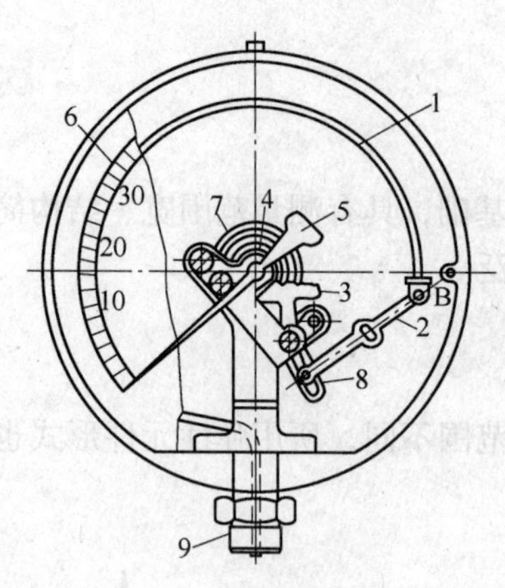

图3-4　弹簧管压力计

1—弹簧管；2—拉杆；3—扇形齿轮；4—中心齿轮；5—指针；6—面板；7—游丝；8—调整螺钉；9—接头

被测压力由固定端接头9引入，使弹簧管自由端B产生位移，拉杆2带动扇形齿轮3逆时针偏转，使与中心齿轮同轴的指针顺时针偏转，并在刻度标尺上指示出被测压力值。通过调整螺钉可以改变拉杆与扇形齿轮的接合点位置，从而改变放大比，调整仪表的量程。直接改变指针套在转动轴上的角度，就可以调整仪表的机械零点。

弹簧管常用材料有磷青铜、锡青铜、合金钢和不锈钢等，适用于不同的压力范围和被测介质。一般 $p < 19.62$MPa 时，采用磷青铜或锡青铜；$p > 19.62$MPa 时，采用不锈钢或合金钢。在选用压力表时，还必须考虑被测介质的化学性质。例如，测量氨气压力必须采用不锈钢弹簧管，而不能采用铜质材料；测量氧气压力时，则严禁沾有油脂，以确保安全生产。

单圈弹簧管压力表如附加电接点装置，即可做成电接点压力表。电接点压力表能在被测压力偏离给定范围时，及时发出灯光或声响的报警信号，提醒操作人员注意或通过中间继电器实现自动控制。也可以用适当的转换元件把弹簧管自由端的位移变换成电信号，组合成远传式压力仪表。

3.4　压力（差压）传感器

弹性式压力计仪表结构简单，价格便宜，维修方便，在工业生产中应用广泛。然而在测量快速变化的压力和高真空、超高压时，其动态和静态性能就不能适应，此时电气式压力计则较为合适。

电气式压力检测方法一般是通过压力敏感元件直接将压力变化转换成电阻、电荷等电量的变化。能实现这种压力-电量转换的压敏元件有压电材料、应变片和压阻元件。

压力传感器结构形式多种多样，常见的形式有压电式、压阻式、应变式、电感式、电容式、霍耳式及振弦式等。下面主要介绍几种常用的压力传感器。

3.4.1　霍耳压力传感器

霍耳压力传感器属于位移式压力（差压）传感器。它是利用霍耳效应，把压力作用所产生的弹性元件的位移转变成电势信号，实现压力信号的远传。

3.4.1.1 霍耳效应

如图3-5（a）所示，一块尺寸为$L \times b \times d$的半导体，在外加磁场B作用下，当有电流I流过时（y轴方向），运动电子受洛伦兹力的作用而偏向一侧，使该侧形成电子的积累，它对立的侧面由于电子浓度下降，出现正电荷。这样，在两侧面间就形成了一个电场，产生的电场力将阻碍电子的继续偏移。运动电子在受洛伦兹力的同时，又受电场力的作用，最后当这两力作用相等时，电子的积累达到动态平衡，这时两侧之间建立的电场，称为霍耳电场，相应的电压称为霍耳电势（x轴方向），该半导体器件称为霍耳片，上述这种现象称为霍耳效应。

霍耳电势U_H可表示为：

$$U_H = R_H IB$$

式中 R_H——霍耳常数，由霍耳片材料及其结构尺寸决定，R_H为常数。

由此可知，霍耳电势U_H与磁场强度B和电流I成正比，改变B或I都可使U_H发生变化。

3.4.1.2 霍耳式压力传感器

霍耳式压力传感器的结构如图3-5（b）所示。它由压力-位移转换部分、位移-电势转换部分和稳压电源三部分组成。

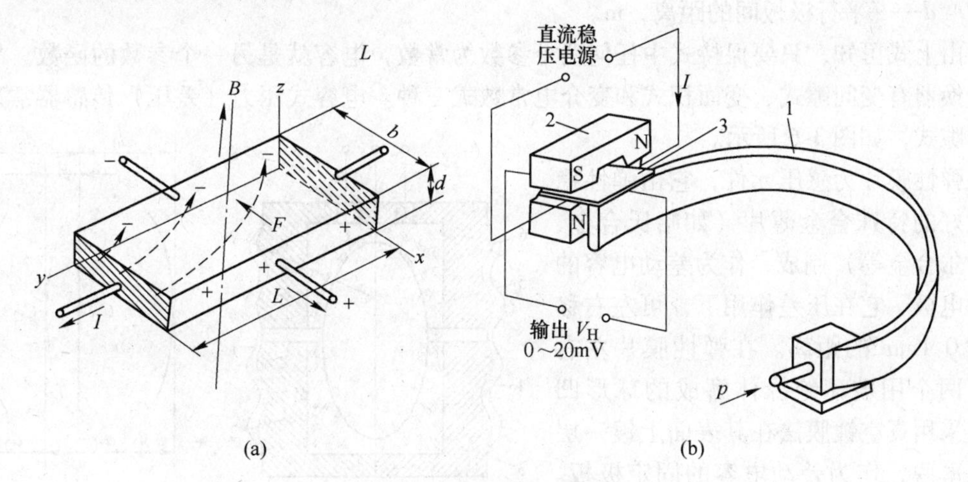

图3-5 霍耳片式压力传感器

（a）霍耳效应原理；（b）结构示意图

1—弹簧管；2—磁钢；3—霍耳片

压力-位移转换部分由霍耳片和弹簧管（或膜盒）等组成。霍耳片被置于弹簧管的自由端，被测压力p由弹簧管固定端引入，这样弹簧管感测到压力的变化，引起弹簧管自由端的变化，带动霍耳片位移，压力值转换成霍耳片的位移，即$p \to \Delta\chi$。位移-电势转换部分由霍耳片、磁钢及引线等组成。在霍耳片的上、下方，垂直安装着磁钢的两对磁极，构成一个差动磁场。处于线性不均匀磁场之中的霍耳片将弹性元件的$\Delta\chi$转换为线性变化的ΔB。霍耳片的四个端面引出四根导线，其中与磁钢相平行的两根接直流稳压电源，提供恒定的工作电流，另两根导线用来输出霍耳电势U_H。

霍耳片居于磁极极靴的中央平衡位置时，穿过霍耳片两侧的磁通，大小相等方向相反，而且是对称的，使单侧的正、负电荷数达到平衡，引出的霍耳电势为零。当引入被测压力后，弹簧管自由端的位移带动霍耳片偏离平衡位置，单侧霍耳片上产生的正、负电荷数不再相等，这两个极性相反的电势的代数和不再为零，从而产生与位移相关的电势信号 $\Delta B \rightarrow U_H$。

霍耳压力传感器实质就是一个位移-电势的变换元件，其输出信号为 0～20mV DC，且输出电势与被测压力成线性关系。若增加毫伏变送装置即可把输出信号转换成 4～20mA DC 标准统一信号。由于半导体的霍耳常数对温度比较敏感，所以在实际使用时需采取温度补偿措施。

3.4.2 电容式压力传感器

电容式压力传感器中，弹性膜片为可动电极板，其位移变化会引起它与固定电极板电容量的变化，进而通过电容的变化测出压力（或差压）值。平行极板电容器的电容量为：

$$C = \varepsilon A/d$$

式中 C——平行极板间的电容量，F；

ε——平行极板间的介电常数，F/m；

A——极板的面积，m^2；

d——平行极板间的距离，m。

由上式可知，只要保持式中任何两个参数为常数，电容就是另一个参数的函数。故电容变换器有变间隙式、变面积式和变介电常数式三种。电容式压力（差压）传感器常采用变间隙式，如图 3-6 所示。

弹性膜片为感压元件，它由弹性稳定性好的特殊合金薄片（如哈氏合金、蒙耐尔合金等）制成，作为差动电容的活动电极。它在压差作用下，可左右移动约 0.1mm 的距离。在弹性膜片左右各有两个用玻璃绝缘体磨成的球形凹面，采用真空镀膜法在其表面上镀一层金属薄膜，作为差动电容的固定极板。弹性膜片位于两固定极板的中央。它与固定极板构成两个小室，称为 δ 室，两 δ 室结构对称。金属薄膜和弹性膜片都接有输出引线。δ 室通过孔与自己一侧的隔离膜片腔室连通，δ 室和隔离腔室内都充有硅油。

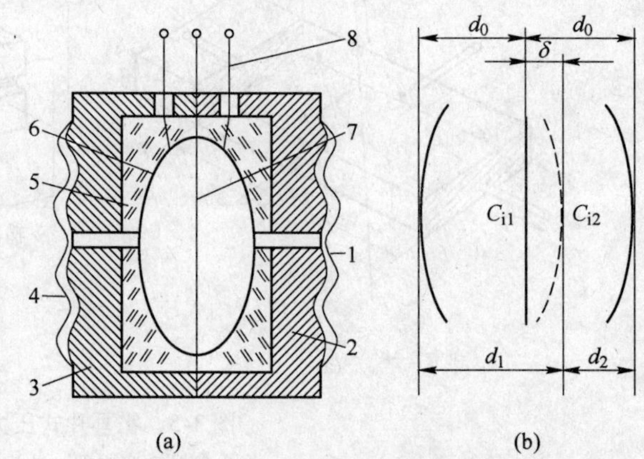

图 3-6 电容式压力传感器结构与检测原理图
（a）传感器结构；（b）检测原理
1，4—隔离膜片；2，3—不锈钢基座；5—玻璃绝缘层；6—固定电极；7—弹性膜片；8—引线

当被测压力作用于左右隔离膜片时，通过内充的硅油在弹性膜片上产生与左、右 δ 室的压力差成正比的微小位移 Δd，引起弹性膜片与两侧固定极板间的电容产生差动变化。差动变化的两电容 C_L（低压侧电容）、C_H（高压侧电容）由引线接到电容测量电路。

电容式压力变送器压力与电容的转换关系：

设测量膜片在压差 Δp 的作用下移动距离 Δd，由于位移很小，可近似认为 Δd 与 Δp 成

比例关系，即

$$\Delta d = K_1 \Delta p$$

式中 K_1——比例系数。

在无压力作用时，左右两个固定极板间的距离为 d_0。在压力作用下，左右两边固定极板间距离分别为 $d_0 + \Delta d$ 和 $d_0 - \Delta d$，则其电容量变化为：

$$C_1 = \frac{K_2}{d_0 + \Delta d}$$

$$C_2 = \frac{K_2}{d_0 - \Delta d}$$

式中 K_2——由电容极板面积 A 和介质介电系数 ε 决定的常数，$K_2 = \frac{\varepsilon A}{4\pi}$。

如果 Δd 的变化量很小，能满足 $d_0^2 - \Delta d^2 \approx d_0^2$，则电容的变化量为：

$$\Delta C = C_2 - C_1 = K_3 \Delta p \tag{3-2}$$

式中 ΔC——电容的变化量；

K_3——比例系数，$K_3 = 2K_1K_2/d_0^2$。

由式（3-2）可得，压差 Δp 与 ΔC 成正比例。将电容的变化通过电容/电流转换电路，即可得到与压力成正比的 4～20mA DC 输出信号。

3.4.3 压电式压力传感器

压电式压力传感器是利用压电材料的压电效应将被测压力转换为电信号。压电材料在沿一定方向受到压力或拉力作用时发生变形，并在其表面上产生电荷，而在去掉外力后，它又重新回到原来不带电的状态，这种现象就称为压电效应。由压电材料制成的压电元件受到压力作用时，在弹性范围内其产生的电荷量与作用力成线性关系。

$$q = kAp$$

式中 q——电荷量；

k——压电常数；

A——作用面积；

p——被测压力。

压电材料主要有两类：一类是单晶体，如石英、铌酸锂等；另一类是多晶体，如压电陶瓷，如钛酸钡、锆钛酸铅等。

压电式压力传感器的结构如图 3-7 所示。压电元件被夹在两个弹性膜片之间，压力作用于膜片，使压电元件受力而产生电荷。压电元件的一个侧面与膜片接触并接地，另一侧面通过金属箔和引线将电量引出。电荷经电荷放大器放大转换为电压或电流，输出的大小与输入压力成正比例关系，按压力指示。压电压力传感器可以通过更换压电元件来改变压力的测量范围，还可以使用多个压电元件叠加的方式来提高仪表的灵敏度。

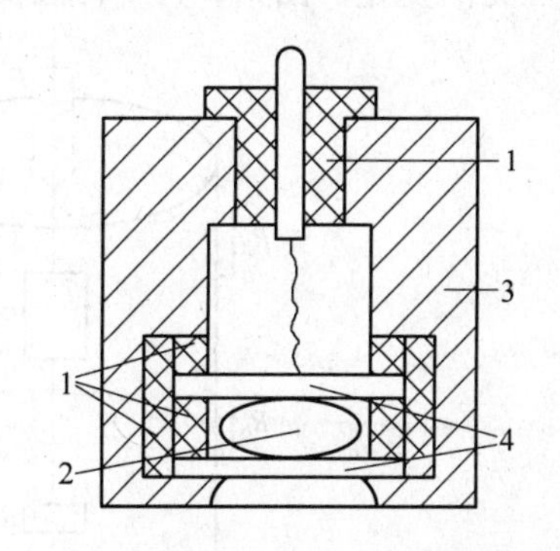

图 3-7 压电式压力传感器的结构
1—绝缘体；2—压电元件；
3—壳体；4—膜片

压电式压力传感器结构简单紧凑，全密封，工作可靠；动态质量小，固有频率高，不需外加电源；适于工作频率高的压力测量，测量范围为0～0.0007MPa至0～70MPa；测量精确度为±1%、±0.2%、±0.06%。但是其产生的电荷很小，输出阻抗高，需要加高阻抗的直流放大器；因其输出信号对振动敏感，需要增加振动加速度补偿等功能，提高其环境适应性。压电传感器还可应用于振动以及频率的测量中，在生物医学测量中也得到广泛应用。

3.4.4 应变式压力传感器

材料的电阻变化取决于应变效应和压阻效应，应变片是基于应变效应工作的一种压力敏感元件。当应变片受到外力作用产生形变（伸长或缩短）时，应变片的电阻值也将发生相应的变化。

受到压力作用后，电阻发生变化：

$$\frac{dR}{R}=\frac{d\rho}{\rho}+\frac{dl}{l}-\frac{dA}{A}=\frac{d\rho}{\rho}+(1+2\mu)\frac{dl}{l}=\frac{d\rho}{\rho}+(1+2\mu)\varepsilon$$

式中 μ——应变材料的泊松比，$\mu=-\frac{\Delta d}{d}\Big/\frac{\Delta l}{l}$；

ε——纵向应变，$\varepsilon=\frac{dl}{l}$。

因此，阻值的变化量只决定于电阻率的变化和材料几何尺寸的变化。电阻率ρ的变化与电阻丝体积V的变化成正比，即

$$\frac{d\rho}{\rho}=m\frac{dV}{V}=m\left(\frac{dA}{A}+\frac{dl}{l}\right)=m(1-2\mu)\varepsilon$$

式中 m——电阻丝材料固有的比例系数。

所以有：

$$\frac{dR}{R}=[(1+2\mu)+m(1-2\mu)]\varepsilon=K\varepsilon$$

式中 K——电阻应变灵敏系数。

应变式压力传感器由弹性元件、应变片以及相应测量电路组成，应变片粘贴在弹性元件上。弹性元件可以是金属膜片、膜盒、弹簧管及其他弹性体。应变片，即敏感元件，主要采用金属或合金丝、箔等，通常组成桥式测量电路，电路输出电压的大小，就反映了被测压力的变化。图3-8为一种圆筒形应变式压力传感器简图。

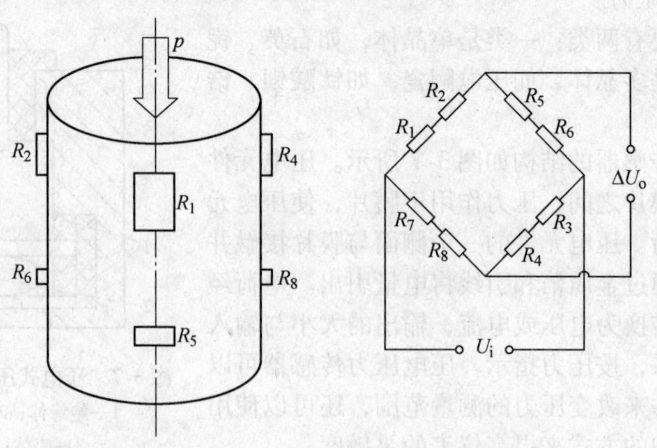

图3-8 圆筒形应变压力传感器及应变检测桥路

除了可测量压力外，应变传感器还可测量重力、加速度等多种参数。

3.4.5 压阻式压力传感器

压阻元件是基于压阻效应工作的一种压力敏感元件。它实际上就是在半导体材料的基片上利用集成电路工艺制成的扩散电阻。由于单晶硅平膜片在微小变形时有良好的弹性特性，因此常作为弹性元件使用。当硅片受压后，膜片的变形使扩散电阻的阻值发生变化。其相对电阻变化可表示为：

$$\frac{\Delta R}{R} = K_e \sigma$$

式中 K_e——压阻系数；

σ——应力。

扩散电阻的灵敏系数是金属应变片的 50 ~ 100 倍。

单晶硅平膜片上的扩散电阻通常构成全桥测量电路，如图 3-9 所示。单晶硅平膜片在圆形硅杯的底部，硅杯的内外两侧输入被测差压或被测压力及参考压力。压力差使膜片变形，膜片上的两对电阻的阻值发生变化，使电桥输出相应压力变化的信号。为了补偿温度效应的影响，一般还可在膜片上沿对压力不敏感的径向生成一个电阻，这个电阻只感受温度变化，可接入桥路作为温度补偿电阻，以提高测量精度。这和将温度补偿电路、放大电路和电源变换电路集成在同一块单晶硅膜片上，大大提高传感器的静态特性和稳定性的传感器也称固态压力传感器，有时也称集成压力传感器。它具有精度高、工作可靠、动态响应好、迟滞小、尺寸小、重量轻、结构简单等特点，可在恶劣的环境条件下工作，便于实现数字化显示。

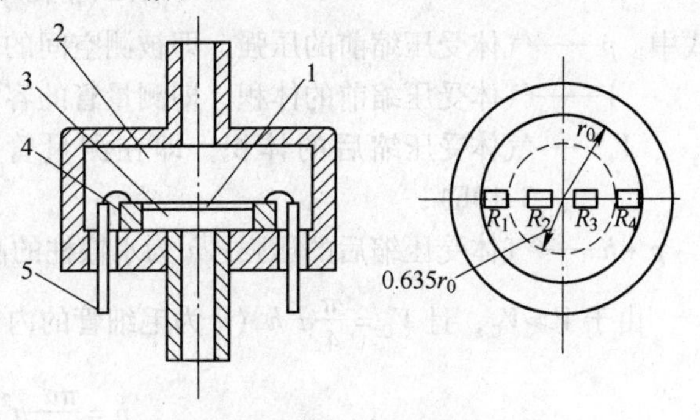

图 3-9 压阻式压力传感器的结构

1—单晶硅平膜片；2—低压腔；3—高压腔；4—硅杯；5—引线

3.5 真 空 计

真空计是检测真空度的仪表。按真空计刻度方法分类，真空计可分为绝对真空计和相对真空计。常用的 U 形管压力计、压缩式真空计等属于绝对真空计；热传导真空计和电离式真空计等属于相对真空计。按真空计测量原理分类，真空计可分为直接测量真空计和间接测量真空计。直接测量真空计是直接测量单位面积上的力，一般地，真空度较低时才可采用直接测量真空计，而当真空度较高时，如压力为 0.1Pa 时，作用在单位面积上的力十分小，直接测量很困难，这时一般采用间接测量真空计。下面将介绍几种检测较高真空度的真空计，它们都属于间接测量真空计。

3.5.1 压缩式真空计

压缩式真空计的基本形式是麦氏真空计。它是根据波义耳定律工作的，即在温度不变的条件下，根据气体压缩前、后的压力与体积的关系来测量真空度。

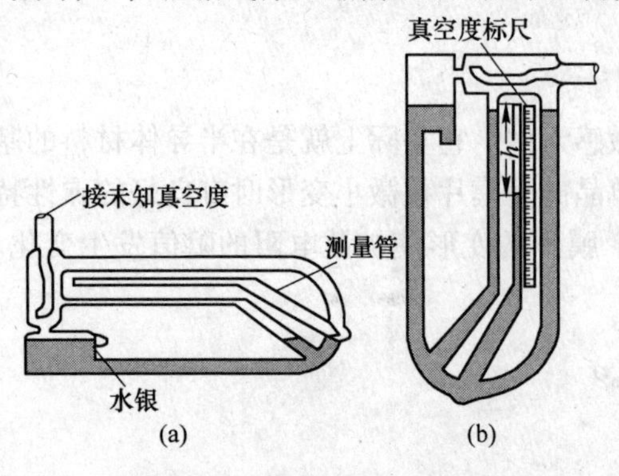

图 3-10　旋转式真空计的结构

被测真空计管由橡皮管引入。图 3-10（a）是规管平衡的位置。测量时将规管由平衡位置顺时针方向旋转，使水银进入一端封闭的测量管，将管内的气体压缩。当旋转 90°至图 3-10（b）的测量位置时，水银上升并稳定在一定高度，从标尺上读出的两水银柱的高度差 h 的数值，即为所测空间的真空度。

测量过程中，压缩前（图 3-10a 位置）和压缩后（图 3-10b 位置）的压强与体积变化关系为：

$$pV=(p+h)V_C \tag{3-3}$$

式中　p——气体受压缩前的压强，即被测空间的真空度；

V——气体受压缩前的体积，即测量管的容积（见图 3-10a）；

V_C——气体受压缩后的体积，即在测量管上端毛细管内气体占有的容积（见图 3-10b）；

$p+h$——气体受压缩后的压强，h 为水银柱的高度差。

由于 $V \gg V_C$，且 $V_C=\frac{\pi}{4}d^2h$（d 为毛细管的内径），则式（3-3）整理为：

$$p=\frac{\pi d^2}{4V}h^2 \tag{3-4}$$

对于结构已定的麦氏真空计而言，式（3-4）中的 V 和 d 是定值，故压力 p 与测量管段上的高度差 h 的平方成正比。因此，被测空间的真空度可用水银柱的高度差来表示。

压缩式真空计可测量 133.3μPa（即 10^{-6}mmHg）的真空度，结构简单，操作方便，广泛用于工业生产及实验室的真空度检测，还可作为校验其他类型真空计用的标准仪器。它的缺点是只能靠人工进行间断测量，且只能测量服从波义耳定律的气体，不服从该定律的不能进行测量，比如蒸汽。

3.5.2　热电偶式真空计

热电偶式真空计是利用发热丝周围气体的热导率与气体的稀薄程度（真空度）的关系而制成的，其结构如图 3-11所示。在玻璃壳内封入两组金属丝：一组是加热丝，一般用铂丝或钨丝，通入恒定的加热电流；另一组是热电偶的热电极，其工作端焊在加热丝上，用来测量加热丝表面温度的变化，一般用镍铬-康铜热电偶。

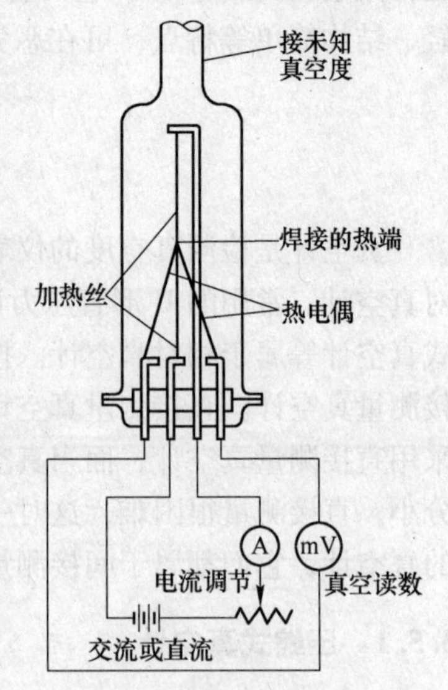

图 3-11　热电偶真空计

将规管接入被测真空系统后，随着系统空间内气压的降低（真空度升高），加热丝附近气体逐渐稀薄，分子自由程加大，热导率变小。由于加热电流是恒定的，加热丝产生的热量不变，而散失的热量即借助气体热传导损失的热量却减少了，于是热丝的温度升高。这一温度的变化被热电偶转换成热电势输出，在显示仪表上以真空度的读数显示。

热电偶真空计的测量上限通常为13.33mPa（即10^{-4}mmHg），当真空度再高时，气体更加稀薄，使由于气体分子碰撞发热丝而带走的热量与由于辐射及发热丝本身热传导所带走的热量相比要小得多，故在发热丝的总损失中，气体热传导损失的热量所占比例大大降低，仪表已不能准确反映真空度的变化。

热电偶真空计的优点是，可以测量气体和蒸汽的压强，弥补了压缩式真空计的不足。此外，它实现了真空度到电信号之间的变换，便于真空度的自动检测和控制。其缺点是能够检测的真空度不太高，而且抗振动性差。

3.5.3 电离式真空计

电离式真空计在0.1333Pa~1.333μPa（即10^{-3}~10^{-8}mmHg）的范围内能进行准确测量，从而弥补了热电偶式真空计的不足，使得对真空度的检测可以向更高真空的范围延伸。

当带电粒子（如电子）通过稀薄气体时，将使气体分子电离。在其他条件不变时，电子在单位距离上所形成的离子数，正比于气体的压强，测量出离子的数量（即离子电流），就可以推知被测空间的真空度。这就是电离式真空计的基本原理。

热阴极电离真空计的结构（见图3-12）类似于电子三极管，由密封于玻璃管内的三个电极组成。灯丝加热阴极，发射电子使气体分子电离。栅极是一个电位比阴极高的金属网，使发射到空间的电子被加速，增加其动能而加强电离效果，又称为加速极。收集极的电位比阴极低，可以收集规管内部空间产生的正离子而形成的离子电流i_+。阴极发射出的电子以及气体电离后产生的电子到达加速极（带正电位）上，形成发射电流i_e。规管的三个电极之间的电位关系是：对阴极而言，加速极的电位为+100~+300V，收集极电位为-10~-40V。被测真空度与离子电流和发射电流之间存在如下关系：

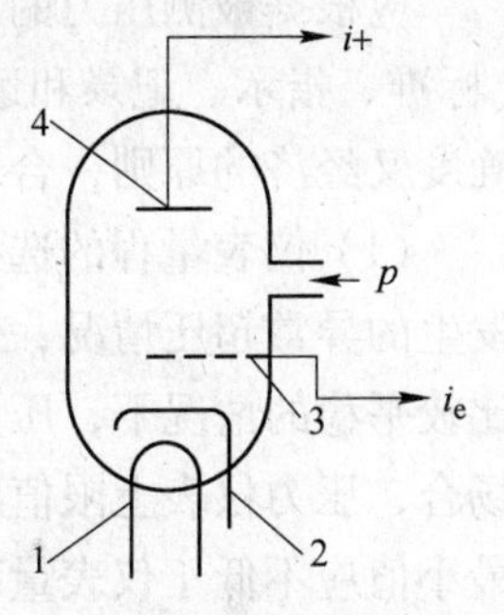

图3-12 热阴极电离真空计原理
1—灯丝；2—阴极；3—加速极；4—收集极

$$p=\frac{1}{S}\times\frac{i_+}{i_e}$$

式中 p——真空度，Pa；

i_+——离子电流，μA；

i_e——发射电流，mA；

S——规管常数。

规管常数S实际上是衡量规管灵敏度的一个尺度。其物理意义是：当真空度为0.1333Pa时，1mA发射电流i_+的数值。这个电流越大，规管的灵敏度越高，能测量的真空度也越高。

对结构一定的规管，S是常数。当发射电流恒定不变时，真空度与离子电流之间存在以下关系：

$$p=Ki_+ \tag{3-5}$$

式中　K——比例常数，$K = \frac{1}{Si_e}$。

式（3-5）表明，在规定的发射电流 i_e 下使用规管，测出离子电流 i_+，可得被测真空度。

热阴极电离真空计的优点是：可以测量高真空，而且其测量范围宽；一般的振动不影响测试结果；被测空间压力变化时，仪表的指示装置立即反应，测量滞后小。其缺点是：气体的电离程度与气体的种类有关；由于有灼热的灯丝，在气压较高时会吸收气体，影响被测真空度；特别是系统漏气时，灯丝会立即烧毁。

一般来说，高真空设备都是从大气压状态下通过抽气来提高真空度的。由低真空到高真空过程的压力检测，只靠一种真空计难以胜任。这就出现了将适用于两种测量范围的真空计组装在一起的复合真空计。如将热电偶式真空计与电离式真空计组装成复合真空计，就可用于从低真空到高真空过程的连续真空检测。

3.6　压力检测仪表的选用

3.6.1　压力检测仪表的选择

应根据被测压力的种类（压力、负压或压差）、被测介质的物理、化学性质和用途（标准、指示、记录和远传等）以及生产过程所提的技术要求，同时应本着既满足测量准确度又经济的原则，合理地选择压力仪表的型号、量程和精度等。

（1）仪表量程的选择。为了保证压力仪表在安全的范围内可靠地工作，必须考虑可能发生的异常超压情况，仪表的量程由生产过程所需要测量的最大压力来决定。在被测压力比较平稳的情况下，压力仪表上限值应为被测最大压力的4/3倍；在压力波动较大的测量场合，压力仪表上限值应为被测压力最大值的3/2倍。为了保证测量准确度，被测压力的最小值应不低于仪表量程的1/3。

目前我国出厂的压力（差压）仪表的量程系列有：$(1.0、1.6、2.5、4.0、6.0) \times 10^n$ Pa。

（2）仪表精度的选择。压力仪表精度的选择应以实用、经济为原则，在满足生产工艺准确度要求的前提下，根据生产过程对压力测量所能允许的最大误差来确定。

（3）仪表类型的选择。仪表的选型必须考虑仪表输出信号的要求，如是直接指示还是远传或变送、自动记录和报警等；被测介质的性质（如腐蚀性、温度、黏度、易燃易爆等）是否对仪表提出了专门的要求；仪表使用环境（如温度、磁场、振动等）对仪表的要求等。

3.6.2　压力计的安装

压力计安装的正确性，直接影响到测量结果的正确性与仪表的寿命，一般要注意以下事项：

（1）取压点的选择。取压点必须真实反映被测介质的压力，应该取在被测介质流动的直线管道上，而不应取在管路急弯、阀门、死角、分叉及流束形成涡流的区域。当管路中有突出物体（如测温元件）时，取压口应取在其前面。当必须在控制阀门附近取压时，若取压口在其前，则与阀门距离应不小于2倍管径；若取压口在其后，则与阀门距离应不小于3倍管径。测量流动介质压力时，取压管与流动方向应垂直。在测量液体介质的管道上取压时，宜在水平及其以下45°间取压，使导压管内不积存气体。在测量气体介质的管道上取压时，宜在水平及其以上45°间取压，可使导压管内不积存液体。

（2）导压管的铺设。导压管的长度一般为3～50m，内径为6～8mm，连接导管的水平段应保持1∶10～1∶20的坡度，以利于排除冷凝液体或气体，测液体介质时下坡，测气体介质时上坡。当被测介质为易冷凝或冻结时，应加伴热管进行保温。在取压口与测压仪表之间，应靠近取压口装切断阀。对液体测压管道，应在靠近压力表处装排污装置。

（3）安装压力计的注意事项。测压仪表安装时应注意：

1）仪表应垂直于水平面安装，且仪表应安装在取压口同一水平位置，否则需考虑附加高度误差的修正，如图3-13（a）所示。

2）仪表安装处与测定点之间的距离应尽量短，以免指示迟缓。

3）保证密封性，不应有泄漏现象出现，尤其是易燃易爆气体介质和有毒有害介质。

4）当测量蒸汽压力时，应加装冷凝管，以避高温蒸汽与测温元件接触，如图3-13（b）所示。

5）对于有腐蚀性或黏度较大、有结晶、沉淀等介质，可安装适当的隔离罐，罐中充以中性的隔离液，以防腐蚀或堵塞导压管和压力表，如图3-13（c）所示。

6）为了保证仪表不受被测介质的急剧变化或脉动压力的影响，加装缓冲器、减振装置及固定装置。

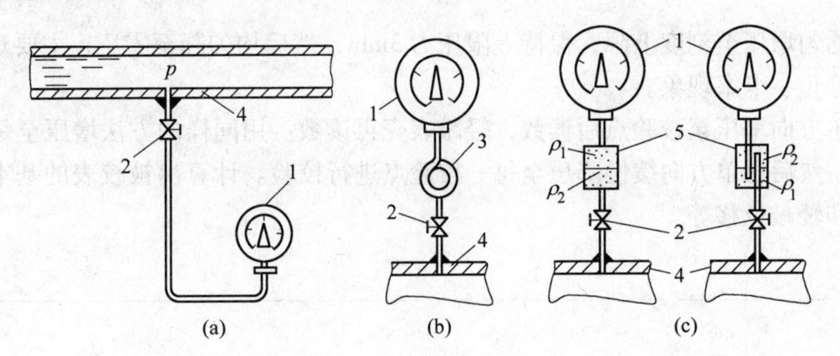

图3-13 压力计的安装

（a）压力表位于生产设备之下；（b）测量蒸汽；（c）测量有腐蚀性介质

1—压力表；2—切断阀；3—冷凝管；4—生产设备；5—隔离罐；

ρ_2，ρ_1—被测介质和隔离液的密度

3.6.3 压力计的校验

压力仪表在使用之前，必须检定和校准。长期使用的压力仪表也应定期检定。当仪表带有远距离传送系统及二次仪表时，应连同二次仪表一起检定、校准。

常用活塞式压力计作为校验压力计的标准仪器，它的精度等级有0.02、0.05和0.2级，可用来校准0.2级精密压力计，亦可校准各种工业用压力计。

活塞式压力计是利用静力平衡原理工作的，它由压力发生系统（压力泵）和测量活塞两部分组成，如图3-14所示，图中1～5组成压力发生系统，6～11组成测量系统。通过手轮1带动丝杠2改变加压泵活塞3的位置，从而改变工作液体4的压力p。此压力通过活塞缸5内的工作液作用在活塞8上。在活塞8上面的托盘6上放有砝码7。当活塞8下端面受到压力p作用所产生的向上顶的力与活塞8、托盘6及砝码7的总重力G相平衡时，则活塞8被稳定在活塞缸5内的任一平衡位置上，此时力的平衡关系为：

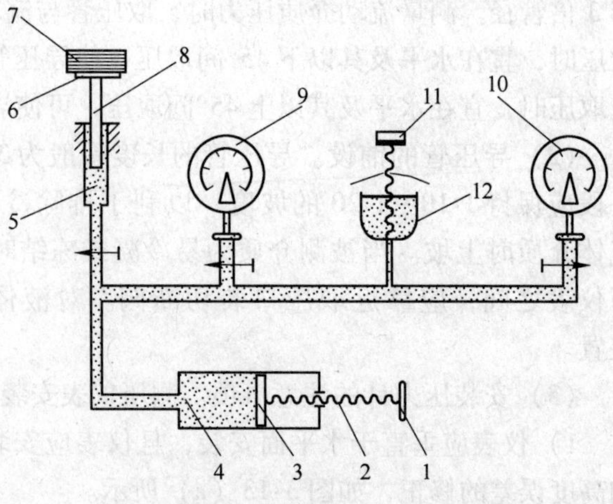

$$pA = G$$

式中 A——活塞8底面的有效面积；

G——活塞、托盘及砝码总重力。

$$p = G/A$$

图3-14 活塞式压力计

1—手轮；2—丝杠；3—加压泵活塞；4—工作液体；5—活塞缸；6—托盘；7—砝码；8—活塞；9—标准压力表；10—被校压力表；11—进油阀；12—油杯

因此，可以由平衡时所加砝码的重量方便而准确地求出被测压力值。

具体的校验方法如下：

（1）应在测量范围内均匀选取3～4个检验点，一般应选在带有刻度数字的大刻度点上。

（2）均匀增压至刻度上限，保持上限压力3min，然后均匀降至零压，主要观察指示有无跳动、停止、卡塞现象。

（3）单方向增压至校验点后读数，轻敲表壳再读数。用同样的方法增压至每一校验点进行校验。然后再单方向缓慢降压至每一校验点进行校验。计算出被校表的基本误差、变差、零位和轻敲位移等。

思考题与习题

3-1 表压力、绝对压力、负压力（真空度）之间有何关系？

3-2 常用的压力检测弹性元件有几种？各有何特点？

3-3 有一单管压力计，宽口容器截面积与测量管截面积之比是50:1，如测量压力时，忽略宽口容器内液面的下降高度，则测量误差是多少？

3-4 弹簧管压力计的弹簧管截面为什么要做成扁形或椭圆形的？可以做成圆形截面吗？

3-5 弹簧管压力计的测压原理是什么？试述弹簧管压力计的主要组成及测压过程。

3-6 弹簧管压力计的测量范围为0～1MPa，精度等级为1.5级。试问此压力计允许绝对误差是多少？若用标准压力计来校核该压力表，在校验点为0.5MPa时，标准压力计上的读数为0.512MPa，试问被校压力表在这一点是否符合1.5级精度，为什么？

3-7　何为压电效应？试述压电式压力传感器的工作原理。

3-8　试述电容式压力传感器的工作原理。它有何特点？

3-9　何为压阻效应？试简述扩散硅压力（差压）变送器工作原理与特点。

3-10　试述电气式压力检测的特点。

3-11　什么是霍耳效应？试叙述霍耳压力传感器的工作原理。

3-12　某台空气压缩机缓冲容器的工作压力范围为107.8～156.8kPa，工艺要求就地观察容器压力，并要求测量误差不得大于容器内压力的±2.5%。试选择一台合适的压力计（名称、刻度范围、准确度等）并说明理由。

3-13　现有一台测量范围为0～1.6MPa，精度为1.5级的普通弹簧管压力表，校验结果见表3-2。试问这台表是否合格？它能否用于某空气储罐的压力测量（该储罐工作压力为0.8～1.0MPa，测量的绝对误差不允许大于0.05MPa）？

表3-2　校验压力表的结果

读　数	上　行　程					下　行　程				
被校表读数/MPa	0.0	0.4	0.8	1.2	1.6	1.6	1.2	0.8	0.4	0.0
标准表读数/MPa	0.000	0.385	0.790	1.210	1.595	1.595	1.215	0.810	0.405	0.000

3-14　如何正确选用压力计？压力计安装要注意什么问题？

3-15　为什么必须恒定热电偶真空计的规管加热电流？它对测量结果的影响是什么？

3-16　简述电离式真空计的工作原理及其适用范围。

4　流量检测与仪表

生产过程中需要消耗大量的物质，如经由管道输送的天然气、煤气、蒸汽、氧气、氮气、氢气等气体，水、酸、碱、盐、各种燃油、原油等液体以及经由传送带输送的矿石、煤、各种熔剂等固态物料。这些物质的流通量统称流量，大多都需要进行检测和控制，以保证生产设备在负荷合理而安全的状态下运行，同时为经济核算提供基本的数据。设备的物料与能源消耗等直接表征设备处理能力的流量参数以及对能源等的需要量，是衡量设备规模、经济性和技术性的重要指标。虽然温度、压力与流量并列成为工业生产、能源计量、环境保护、科学实验等领域的三大检测参数，但温度、压力等参数的控制通常都是通过调节物料或能源的流量来控制，因此流体流量检测是有效地进行生产和控制、节约能源以及企业经济管理所必需的。

流量是指单位时间内流过管道或特定通道横截面的流体数量，亦称为瞬时（平均）流量。当以 m^3、L 等来表示流体数量时，此时称流量为体积流量，记做 q_V。体积流量是流体平均流速 v 与流经管道横截面积 A 的乘积，即 $q_V = Av$，常采用 m^3/s、m^3/h、L/s 等单位。而当流体数量以 kg、t 等来表示时，称其为质量流量，记做 q_m。质量流量可以用体积流量 q_V 乘以流体的密度 ρ 而得到，即 $q_m = q_V\rho$，单位有 t/h 及 kg/s 等。

连续生产过程通常情况下只需测定瞬时流量，但在一些场合，例如经济核算与贸易往来中，往往需要测得流体总（流）量。在某一段时间内流过管道横截面的流体的总和称为总（流）量或累积流量。它是瞬时流量对时间的积分或积累，单位有 m^3 与 t 等。

测量流量的仪表称为流量表，也称为流量计。由于流体性质以及流体条件各不相同，流量检测的方法和仪表种类繁多，分类方法不一。例如，若按流量计信号反映的是体积流量还是质量流量，流量检测仪表可分为体积流量表和质量流量表两种类型，见表 4-1。

体积流量表又分为速度法流量表和容积法流量表。速度法体积流量仪表或称速度式流量计，是指当管道中流体的流通截面积 A 确定后，通过测出通过该截面流体的流速 v，来获得此处流体的体积流量大小的流量计。而在单位时间里（或一段时间里）直接测得通过仪表的流体体积流量的仪表称为容积法体积流量仪表，或称容积式流量表。

质量流量仪表又分为直接法质量流量仪表和间接法（或称推导式）质量流量仪表。前者是由仪表的检测元件直接测量出流体质量的仪表。后者是同时测出流体的体积流量、温度、压力等参数，再通过运算间接推导出流体的质量流量的仪表。

生产实践中，人们通常习惯于按测量方法和结构对流量计分类，这也是目前最为流行的分类方式。根据测量方法和结构，流量计可划分为差压式流量计、转子式流量计、电磁式流量计、涡轮式流量计、涡街式流量计、超声波流量计、热式流量计、容积式流量计等类型。

本章将按照测量方法和结构分类法介绍常用的体积流量与质量流量检测仪表的工作原理、主要组成、选择以及安装使用的基本知识。

表 4-1 流量检测仪表的分类

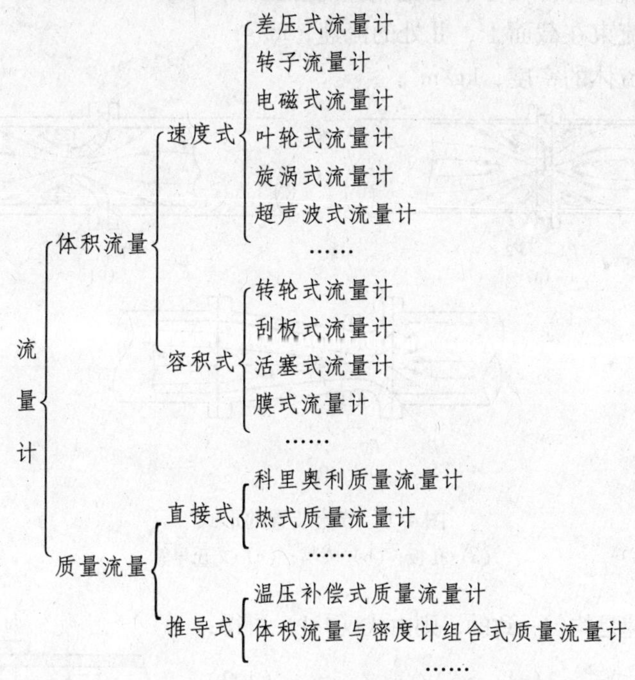

- 流量计
  - 体积流量
    - 速度式
      - 差压式流量计
      - 转子流量计
      - 电磁式流量计
      - 叶轮式流量计
      - 旋涡式流量计
      - 超声波式流量计
      - ……
    - 容积式
      - 转轮式流量计
      - 刮板式流量计
      - 活塞式流量计
      - 膜式流量计
      - ……
  - 质量流量
    - 直接式
      - 科里奥利质量流量计
      - 热式质量流量计
      - ……
    - 推导式
      - 温压补偿式质量流量计
      - 体积流量与密度计组合式质量流量计
      - ……

4.1 差压式流量计

差压式流量计是一类历史悠久、技术成熟、使用极广的流量计。流体流经检测元件时，由于压头转换而在检测元件前后或检测端产生静压力差，该压差与流过的流量之间存在一定的关系，这种通过测量压差而求出流量的流量计通称为差压式流量计。差压式流量计按结构形式可分为节流式流量计、匀速管流量计、弯管流量计等多种，其中以节流装置为检测元件的节流差压式流量计结构简单，性能稳定，使用维护方便，且有一部分已标准化，故得到了广泛应用。

4.1.1 节流式流量计

4.1.1.1 测量原理

节流式流量计主要包括节流装置、差压变送器和流量积算仪等部件。其中节流装置由节流件、取压装置和符合要求的直管段所组成，为节流式流量计的检测元件。常用标准节流装置有孔板、喷嘴及文丘里管，如图 4-1 所示。如图 4-2 所示，在水平管道中安装一块节流件如孔板，当流体连续流过节流孔时，在节流件前后由于压头转换而产生压差。

对于不可压缩的理想流体，节流前后流体的密度保持不变。当忽略压头损失 δ_p 时，由伯努利方程可得：

$$p'_1 + \frac{\rho v_1^2}{2} = p'_2 + \frac{\rho v_2^2}{2} \tag{4-1}$$

式中 p'_1，p'_2——流束在截面Ⅰ、Ⅱ处相应的静压力，Pa；

v_1，v_2——流束在截面Ⅰ、Ⅱ处的流速，m/s；

ρ——流体的密度，kg/m^3。

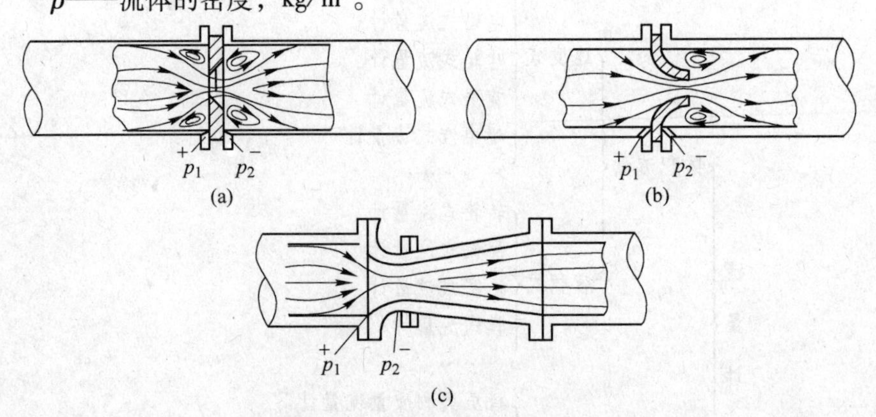

图4-1 节流装置的形式

（a）孔板；（b）喷嘴；（c）文丘里管

假定流体的流速是均匀一致的，则由式（4-1）可得：

$$v_2^2 - v_1^2 = 2(p'_1 - p'_2)/\rho \tag{4-2}$$

流体流动连续性方程：

$$A_1 v_1 = A_2 v_2 \tag{4-3}$$

式中 A_1——截面Ⅰ处流束的断面积，等于管道的截面积，m^2；

A_2——截面Ⅱ处（流束收缩最小）断面积，m^2。

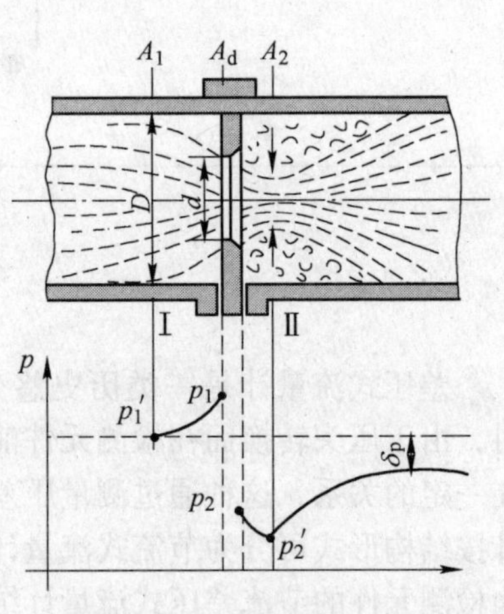

图4-2 流体流经节流孔前后的流态变化

设流束收缩系数为 $\mu = A_2/A_d$，即 $A_2 = \mu A_d$（A_d 为节流件的开孔面积），又设管道直径为 D、节流体开孔直径为 d，则有 $A_d/A_1 = d^2/D^2 = \beta^2$，其中 β 称为直径比，由式（4-2）和式（4-3）整理后得流量 q_m 为：

$$q_m = \rho A_2 v_2 = A_2 \frac{\sqrt{2(p'_1 - p'_2)\rho}}{\sqrt{1-(A_2/A_1)^2}} = A_2 \frac{\sqrt{2\Delta p'\rho}}{\sqrt{1-\mu^2\beta^4}} \tag{4-4}$$

实际流体流动时有压头损失，流速也不是均匀一致的，并且流束收缩最小截面的位置难于确定，故该截面处压力 p'_2 以及 $\Delta p'(\Delta p' = p'_1 - p'_2)$ 均无法确定。故实际测量时并非测图4-2中所示的 $\Delta p'(\Delta p' = p'_1 - p'_2)$，而是测量节流件前后某两个特定位置的压差，例如测图4-2中的 $\Delta p = p_1 - p_2$。考虑这些因素，需对式（4-4）进行修正。修正时将包括 μ 在内的系数合为一个无量纲的系数 C，从而得到不可压缩流体的差压-流量方程为：

$$q_m = A_d \frac{C}{\sqrt{1-\beta^4}} \sqrt{2(p_1 - p_2)\rho}$$

式中，$C = \dfrac{q_m\sqrt{1-\beta^4}}{A_d\sqrt{2(p_1 - p_2)\rho}}$称为流出系数，为不可压缩流体确定的表示通过节流装置的实际

流量与理论流量之间关系的系数；$1/\sqrt{1-\beta^4}$称为渐近速度系数，而乘积$C/\sqrt{1-\beta^4}$称为流量系数。

对于空气、煤气、水蒸气等可压缩流体，流体流经节流装置前后的流体密度会发生变化，故引入一个可膨胀系数ε，则可压缩流体的质量流量与体积流量分别：

$$q_m = A_d \frac{C\varepsilon}{\sqrt{1-\beta^4}}\sqrt{2(p_1-p_2)\rho_1},\ \mathrm{kg/s} \tag{4-5}$$

$$q_V = \frac{q_m}{\rho_1} = A_d \frac{C\varepsilon}{\sqrt{1-\beta^4}}\sqrt{\frac{2(p_1-p_2)}{\rho_1}},\ \mathrm{m^3/s} \tag{4-6}$$

式中　ρ_1——截面Ⅰ处流体的密度，$\mathrm{kg/m^3}$。

式（4-5）与式（4-6）是节流式流量计的通用流量公式。当被测流体为液体时，$\varepsilon=1$；当被测流体为气体、蒸汽时，$\varepsilon<1$。

如果式中流量以$\mathrm{m^3/h}$表示；$A_d=\pi d^2/4$，其中d为在流体工作温度下节流件开孔直径，以mm表示，压差Δp仍以Pa表示，流体工作密度ρ仍以$\mathrm{kg/m^3}$表示，则得流量实用方程为：

$$q_V = 3600\times10^{-6}\times\frac{\pi}{4}\times\sqrt{2}\times CE\varepsilon d^2\sqrt{\Delta p\rho}$$

$$= 0.0039986CE\varepsilon d^2\sqrt{\Delta p\rho},\ \mathrm{kg/h} \tag{4-7}$$

$$q_m = 0.0039986CE\varepsilon d^2\sqrt{\Delta p/\rho},\ \mathrm{m^3/h} \tag{4-8}$$

如果Δp以kPa表示，其他单位不变时，则式（4-7）和式（4-8）改写为：

$$q_m = 0.12645CE\varepsilon d^2\sqrt{\Delta p\rho},\ \mathrm{kg/h}$$

$$q_V = 0.12645CE\varepsilon d^2\sqrt{\Delta p/\rho},\ \mathrm{m^3/h}$$

如果Δp以mmH_2O（毫米水柱）表示，水的密度（20℃时）998.2$\mathrm{kg/m^3}$，其他单位不变时，则流量实用方程为：

$$q_m = 0.01251CE\varepsilon d^2\sqrt{\Delta p\rho},\ \mathrm{kg/h}$$

$$q_V = 0.01251CEd^2\sqrt{\Delta p/\rho},\ \mathrm{m^3/h}$$

上述流量实用方程中，常数项的不同都是因为采用不同的计量单位（Pa、kPa、mmH_2O等），称为计量常数，在流量公式中允许采用不同的计量单位，就有相应的计量常数。

在流量方程中，当C、E、ε、D、ρ为已知时，则流量与压差的平方根成比例，差压变送器将这个差压信号转换为标准电流信号送给流量积算仪，最后得到瞬时和/或累计流量，这就是节流装置测量流量的基本原理。

4.1.1.2　标准节流装置

节流装置已发展应用半个多世纪，积累的经验和实验数据十分充分，应用也十分广泛，先进的工业国家大多制订有各自的标准。我国于2006年颁布《用安装在圆形截面管道中的差压装置测量满管流体流量》（GB/T 2624—2006），该标准等同于国际标准ISO 5167：2003。在国家标准规定的使用极限范围内，根据该标准所提供的数据和要求进行设计、制造和安装使用的节流件，称为标准节流装置。标准孔板、标准喷嘴与标准文丘里管

（简称孔板、喷嘴、文丘里管）等，无须经过实液标定即可使用，测量准确度一般为1% ~ 2%，能满足工业生产上的一般要求。

A　标准孔板

a　结构形式

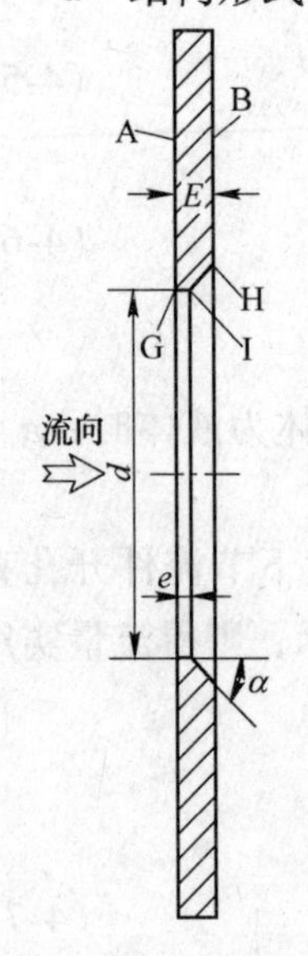

图4-3　标准孔板

标准孔板的结构如图4-3所示，它是一个具有与管道轴线同轴的圆形开孔，其直角入口边缘是非常尖锐的薄板，通常用不锈钢制造。各种形式的标准孔板是几何相似的，它们都应符合标准所规定的技术要求。

孔板的上下游端面应当平行，并且是光滑平整的，在上游端面A上任意两点的直线与垂直于轴线的平面之间的斜度小于0.5%，可以认为孔板是平的；表面粗糙度要求 $R_a \leqslant 10^{-4}d$。孔板的下游端面B也应是平整的，且与A面平行，对它的加工要求可以低一些。

孔板的厚度 E 应在节流孔厚度 e 与 $0.05D$ 之间，e 应在 $(0.005 \sim 0.02)D$ 之间。在节流孔的任意点上测得的各个 E 或 e 值之间的差值均不大于 $0.001D$。如孔板厚度 E 超过节流孔厚度 e 时，出口处应有一个向下游侧扩散的光滑锥面，锥面的斜角 α 应为 $45° \pm 15°$，其表面要精细加工。对上游侧入口边缘G应当十分尖锐，无毛刺，无卷口，亦无可见的任何异常。节流件开孔越小，边缘尖锐度的影响越大。

在任何情况下节流件开孔直径 $d \geqslant 12.5$mm，直径比 β 在 $0.1 \sim 0.75$ 范围内。

b　取压口

每个节流装置，至少应在某个标准位置安装有一个上游取压口和一个下游取压口。不同取压方式的上、下游取压孔位置都必须符合国家标准的规定。

在节流件上、下游取压孔的位置不同，所取得的差压也不同，如图4-4所示。取压口的位置表征标准孔板的取压方式，一般分为角接取压、法兰取压、径距取压三种，标准孔板常用角接取压法和法兰取压法。取压方式不同的标准孔板，其取压装置的结构、孔板的适用范围、流出系数的实验数据以及有关技术要求均有所不同，使用时应注意选择。

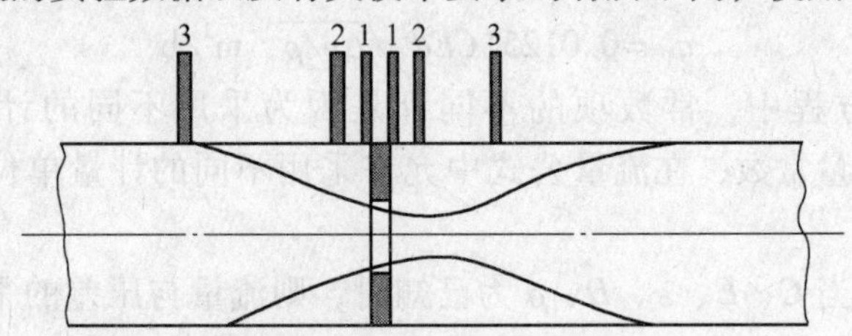

图4-4　节流装置的取压方式

1-1—角接取压；2-2—法兰取压；3-3—径距取压

(1) 角接取压方式。从节流件上、下游断面与管壁的夹角处取出待测的压力，称为角接取压，如图4-4中的1-1。取压装置的结构有两种形式，如图4-5所示。图中，上半部为环室取压，下半部为单独钻孔取压。

单独钻孔取压由前、后夹紧环上取出，取压孔的轴线与孔板前、后端面距离分别为取压孔直径的一半或取压口环隙宽度的一半。取压口的出口边缘应与孔板断面平齐，取压孔直径 b 的大小规定为：对于清洁流体或蒸汽，当 $\beta < 0.65$ 时，为 $0.005D \leqslant b \leqslant 0.03D$；当

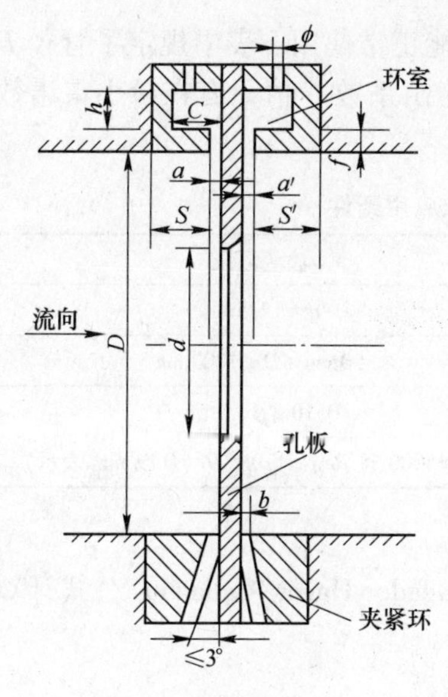

图4-5 角接取压方式

$\beta>0.65$时，为$0.01D\leqslant b\leqslant0.02D$。无论如何，直径$b$的实际尺寸对于任何$\beta$值，用于清洁流体应为$1\text{mm}\leqslant b\leqslant10\text{mm}$；用于蒸汽或液化气应为$4\text{mm}\leqslant b\leqslant10\text{mm}$。对于直径较大的管道，为了取得均匀的压力，允许在孔板上、下游侧规定的位置上分别设有几个单独钻的取压孔，钻孔按等角距对称配置，并分别连通起来做成取压环形管。

环室取压装置是在节流件上、下游两侧安装前、后环室（或称夹持环），用法兰将环室、节流件和垫片紧固在一起，环室的内径应在（1～1.04）D范围内选取，保证不会凸出于管道内。上、下游环室的长度S（或S'）不得大于$0.5D$。为了取得圆管周围均匀的压力，环室紧靠节流件端面开一宽度为a的环隙与管道内相通，环室的厚度f应不小于环室宽度a的两倍；环室的横截面积$h\times c$应不小于此环隙与管道相通的开孔总面积的一半，至少50mm^2，h或c不应小于6mm。连通管直径ϕ为4～10mm。环室取压的优点是压力取出口面积比较广，便于取出平均压差而有利提高测量准确度，但是加工制造和安装工作复杂。对于大口径的管道（$D\geqslant400\text{mm}$），通常采用单独钻孔取压。

孔板上游管道的相对粗糙度上限值应符合表4-2的要求。表中K为管壁的等效绝对粗糙度（mm），它取决于管壁粗糙峰谷高度、分布、尖锐度及其他管壁上粗糙性等因素。各种管道（钢管、铜管、铝管等）的K值可查有关材料手册。

表4-2 孔板上游管道的相对粗糙度上限值

β（≤）	0.30	0.32	0.34	0.36	0.38	0.40	0.45	0.50	0.60	0.75
$10^4K/D$	24.0	18.1	12.9	10.0	8.3	7.1	4.6	4.9	4.2	4.0

（2）法兰取压装置。标准孔板的上、下游两侧均用法兰连接，在法兰中钻孔取压（见图4-6），取压孔的轴线离孔板上、下游端面的距离S和S'名义上均为24.4mm，并必须垂直于管道的轴线；当$\beta>0.60$和$D<150\text{mm}$时，应为$24.4\pm0.5\text{mm}$；当$\beta\leqslant0.60$或$\beta>0.60$但$150\leqslant D\leqslant1000\text{mm}$时，应为$24.4\pm1\text{mm}$。取压孔的轴线应与管道轴线直角相交，孔口与管内表面平齐，孔径$b\leqslant0.13D$并小于13mm。

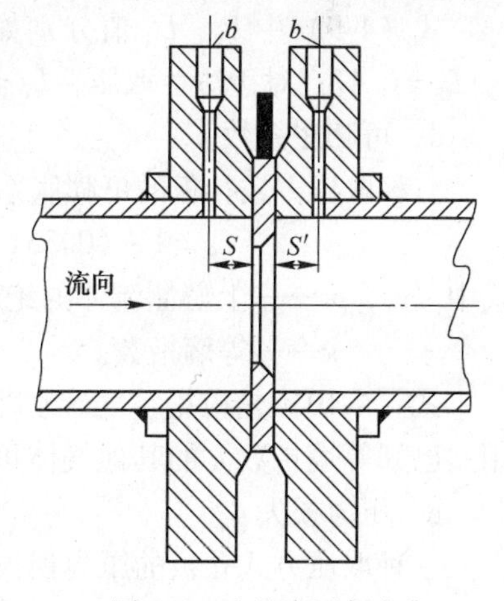

图4-6 法兰取压方式

（3）径距取压（或称D与$D/2$取压）。上游取压口中心与孔板上游端面距离名义上等于D，但在（0.9～1.1）D之间时，无须对流出系数进行修正。下游取压口中心与孔板上游端面距离为$D/2$，但当$\beta\leqslant0.60$时，在（0.48～0.52）D之间，当$\beta>0.60$时，在（0.49～0.51）D之间，都不必对流出系数进行修正。

不同取压方式的标准孔板必须满足表4-3的条件，才能正常使用。表中规定了管径 D 和直径比的范围、最小雷诺数 Re_D（或称界限雷诺数）。流出系数 C 值只有在最小雷诺数以上使用时才是稳定的。

表4-3 GB/T 2624.2—2006规定的孔板应用条件

角接取压或径距取压（D 与 $D/2$ 取压）	法兰取压
$d \geqslant 12.5\text{mm}$	$d \geqslant 12.5\text{mm}$
$50\text{mm} \leqslant D \leqslant 1000\text{mm}$	$50\text{mm} \leqslant D \leqslant 1000\text{mm}$
$0.10 \leqslant \beta \leqslant 0.75$	$0.10 \leqslant \beta \leqslant 0.75$
对于 $0.10 \leqslant \beta \leqslant 0.56$，$Re_D \geqslant 5000$；对于 $\beta > 0.56$，$Re_D \geqslant 16000\beta^2$	$Re_D \geqslant 5000$ 且 $Re_D \geqslant 170\beta^2 D$（$D$ 以mm表示）

c 流出系数 C

GB/T 2624.2—2006规定，用里德-哈利斯/加拉赫（Reader-Harris/Gallagh）公式计算流出系数 C：

$$C = 0.5961 + 0.0261\beta^2 - 0.216\beta^8 + 0.000521\left(\frac{10^6\beta}{Re_D}\right)^{0.7} + (0.0188 + 0.0063A)\beta^{3.5}\left(\frac{10^6}{Re_D}\right)^{0.3} + (0.043 + 0.08e^{-10L_1} - 0.123e^{-7L_1}) \times (1 - 0.11A)\frac{\beta^4}{1-\beta^4} - 0.031(M'_2 - 0.8M'^{1.1}_2)\beta^{1.3} \tag{4-9}$$

$$A = (19000\beta/Re_D)^{0.8}$$

$$M'_2 = 2L'_2/(1-\beta)$$

式中 L_1——孔板上游端面到上游取压孔距离 l_1 与管道直径 D 的商，$L_1 = l_1/D$；

L'_2——孔板下游端面到下游取压孔距离 l'_2 与管道直径 D 的商，$L'_2 = l'_2/D$。

若管道直径 $D < 71.12\text{mm}$（2.8in），上述公式应再加上 $0.011(0.74-\beta)(2.8 - D/24.4)$（$D$ 取mm）。

式（4-9）中 L_1、L'_2 值分别如下：对于角接取压，$L_1 = L'_2 = 0$；对于径距取压，$L_1 = 1$，$L_2 = 0.47$；对于法兰取压，$L_1 = L'_2 = 24.4/D$（D 取mm）。

d 可膨胀系数 ε

三种取压方式孔板的可膨胀系数 ε 也改用经验公式计算：

$$\varepsilon = 1 - (0.351 + 0.256\beta^4 + 0.93\beta^8)[1 - (p_2/p_1)^{1/\kappa}] \tag{4-10}$$

式中 p_1，p_2——上游侧流体的绝对压力，kPa；

κ——等熵指数。

式（4-10）是根据空气、水蒸气、天然气的试验结果得出的，当 $p_2/p_1 \geqslant 0.75$ 时才实用。已知等熵指数 κ 的其他气体可参照使用。

e 压力损失 δ_p

三种取压方式孔板的压力损失可用下式近似计算：

$$\delta_p = (1 - \beta^{1.9})\Delta p$$

B 标准喷嘴

标准喷嘴有ISA 1932喷嘴和长径喷嘴两种，喷嘴在管道内的部分是圆的，它是由圆弧形的收缩部分和圆筒形喉部组成。ISA 1932 喷嘴简称标准喷嘴，其形状如图 4-7 所示，由垂直于中心线平面入口部分 A、两段圆弧曲面 B 和 C 构成的入口收缩部圆筒形喉部 E 与防止出口边缘损伤的保护槽 F 所组成。

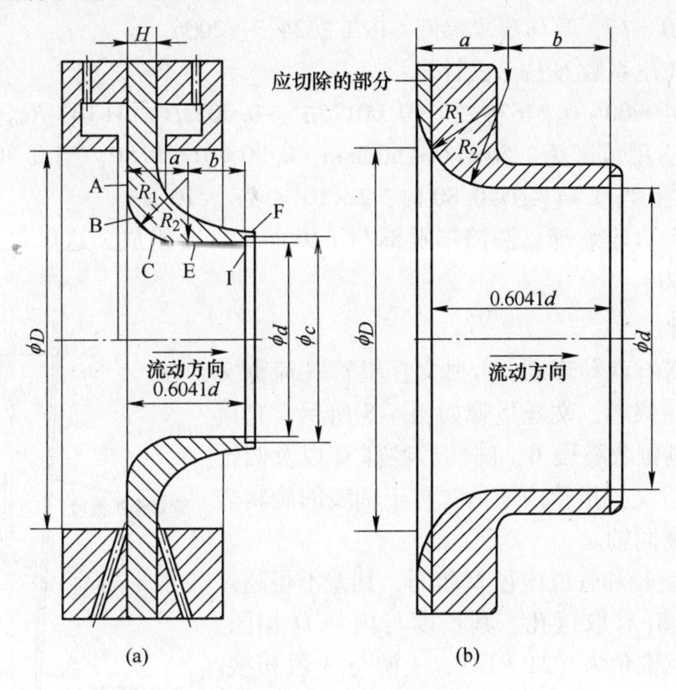

图 4-7　ISA 1932 喷嘴

（a）$d \leqslant \frac{2}{3}D$；（b）$d > \frac{2}{3}D$

平面入口部分的 A 是由直径为 $1.5d$ 且与旋转轴同心的圆周和直径为 D 的管道内部圆周限定。当 $d = \frac{2}{3}D$ 时，该平面部分的径向宽度为零；当 $d > \frac{2}{3}D$ 时，在管道内的喷嘴上游端面不包括平面入口部分，此时喷嘴将按照 $D > 1.5d$ 那样加工，然后将入口切平，使收缩廓形最大直径正好等于 D，如图 4-7（b）所示。

收缩部是由 B、C 两段组成的曲面，第一圆弧曲面 B 与 A 面相切，圆弧 C 分别与 B 及喉部 E 相切；B、C 半径为 R_1、R_2。当 $\beta < 0.50$ 时，$R_1 = 0.2d \pm 0.02d$，$R_2 = d/3 \pm 0.033d$；当 $\beta \geqslant 0.50$ 时，$R_1 = 0.2d \pm 0.006d$，$R_2 = d/3 \pm 0.01d$。圆弧 B 的圆心距 A 面为 $0.2d$，距喷嘴轴线 $0.75d$，圆弧 C 的圆心距轴线为 $5d/6$，距 A 面的距离为 $0.3014d$。

圆筒形喉部 E 的直径为 d，长度为 $0.3d$。出口边缘 F 应十分尖锐，无肉眼可见的毛刺或伤痕，无明显倒角。边缘保护槽 F 的直径 ϕc 最小为 $1.06d$，轴向长度最大为 $0.03d$。如能保证出口边缘不受损伤也可不设保护槽。喷嘴平面 A 及喉部 E 的表面粗糙度为 $R_a \leqslant 10^{-4}d$。

喷嘴总长（不包括保护槽 F）取决于直径比 β，等于 $0.6041d$（$0.3 \leqslant \beta \leqslant 2/3$）或 $\left(0.4041 + \sqrt{\frac{0.75}{\beta} - \frac{0.25}{\beta^2} - 0.5225}\right)d$（$2/3 \leqslant \beta \leqslant 0.8$）。喷嘴的厚度 H 不得超过 $0.1D$。喉部

直径 d 的加工公差要求与孔板相同。

标准喷嘴的上游取压口采用角接取压口；下游取压口可以采用角接取压口方式，亦可使取压口轴线与喷嘴上游端面之间的距离不大于 $0.15D$（对于 $\beta \leqslant 0.67$）或者不大于 $0.20D$（对于 $\beta > 0.67$），具体要求参阅 GB/T 2624.3—2006。

标准喷嘴的流出系数 C 按下式计算：

$$C = 0.9900 - 0.2262\beta^{4.1} - (0.00175\beta^2 - 0.0033\beta^{4.15})(10^6/Re_D)^{1.15}$$

标准喷嘴的适用范围为：$50 \leqslant D \leqslant 500\text{mm}$，$0.30 \leqslant \beta \leqslant 0.80$。当 $0.30 \leqslant \beta \leqslant 0.44$ 时，$7 \times 10^4 \leqslant Re_D \leqslant 10^7$；当 $0.44 \leqslant \beta \leqslant 0.80$ 时，$2 \times 10^4 \leqslant Re_D \leqslant 10^7$。

长径喷嘴由入口收缩部、圆筒形喉部与下游面三部分组成，这里叙述从略，可参阅 GB/T 2624.3—2006。

C　文丘里管

标准文丘里管有两种形式：古典文丘里管（简称文丘里管）与文丘里喷嘴。文丘里管如图 4-8 所示，它由入口圆筒段 A、圆锥收缩段 B、圆柱形喉部 C 以及圆锥形扩散段 E 组成。文丘里管内壁是对称于轴线的旋转表面，该轴线与管道同轴。

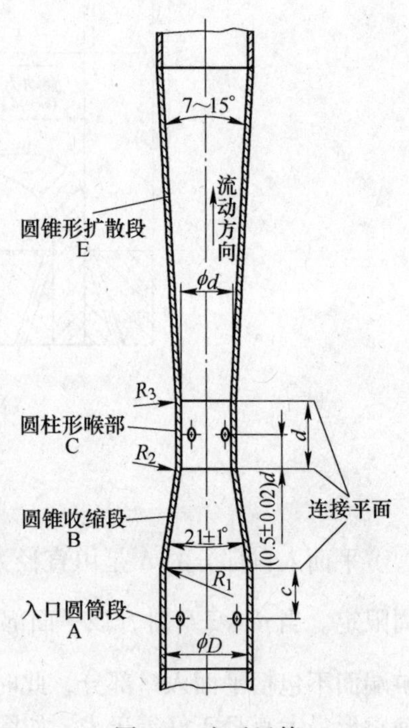

图 4-8　文丘里管

入口段 A 的直径和管道内径 D 相同，其差不得超过 $0.01D$。在该段上开有取压孔。其长度与内径 D 相同。圆锥形收缩段 B，锥角为 $(21 \pm 1)°$，上游与 A 段相接，下游与 C 段相接，其长度为 $2.7(D-d)$。圆筒喉部 C 的直径为 d，其长度与 d 相同，在此开有负压取压孔；喉部 C 与邻近曲面的粗糙度 $R_a \leqslant 10^{-5}d$。扩散段 E 是粗铸的，其内表面应清洁而光滑。它的圆锥面锥角为 7° ~ 15°，最小端直径不小于喉部直径 C。扩散段的最大直径可等于管道直径 D 或稍小，前者为非截尾式文丘里管，后者为截尾式文丘里管。

GB/T 2624.4—2006 规定，经典文丘里管收缩段的廓形有三种形式，特性分别如下：

（1）“铸造”收缩段。应用范围为 $100\text{mm} \leqslant D \leqslant 800\text{mm}$，$0.3 \leqslant \beta \leqslant 0.75$，$2 \times 10^5 \leqslant Re_D \leqslant 2 \times 10^6$，在这些条件下条件的流出系数 $C = 0.984$。若 $100\text{mm} < D < 150\text{mm}$，上游取压口间距 $c = 0.5D \pm 0.25D$；若 $150\text{mm} < D < 800\text{mm}$，$c = 0.5D_{-0.25D}^{\;0}$。

（2）机械加工收缩段。应用范围为 $50\text{mm} \leqslant D \leqslant 250\text{mm}$，$0.4 \leqslant \beta \leqslant 0.75$，$2 \times 10^5 \leqslant Re_D \leqslant 1 \times 10^6$，在这些条件下条件的流出系数 $C = 0.995$，取压口间距 $c = 0.5D \pm 0.05D$。

（3）粗焊铁板收缩段。应用范围为 $200\text{mm} \leqslant D \leqslant 1200\text{mm}$；$0.4 \leqslant \beta \leqslant 0.70$；$2 \times 10^5 \leqslant Re_D \leqslant 2 \times 10^6$，在这些条件下的流出系数 $C = 0.985$，取压口间距 $c = 0.5D \pm 0.05D$。

文丘里喷嘴是喷嘴加上扩散段而成，喉部亦为圆筒形，叙述从略。

4.1.1.3　标准节流装置的使用条件

（1）节流装置只适于测量圆形截面管道内的流体，且流体必须充满圆管，连续地流过管道。在紧邻节流装置的上游管道内流体的流动状态接近典型的充分发展的紊流状态。

(2) 流束应与管轴平行，不得有旋转流或旋涡。在进行流量测量时，管道内流体的流动应是稳定的。

(3) 流体流量基本上不随时间而变化，或者变化是非常缓慢的。

(4) 流体可以是可压缩的气体或不可压缩的流体；但不适于脉动流与临界流。

(5) 流体必须是牛顿流体，在物理学和热力学上是单相的、均匀的或者可认为是单相的，且流经节流装置时不发生相变。具有高分散程度的胶质溶液如牛奶，可以认为是单相流体。

(6) 节流装置的制造和使用条件超出国家标准的极限时，必须标定后才能安装使用。

4.1.1.4 节流装置的安装

节流装置安装在一定长度的直管道上，上下游难免有影响流体流动的拐弯、扩张、缩小、分岔及阀门等阻力件，如图 4-9 所示。阻力件的存在，将会严重扰乱流束的分布状态，引起流出系数 C 的变化。因此在节流件上下游侧都必须有足够长度的直管段。

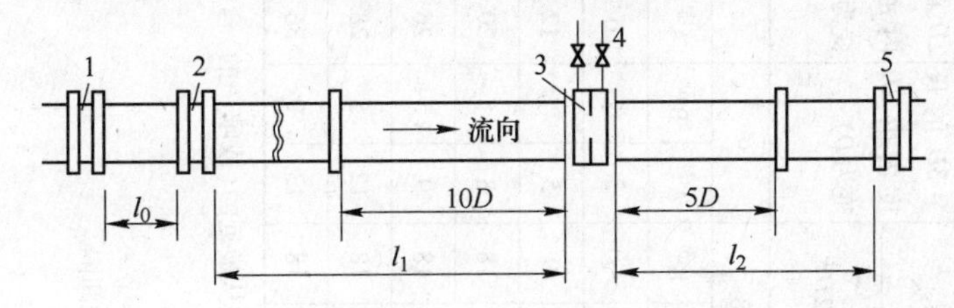

图 4-9 节流装置的安装管段

1，2，5—局部阻力件；3—节流件；4—引压管

在节流装置 3 的上游侧有两个局部阻力件 1、2，节流装置的下游侧也有一个局部阻力件 5，在各阻力件之间的直管段分别为 l_0、l_1 及 l_2，如在节流装置的上游侧只有一个局部阻力件 2，则直管段就只需 l_1 及 l_2。直管段必须是圆的，其内壁要清洁，并且尽可能是光滑平整的。

节流件上下游侧最小直管段长度，与节流件上游侧局部阻力件形式和直径比有关，在表 4-4 ~ 表 4-6 中分别列出了标准节流装置所需最小直管段的长度。

节流件上游如有两个阻力件，在阻力件之间直段管长度 l_0，按第二个局部阻力形式和 $\beta=0.7$ 选取表中所列数值的 1/2。

在节流件前后 2D 长的管道上，管道内壁不能有任何凸出的物件：安装的垫圈都必须与管道内壁平齐；也不允许管道内壁有明显的粗糙不平现象。

在测量准确度要求较高的场合，为了满足上述要求，应将节流件、环室（或夹紧环）和上游侧 10D 及下游侧 5D 长的测量管先行组装，检验合格后再接入主管道中。安装节流件时必须注意它的方向性，不能装反。例如安装孔板应以直角入口为“+”方向，扩散的锥形出口为“-”方向，故必须以孔板直角入口侧正对流体的流向。节流件安装在管道中时，要保证其前端面与管道轴线垂直，偏斜不超过 1°，还要保证其开孔与管道同轴心，偏心度不超过 $0.015D\dfrac{1}{\beta-1}$。

更详细的安装条件及使用条件限制请参阅 GB/T 2624—2006。

表 4-4 无流动调整器情况下孔板与管件间所需的直管段(数字以管道内径 D 的倍数表示)

直径比 β	上游																								下游	
	单个90°弯头或任一平面上两个90°弯头		同一平面上的两个90°弯头:S形结构				互成垂直平面上两个90°弯头				带或不带延伸部分的单个90°三通斜接90°弯头		单个45°弯头或同一平面上两个45°弯头		同心渐缩管(在1.5D~3D的长度内由2D变为D)		同心渐扩管(在D~2D的长度内由0.5D变为D)		全孔球阀或闸阀全开		突然对称缩管		温度计插套或套管③直径不大于0.03D④		管件(2~11栏)和密度计套管	
	$S>30D$①		$30D \geq S>10D$①		$10D \geq S$①		$30D \geq S \geq 5D$①		$5D \geq S$①②				$S \geq 2D$①													
1	2		3		4		5		6		7		8		9		10		11		12		13		14	
—	A⑤	B⑥	A⑤	B⑥	A⑤	B⑥	A⑤	B⑥	A⑤	B⑥	A⑤	B⑥	A⑤	B⑥	A⑤	B⑥	A⑤	B⑥	A⑤	B⑥	A⑤	B⑥	A⑤	B⑥	A⑤	B⑥
≤0.20	6	3	10	⑦	10	⑦	19	18	34	17	3	⑦	7	⑦	5	⑦	6	⑦	12	6	30	15	5	3	4	2
0.40	16	3	10	⑦	10	⑦	44	18	50	25	9	3	30	9	5	⑦	12	8	12	6	30	15	5	3	6	3
0.50	22	9	18	10	22	10	44	18	75	34	19	9	30	18	8	5	20	9	12	6	30	15	5	3	6	3
0.60	42	13	30	18	42	18	44	18	65⑧	25	29	18	30	18	9	5	26	11	14	7	30	15	5	3	7.5	3.5
0.67	44	20	44	18	44	20	44	20	60	18	36	18	44	18	12	5	28	14	18	9	30	15	5	3	7.5	3.5
0.75	4	20	44	18	44	22	44	20	75	18	44	18	44	18	13	9	36	18	24	12	30	15	5	3	8	4

注:1. 所需最短直管段是孔板上游或下游各种管件与孔板之间的直管段长度。直管段应从最近的(或唯一的)弯头或三通的弯曲部分的下游端测量起,或者从渐缩管或渐扩管的弯曲或圆锥部分的下游端测量起。

2. 本表中直管段所依据的大多数弯头的曲率半径等于 $1.5D$。

①S 是上游弯头弯曲部分的下游端到下游弯头弯曲部分的上游端测得的两个弯头之间的间隔。

②这不是一种好的上游安装,如有可能宜使用流动调整器。

③安装温度计插套或套管将不改变其他管件所需要的最短上游直管段。

④只要 A 栏或 B 栏的值分别增大到 20 和 10,就可安装直径 $0.03D \sim 0.13D$ 的温度计插套或套管。但不推荐这种安装方式。

⑤每种管件的 A 栏都给出了对应于"零附加不确定度"的直管段。

⑥每种管件的 B 栏都给出了对应于"0.5% 附加不确定度"的直管段。

⑦A 栏中的直管段给出零附加不确定度,目前尚无较短直管段的数据可用于给出 B 栏的所需直管段。

⑧如果 $S<2D, Re_D>2\times10^6$,需要 $95D$。

表 4-5 喷嘴与文丘里喷嘴所要求的直管段长度(数字以管道内径 D 的倍数表示)

直径比 β①	上游																				下游	
	单个90°弯头或三通(流体仅从一个支管流出)		同一平面上两个或多个90°弯头		不同平面上两个或多个90°弯头		渐缩管(在1.5D~3D长度内由2D变为D)		渐扩管(在D~2D长度内由0.5D变为D)		球形阀全开		全孔球阀或闸阀全开		突然对称收缩		直径不大于0.03D温度计插套或套管②		直径在0.03D~0.13D之间的温度计插套或套管②		各种管件(2~8栏)	
1	2		3		4		5		6		7		8		9		10		11		12	
—	A③	B④	A③	B④	A③	B④	A③	B④	A③	B④	A③	B④	A③	B④	A③	B④	A③	B④	A③	B④	A③	B④
0.20	10	6	14	7	34	17	5	⑤	16	8	18	9	12	6	30	15	5	3	20	10	4	2
0.25	10	6	14	7	34	17	5	⑤	16	8	18	9	12	6	30	15	5	3	20	10	4	2
0.30	10	6	16	8	34	17	5	⑤	16	8	18	9	12	6	30	15	5	3	20	10	5	2.5
0.35	12	6	16	8	36	18	5	⑤	16	8	18	9	12	6	30	15	5	3	20	10	5	2.5
0.40	14	7	18	9	36	18	5	⑤	16	8	20	10	12	6	30	15	5	3	20	10	6	3
0.45	14	7	18	9	38	19	5	⑤	17	9	20	10	12	6	30	15	5	3	20	10	6	3
0.50	14	7	20	10	40	20	6	5	18	9	22	11	12	6	30	15	5	3	20	10	6	3
0.55	16	8	22	11	44	22	8	5	20	10	24	12	14	7	30	15	5	3	20	10	6	3
0.60	18	9	26	13	48	24	9	5	22	11	26	13	14	7	30	15	5	3	20	10	7	3.5
0.65	22	11	32	16	54	27	11	6	25	13	28	14	16	8	30	15	5	3	20	10	7	3.5
0.70	28	14	36	18	62	31	14	7	30	15	32	16	20	10	30	15	5	3	20	10	7	3.5
0.75	36	18	42	21	70	35	22	11	38	19	36	18	24	12	30	15	5	3	20	10	8	4
0.80	46	23	50	25	80	40	30	15	54	27	44	22	30	15	30	15	5	3	20	10	8	4

注:1. 所需最短直管段是位于一次装置上游或下游各种管件与一次装置之间的管段。所有直管段都应从一次装置的上游端面测量起。

2. 这些直管段长度并非建立在最新数据基础上。

①对于某些形式的一次装置,并非所有 β 都是允许的。

②安装温度计套管或插孔不改变其他管件所需要的最短上游直管段。

③各种管件的 A 栏给出相当于"零附加不确定度"的值。

④各种管件的 B 栏给出相当于"0.5% 附加不确定度"的值。

⑤A 栏中的直管段给出零附加不确定度,目前尚无可用于给出 B 栏所需直管段的较短直管段数据。

表 4-6　经典文丘里管所要求的最短直管段长度（表中数字以管道内径 D 的倍数表示）

直径比 β	单个 90°弯头①		同一平面或不同平面上的两个或多个 90°弯头①		渐缩管（在 2.3D 长度内由 1.33D 变为 D）		渐扩管（在 3.5D 长度内由 0.67D 变为 D）		渐缩管（在 2.3D 长度内由 3D 变为 D）		渐扩管（在 3.5D 长度内由 0.75D 变为 D）		全孔球阀或闸阀全开	
1	2		3		4		5		6		7		8	
—	A②	B③	A②	B③	A②	B③	A②	B③	A②	B③	A②	B③	A②	B③
0.30	8	3	8	3	4	④	4	④	2.5	④	2.5	④	2.5	④
0.40	8	3	8	3	4	④	4	④	2.5	④	2.5	④	2.5	④
0.50	9	3	10	3	4	④	5	4	4.5	2.5	2.5	④	3.5	2.5
0.60	10	3	10	3	4	④	6	4	8.5	2.5	3.5	2.5	4.5	2.5
0.70	14	3	18	3	4	④	7	5	10.5	2.5	4.5	3.5	4.5	3.5
0.75	16	8	22	8	4	④	7	6	11.5	3.5	6.5	4.5	4.5	3.5

注：1. 所需最短直管段是经典文丘里管上游的各种管件与经典文丘里管之间的管段。直管段应从最近（或仅有的）弯头弯曲部分的下游端或是从渐缩管或渐扩管的弯曲或圆锥部分的下游端测量到经典文丘里管的上游取压口平面。

2. 如果经典文丘里管上游装有温度计插套或套管，其直径应不超过 0.13D，且应位于文丘里管上游取压口平面的上游至少 4D 处。

3. 对于下游直管段，喉部取压口平面下游至少 4 倍喉部直径处的管件或其他阻流件（如本表所示）或密度计插套不影响测量的精确度。

①弯头的曲率半径应大于或等于管道直径。

②各种管件的 A 栏给出对应于“零附加不确定度”的值。

③各种管件的 B 栏给出对应于“0.5% 附加不确定度”的值。

④A 栏中的直管段给出零附加不确定度，目前尚无可用于给出 B 栏所需直管段的较短直管段数据。

4.1.1.5　节流流量计的不确定度

节流流量测量是由所测差压值按流量方程计算出来的，属于间接测量法。完全按国家标准设计、制造、安装的节流流量计，其不确定度 δ 由各有关参数的不确定度合成。

（1）流出系数 C 的不确定度。节流装置的流出系数 C 主要决定于直径比 β，并与雷诺数有关，它的不确定度 δ_C/C 列于表 4-7。

表 4-7　节流装置的 δ_C/C

节流件		β	$\frac{\delta_C}{C}$/%
标准孔板：角接法兰和径距取压		$0.1 \leqslant \beta \leqslant 0.2$	$0.7-\beta$
		$0.2 \leqslant \beta \leqslant 0.6$	0.5
		$0.6 < \beta \leqslant 0.75$	$1.667\beta-0.5$
标准喷嘴		$\beta \leqslant 0.6$	0.8
		$\beta > 0.6$	$2\beta-0.4$
长径喷嘴		$0.2 \leqslant \beta \leqslant 0.8$	2.0
经典文丘里管	粗铸收缩段		0.7
	机械加工收缩段		1.0
	粗焊铁管收缩段		1.5
文丘里喷嘴			$1.2+1.5\beta^4$

（2）可膨胀系数的不确定度。节流装置的可膨胀系数 ε 主要决定于压差与压力比，有的还与直径比有关，其不确定度 $\delta_\varepsilon/\varepsilon$ 列于表4-8。

表4-8 节流装置的 $\delta_\varepsilon/\varepsilon$

节流件	$\frac{\delta_\varepsilon}{\varepsilon}/\%$
标准孔板（三种取压法）	$3.5\Delta p/(kp_1)$
标准喷嘴及长径喷嘴	$2\Delta p/p_1$
经典文丘里管与文丘里喷嘴	$(4+100\beta^8)\Delta p/p_1$

（3）管道直径比与开孔直径的不确定度。管道直径比不确定度 δ_D/D 与开孔直径比的不确定度 δ_d/d 是根据国家规定的技术要求估算的，δ_D/D 的最大值为 ±0.4%，δ_d/d 的最大值为 ±0.07%。

（4）差压的不确定度。节流式流量计正常运行的差压，一般希望在流量的80%左右，由此可给出的估计公式为：

$$\delta_{\Delta p}/\Delta p=\xi(\Delta p/\Delta p_i)\%=1.56\xi\%$$

式中 Δp——差压计量程上限值；

Δp_i——差压计某一差压值，按流量的80%计，则 $\Delta p_i=0.64\Delta p$；

ξ——差压计的准确度等级，有0.1、0.2、0.25、0.5等级别。

原则上差压不确定度应包括所有部件如信号管路、变送器、仪表之间的连接部件与显示记录仪表在内，显然这是相当复杂的，因此这里只考虑了差压变换与显示仪表。

（5）流体密度的不确定度。实际流体的密度为 ρ_1，其状态参数为 t_1、p_1，并与流体的成分有关。通常 ρ_1 是根据状态参数表查得的，而 t_1、p_1 与差压都是实际测定的，查表数据与测量都难免有误差，理论上可以推导出来，但并无多大意义，因此 δ_{ρ_1}/ρ_1 也是估算出来的，见表4-9。

表4-9 节流装置的 $\delta_{\rho 1}/\rho_1$

流　体	测温条件 $\frac{\delta_{t_1}}{t_1}/\%$	测压条件 $\frac{\delta_{p1}}{p_1}/\%$	$\frac{\delta_{\rho 1}}{\rho_1}/\%$
液　体	0		±0.03
	±1		±0.03
	±5		±0.03
水蒸气	0	0	±0.02
	±1	±1	±0.5
	±5	±5	±3.0
	±1	±5	±1.5
	±5	±1	±2.5
气　体	0	0	±0.05
	±1	±1	±1.5
	±1	±5	±4.5
	±5	±1	±4.5

注：表中 $\frac{\delta_{\rho 1}}{\rho_1}$ 为流体密度的标准误差，其不确定度 $2\delta_{\rho 1}/\rho_1$。

由误差传播公式，上述各项不确定度用和差法表示，质量流量的不确定度：

$$\delta_{q_m}/q_m = \pm\left\{(\delta_C/C)^2+(\delta_\varepsilon/\varepsilon)^2+[2\beta^4/(1-\beta^4)]^2(\delta_D/D)^2+\right.$$
$$\left.[2/(1-\beta^4)]^2(\delta_d/d)^2+\frac{1}{4}(\delta_{\rho_1}/\rho_1)^2+\frac{1}{4}(\delta_{\Delta p}/\Delta p)^2\right\}^{1/2}$$

4.1.1.6 非标准节流装置

用标准节流装置测量流量是有严格要求的，如要求管道内径 D 在 50mm 以上、雷诺数 $Re_D \geqslant 5000$ 等条件，从而使其使用受到一定的限制。而在工业生产中，经常遇到小管道的流量检测、低速流体或特殊介质的流量检测问题，标准节流装置无法进行准确测量，此时可采用一些非标准形式的节流装置来进行测量。非标准形式的节流装置也称为特殊节流装置，这些装置的研究试验还不够充分，尚未标准化，使用时应经个别标定。

A 小管道流量测量

标准孔板只能用在直径大于 50mm 的管道上，在工业与科研上，常需在直径小于 50mm，甚至几毫米的管道上测量流体流量。这里介绍两种非标准孔板供选择。

a 小管径孔板

当管道尺寸较小时，孔板的偏心、管壁粗糙度和取压口几何尺寸的影响都会增大。为此，将小管径孔板装在已镗磨过的测量管段中，如图 4-10 所示，使管壁的光洁度、圆度和直管段长度都达到孔板的要求。流量系数的计算公式如下：

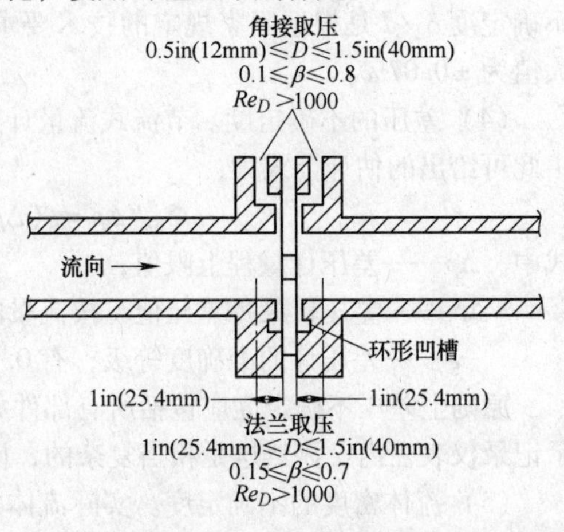

图 4-10 小管径孔板

角接取压通常采用环室取压，当管径 $D=12\sim40\text{mm}(0.5\sim1.5\text{in})$，$\beta=0.1\sim0.8$，$Re_D>1000$，流量系数 α 的公式为：

$$\alpha=\frac{C}{\sqrt{1-\beta^4}}=\left[0.5991+\frac{25.4\times0.0044}{D}+\left(0.3155+\frac{25.4\times0.0175}{D}\right)(\beta^4+2\beta^{16})\right]+$$
$$\left[\frac{25.4\times0.52}{D}-0.192+\left(16.48-\frac{25.4\times1.16}{D}\right)(\beta^4+4\beta^{16})\right]\frac{1}{\sqrt{Re_D}}$$

法兰取压，当管径 $D=25\sim40\text{mm}$（$1\sim1.5\text{in}$），$\beta=0.15\sim0.7$，$Re_D>1000$ 时，流量系数 α 由下式计算：

$$\alpha=\frac{C}{\sqrt{1-\beta^4}}=0.5980+0.468(\beta^4+10\beta^{12})+(0.87+8.1\beta^4)\frac{1}{\sqrt{Re_D}}$$

b 内藏孔板

把小孔板装在与差压变送器的正、负压室相连的小管中，这种小孔板和小管就成为构成差压变送器整体的构件，故称为内藏孔板（或称整体孔板）。这种结构不仅使安装变得紧凑，而且扩大了孔板测量小流量的能力。对于液体最小可测量0.015L/min，对于气体最小可测量（标态）0.42L/min。

内藏孔板有两种形式，一种呈直通式，另一种呈 U 形弯管式，如图 4-11 所示。直通式内藏孔板的结构是被测流体流经差压变送器高压室（腔）和小孔板，在小孔板的下游侧有一个三岔口和小支管，小支管与变送器低压室（腔）相连，如图4-11（a）所示，使变送器低压室感受孔板下游侧的压力。U形弯管式内藏孔板如图4-11（b）所示，流体首先流经变送器高压室，然后流过U形弯管，在弯管末端装一块小孔板，流体流过小孔后，进入变送器低压室，再由连通管流出通至工艺管道，孔板产生的差压由变送器膜盒测量变换成标准电流信号（4～20mA DC）输出。

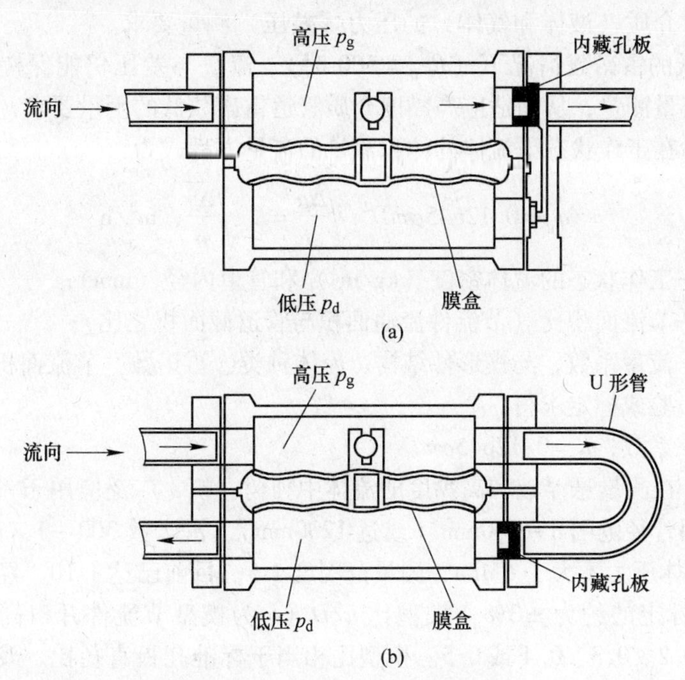

图4-11 内藏孔板原理结构图
（a）直通式；（b）U形弯管式

内藏孔板适用于测量清洁气体和液体的小流量，工艺管道直径范围为8～25mm，孔板孔径范围通常为0.4～6mm，测量精度为±（1%～3%），流量系数与雷诺数和孔径等因素有关，通常由仪表厂标定。

B 含悬浮物和高黏度流体的流量测量

测量含悬浮物和高黏度流体的流量时，在标准孔板前后会积存沉淀物，使管道实际面积减小，测量不准确，甚至管道被堵塞，因而，必须采用特殊节流装置来测量。

a 楔形孔板

在管道中嵌入一个楔形（或称V形）节流件，如图4-12所示，当流体流过时，在节流件前后产生差压Δp，该压差的平方根与流过的流量成比例关系，故又可称它为楔形孔板。由楔形节流件、法兰取压装置和差压变送器等组成的楔形流量计，其主要特性如下：

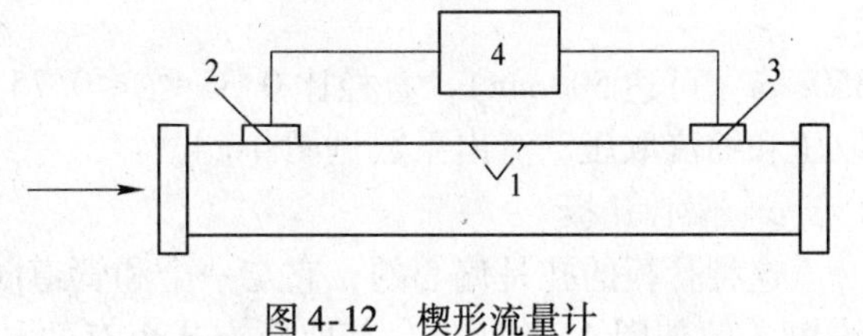

图4-12 楔形流量计
1—楔形节流件；2，3—取压装置；4—差压变送器

（1）节流件形状是V形体，具有导流作用，可消除滞流区、避免堵塞，故适于测量

含悬浮物的和高黏度的流体，如泥浆、矿浆、纸浆、污水、重油、原油、柴油、煤气等。

（2）结构简单，无可动部件，锥体夹角不易受脏污介质磨损，性能稳定，能长期保持测量精度，寿命长。

（3）差压测量采用远传式差压变送器（法兰连接型），由隔膜片和毛细管（内充硅油）来感测和传递压力的变化，取消导压管，故没有标准孔板的导压管被堵塞和泄漏问题，适应了悬浮介质（液体和气体）的压力（差压）测量要求。

（4）在较低的雷诺数情况下（$Re_D=500$ 时），流量与差压仍能保持平方根的比例关系，正常进行流量测量，从而适应高黏度介质管道雷诺数低的测量要求，测量范围宽。

楔形流量计在工作状态下流体的体积流量的流量方程式为：

$$q_V=0.12645\alpha mD^2\sqrt{\frac{\Delta p}{\rho}}=K\sqrt{\frac{\Delta p}{\rho}},\ \mathrm{m^3/h}$$

式中 ρ，D——工作状态的流体密度（kg/m^3）和管道内径（mm）；

m——节流面积比（节流件流通面积与管道截面积之比）；

α——流量系数，与楔形件结构、流体种类、雷诺数、节流面积比等有关，由实验或标定求得；

K——系数，$K=0.12645\alpha mD^2$。

楔形流量计在测量悬浮液和高黏度的流体中独树一帜，广泛应用于一般流量计无法胜任的场合，适用管径范围 8～600mm（或达 1200mm），雷诺数 $300\sim1\times10^6$，流体温度不大于 300℃，流体压力不大于 6MPa，测量范围度 1:5，目前已达 1:10，经标定的测量精度为 ±0.5%，未标定的约为 ±3%。楔型比 h/D（h 为楔型节流件开口高度，D 为管道内径）可以选择 0.2、0.3、0.4 或 0.5。楔型比相当于标准孔板直径比，改变楔型比就相应改变了面积比 m，而流量系数和差压也随之改变。

b 圆缺孔板

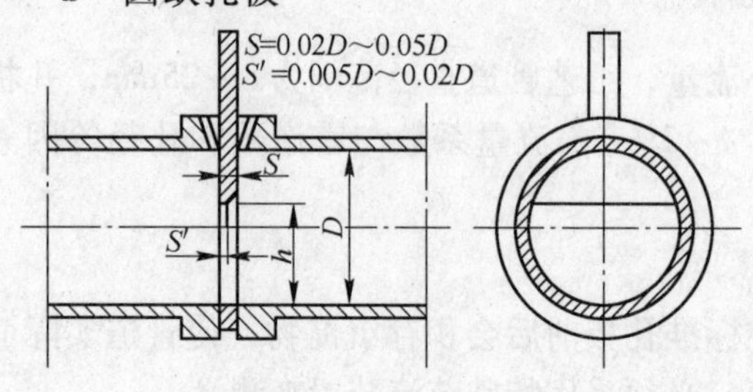

图 4-13 圆缺孔板

圆缺孔板形状似扇形，它的开孔是一个圆的一部分（圆缺部分），这个圆的直径是管道直径的 98%，如图 4-13 所示。圆缺孔板主要用于脏污介质含有固体微粒的液体和气体的流量测量，圆缺开孔一般位于下方，但对于含气泡的液体，其开孔位于上方。测量时管道应水平安装。

圆缺孔板适用范围，管径 $50\mathrm{mm}\leqslant D\leqslant350\mathrm{mm}$（可达 500mm），直径比 $0.35\leqslant\beta\leqslant0.75$，雷诺数 $10^4\leqslant Re_D\leqslant10^6$。取压方式有法兰取压和缩流取压。流出系数见图 4-14。

c 偏心孔板

这种孔板的孔是偏心的，它与一个和管道同心的圆相切，这个圆的直径等于管道直径的 98%，如图 4-15 所示。其取压方式也有两种：法兰取压和缩径取压。适用范围：管径 $100\mathrm{mm}\leqslant D\leqslant1000\mathrm{mm}$，直径比 $0.46\leqslant\beta\leqslant0.84$，雷诺数 $10^5\leqslant Re_D\leqslant10^6$。在 Re_D 为 $10^4\sim10^6$ 范围内，流出系数的关系式为：

$$C=K_1+K_2/Re_D^{0.5}$$

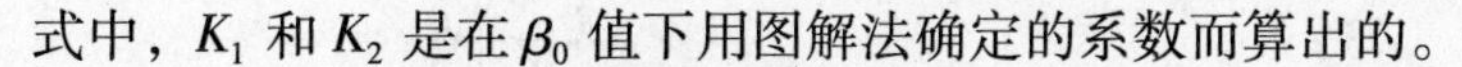
式中，K_1 和 K_2 是在 β_0 值下用图解法确定的系数而算出的。

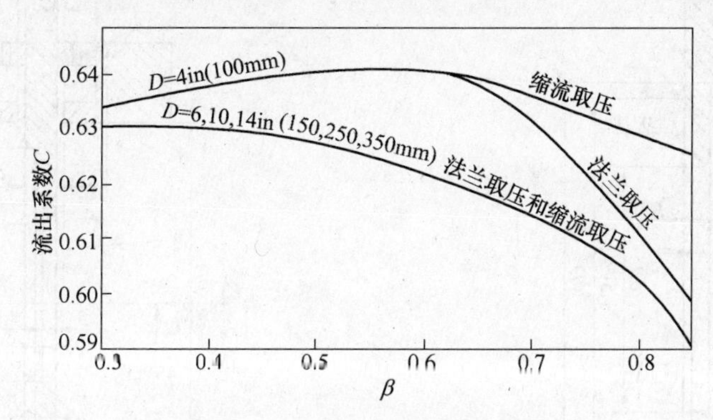

图 4-14　圆缺孔板的流出系数

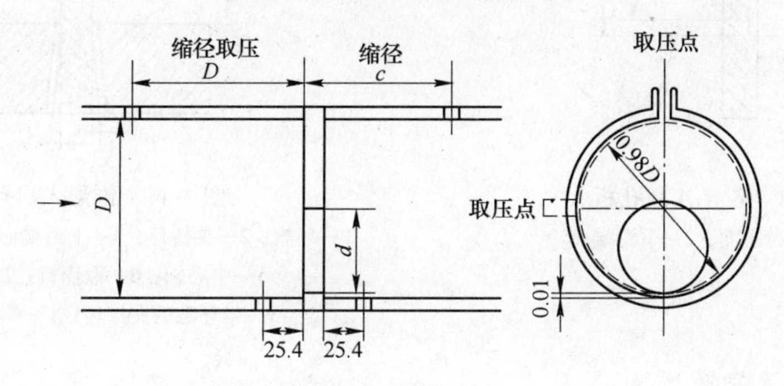

图 4-15　偏心孔板

C　低雷诺数情况下的流量测量

管道雷诺数（Re_D）与管径、流体黏度、密度和流量大小等有关，某些介质的黏度大、密度小或流量小，则雷诺数低，达不到标准节流装置要求的界限雷诺数（或最小雷诺数），因而流出系数不稳定，造成较大的测量误差。这里介绍两种低雷诺数使用的非标准孔板。

a　1/4 圆孔板

1/4 圆孔板（又称 1/4 圆喷嘴）与标准孔板相似，只是节流孔的入口边缘形状不同，上游入口边缘是以半径为 r 的 1/4 圆，其圆心在下游端面上，如图 4-16 所示。这种孔板结构简单，又具有喷嘴的一些优良性能，如不受磨蚀、腐蚀和孔板表面固体沉积物的影响，适用范围：管径 $D \geqslant 25\text{mm}$，直径比 $0.245 \leqslant \beta \leqslant 0.6$，雷诺数 $500 \leqslant Re_D \leqslant 6 \times 10^4$，孔径 $d \geqslant 15\text{mm}$，这种孔板的尺寸计算方法与标准孔板相同，流出系数公式为：

$$C = 0.73823 + 0.3309\beta - 1.1615\beta^2 + 1.5084\beta^3$$

当 $D \leqslant 40\text{mm}$，只能采用角接取压；当 $D \geqslant 40\text{mm}$，采用角接或法兰取压均可。

b　锥形入口孔板

锥形入口孔板的形状与标准孔板相似，相当于一块进出口反装的标准孔板，其入口与中心线夹角为 45° ±1°，如图 4-17 所示。它要求的雷诺数下限比 1/4 圆孔板还要小，适用范围：管径 $D \geqslant 25\text{mm}$，直径比 $0.1 \leqslant \beta \leqslant 0.316$，孔径 $d \geqslant 6\text{mm}$。

这种孔板的尺寸计算方法与标准孔板的相同，当 $250 \leqslant Re_D \leqslant 5000$ 时，流出系数 $C = 0.734$；当 $5000 \leqslant Re_D \leqslant 200000$ 时，流出系数 $C = 0.730$。

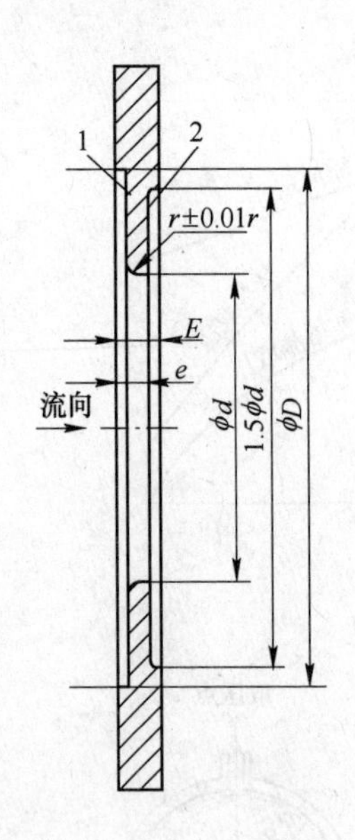

图 4-16　1/4 圆孔板

1—上游端面；2—下游端面

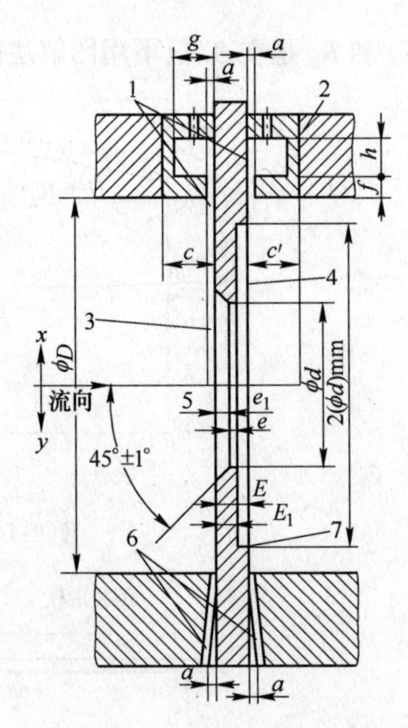

图 4-17　锥形入口孔板

1—环隙；2—夹持环；3—上游端面；4—下游端面；5—中心轴；6—取压口；7—孔板；x—带环隙的夹持环；y—单独取压口

D　新型节流装置

a　V 锥流量计

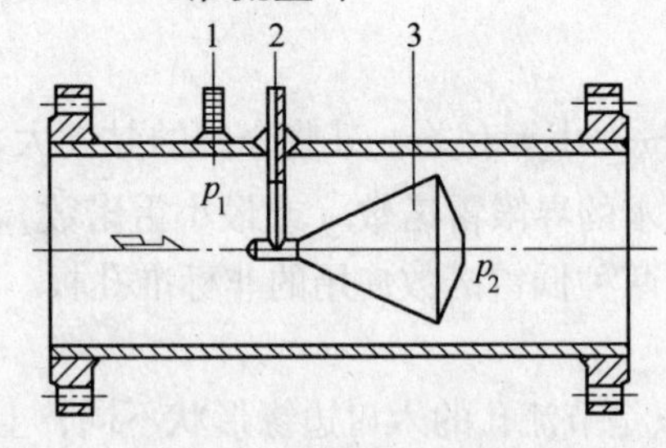

图 4-18　V 锥差压流量计

1—上游端开孔（总压管）；2—下游端开孔（静压管）；3—节流件

当节流件上、下游管道上有局部阻力件，如弯头、阀门、缩径、扩径、泵、三通接头等时都会破坏流体的流动状态，因此要求在节流件的上、下游必须有较长的直管段，否则会严重损害节流流量计的流量特性，难以获得正确的测量结果。图 4-18 所示的 V 锥流量计克服了这个缺点，可在极为恶劣的情况下均匀流体分布，即使在紧邻仪表上游有单弯管、双弯管，经过锥体“整流”后的流体分布也比较均匀，可保证仪表在恶劣的条件下获得较高的测量精度。由于 V 锥流量计可均匀流体分布曲线，因此同其他类型的差压流量计相比，对上、下游直管段的要求小，安装时在上游留 0～3D 的直管段，在下游留 0～D 的直段管即可。

V 锥差压流量计，简称 V 锥流量计，是将锥形节流件 3 悬挂在管道的中心线上，从其上游端开孔 1 引出流体压力 p_1，在其下游锥体中心自开孔 2 引出压力 p_2，得到差压 $\Delta p = p_1 - p_2$。其差压流量方程与标准节流装置相同，为：

$$q_m = \frac{\pi C\varepsilon}{4\sqrt{1-\beta^4}}(D^2 - d^2)\sqrt{2\Delta p\rho}$$

$$q_V = q_m/\rho$$

式中　q_m，q_V——质量流量与体积流量；

ε——气体可膨胀系数；

Δp——差压；

ρ——流体工作状态下的密度；

C——流出系数，通过实际标定求出；

β——等效直径比，$\beta = \sqrt{1 - d^2/D^2}$；

D，d——管道内径与锥体最大外径，mm。

V锥流量传感器的锥体尺寸与被测介质确定后，流量方程则为：

$$q_m = K\sqrt{\Delta p}$$

式中　K——仪表系数。

V锥流量计的正压信号 p_1 稳定；负压孔位于锥体尾部中心，液体节流后在负压区只出现高频低幅的小旋涡，使得负压信号 p_2 波动极小，因此输出信号 Δp 非常稳定，可以在较宽的 Re_D 范围内正常工作，显著提高了精确度和重复性。

由于V型锥节流件周缘是钝角，流线收缩自然流畅，流动时形成边界层，使流体从节流缘分离。此边界层效应使肮脏流体很少磨损节流体周缘，使V锥流量计具有自整流、自清洗、自保护特性，适用于任何流体介质，对那些容易结垢的脏污介质或气液两相流的流量测量也很实用，具有长期的稳定性，一般无需重复标定。测量精度优于±0.5%，重复性为±0.1%，压损较小，只有孔板的1/3～1/2。V锥体受到流体的冲刷，无杂物滞留，适用管道内径范围大，为14～3000mm，大大扩展了节流流量计的适用范围，从大量现场实际使用情况看，V锥流量计流量测量效果优于其他差压式流量计。

b　内文丘里管

这是一种对传统文丘里管结构作了质的变革而集经典文丘里管、环形孔板、耐磨孔板和锥形入口孔板优点为一体的新一代异型文丘里管。其特性与使用性能优于标准孔板、喷嘴和经典文丘里管，适于测量各种液体、气体和蒸汽，特别适用于测量各种煤气、非洁净天然气、高含湿气体以及其他各种脏污流体，是取代传统孔板、喷嘴、经典文丘里管的理想换代产品。

内文丘里管由圆形测量管1与同轴的文丘里型芯体2构成，如图4-19所示。芯体是一几何旋转体，由前段圆锥6（见图4-19b）或圆锥台6（见图4-19c）、中段圆柱7和后段圆锥台8连接而成。上述三段轴向长度比例及圆锥和圆锥台的夹角，视测量条件的不同而

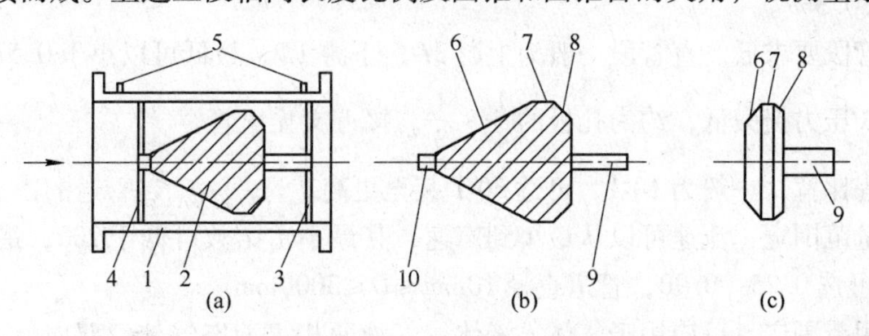

图4-19　内文丘里管流量计

（a）结构示意图；（b）芯体结构Ⅰ；（c）芯体结构Ⅱ

1—圆形测量管；2—文丘里型芯体；3，4—支撑环；5—取压孔；6—前段圆锥（图b）或圆锥台（图c）；7—中段圆柱；8—后段圆锥台；9，10—支撑轴

异。在芯体与测量管内圆之间形成一环形通道，其轴向流的横截面积的变化规律和传统文丘里管变化规律相似。芯体固定在支撑轴 9、10 之间，由与之同轴的支撑环 3、4 定位；中小型只有后支撑轴 9。支撑环由同轴的内环、外环和将内外环连接成一体的三个或四个支撑肋构成。在节流件前后静压的取压接头 5。测量两端与管道用法兰连接。

内文丘里管与经典文丘里管的测量原理相同，流体流经内文丘里管的流动与节流过程同流经经典文丘里管时相似，通过测量差压，便可得知流体流过内文丘里管流量的大小。

流出系数须经过标定计算来确定，不确定度为 ±0.5%，测量范围度 10:1，压力损失为测量差压的 1/5，约为孔板压损的 1/3。适用雷诺数范围为 $Re_D \geqslant 4000$，适用雷诺数下限还可以更低，但其流出系数的不确定度相对大些。

c　平衡流量计

平衡流量计是一种革命性的差压式流量仪表，其流量传感器的结构对传统节流装置进行了极大的改进，可看做是流动调整器与孔板的巧妙结合。它在圆盘上依据一定的函数关系开凿若干个孔（或称函数孔），当流体穿过圆盘的函数孔时，流体将被平衡整流，涡流被最小化，形成近似理想流体，如图 4-20 所示。与标准节流装置一样，当流体通过该装置时，在其前后产生压差，通过取压装置获得该差压信号，根据伯努利方程计算出流体流量，且在理想流体的情况下，管道中的流量与差压的平方根成正比。

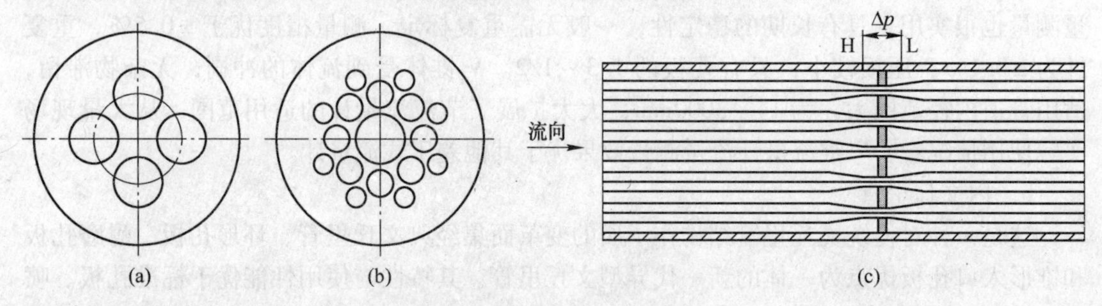

图 4-20　平衡流量计结构及流场示意图
（a）4 孔；（b）17 孔；（c）流场

由于平衡流量计具有平衡整流等显著特征，与标准节流装置相比，其性能得到了极大的提升：

（1）重复性和长期的稳定性好，测量精度高。测量精度是传统节流装置的 4 ~ 10 倍，精确度可达 ±0.3%。

（2）直管段要求低。直管段一般为上游 $3D$，下游 $1D$，最低可以小于 $0.5D$。

（3）永久压力损失低，约为孔板的$\frac{1}{4} \sim \frac{1}{3}$，接近文丘里管。

（4）量程比宽，一般为 10:1，可达 30:1 甚至更高。

（5）测量范围宽，流速可以从最小到声速，其最小雷诺数可低于 200，最大雷诺数大于 10^7；β 值可选 0.25 ~ 0.90，管道直径 $10\text{mm} \leqslant D \leqslant 3000\text{mm}$。

（6）适用范围广，可应用于气体、液体、气液两相、液态气体、双向流、脏污介质、浆料的测量，流体条件可从超低温到超临界状态，温度最高达 850℃，压力达 42MPa。

4.1.1.7　标准节流装置设计计算

根据 GB/T 2624—2006，流量测量节流装置应用计算机迭代计算方法进行计算，通常情况下，可能有四个不同的命题，即：

（1）在给定节流件上游流体黏度μ_1、节流件上游密度ρ_1、节流件前后压差Δp、管道直径D和节流件开孔直径d的条件下，计算流量q_m和q_V。

（2）已知μ_1、ρ_1、D、Δp和q_m的条件下，求节流孔直径d和直径比β。

（3）已知μ_1、ρ_1、D、d、q_m的条件下，求差压Δp。

（4）已知μ_1、ρ_1、β、Δp、q_m的条件下，求直径D和节流孔直径d。

迭代计算的完整实例见表4-10。迭代计算方法的基本流量方程为式（4-7）或式（4-8）。计算时先根据命题中的已知条件，调整流量方程，将已知值组合在方程的一边为不变量，将未知值放在方程的另一边，已知项是问题中的“不变量”（表4-10中用“A_n”表示）。然后把第一个假定值X_1代入未知值一边，经计算得到方程两边的差值δ_1；将第2个假定值X_2代入，同样得到δ_2。再把X_1、X_2、δ_1、δ_2代入，计算出X_3、δ_3、…、X_n、δ_n，直到$|\delta_n|$小于某一规定值，或者X或δ的逐次差值满足某个规定精确度时，迭代计算完毕。

图4-21所示为标准孔板命题（2）计算流程图，图中精度判断条件1×10^{-n}由用户自己选择。目前，标准节流装置的计算已不需要人工计算，可借助于完全符合GB/T 2624—2006/ISO 5167:2003的计算软件进行。

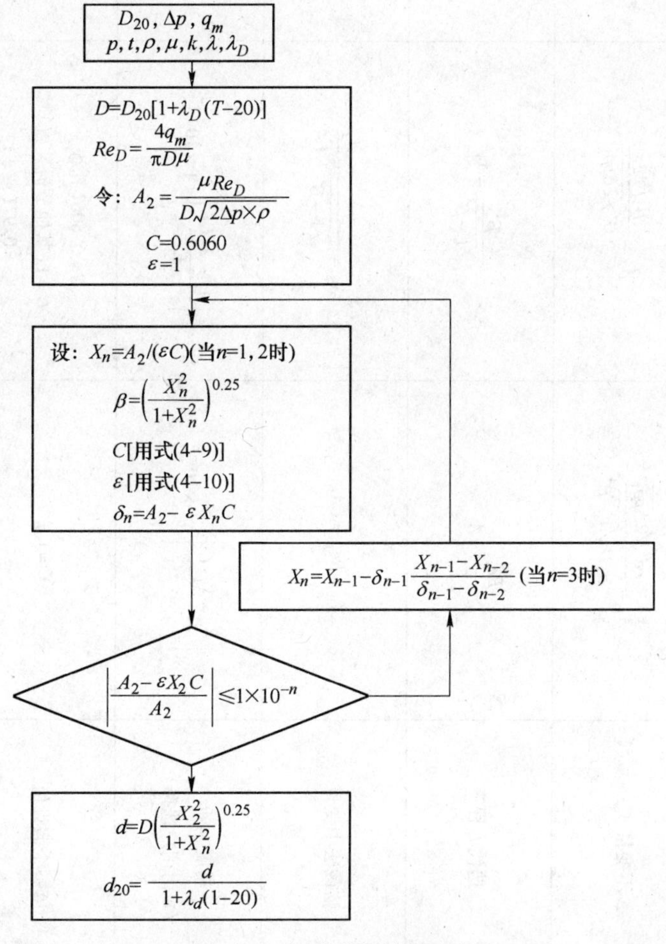

图4-21　标准孔板计算流程

表 4-10 标准孔板计算方案

问　题	$q=?$	$d=?$	$\Delta p=?$	$D=?$
给定量	μ_1、ρ_1、D、d、Δp	μ_1、ρ_1、D、q_m、Δp	μ_1、ρ_1、D、d、q_m	μ_1、ρ_1、β、q_m、Δp
请求出	q_m 和 q_V	d 和 β	Δp	D 和 d
不变量 A_n	$A_1=\dfrac{\varepsilon d^2\sqrt{2\Delta p\rho_1}}{\mu_1 D\sqrt{1-\beta^4}}$	$A_2=\dfrac{\mu_1 Re_D}{D\sqrt{2\Delta p\rho_1}}$	$A_3=\dfrac{8(1-\beta^4)}{\rho_1}\left(\dfrac{q_m}{C\pi d^2}\right)^2$	$A_4=\dfrac{4\varepsilon\beta^2 q_m\sqrt{2\Delta p\rho_1}}{\pi\mu_1^2 D\sqrt{1-\beta^4}}$
迭代方程	$\dfrac{Re_D}{C}=A_1$	$\dfrac{C\varepsilon\beta^2}{\sqrt{1-\beta^4}}=A_2$	$\dfrac{\Delta p}{\varepsilon^{-2}}=A_3$	$\dfrac{Re_D^2}{C}=A_4$
弦截法中变量	$X_1=Re_D=CA_1$	$X_2=\dfrac{\beta^2}{\sqrt{1-\beta^4}}=\dfrac{A_2}{C\varepsilon}$	$X_3=\Delta p=\varepsilon^{-2}A_3$	$X_4=Re_D=\sqrt{CA_4}$
精度判断 （n 由用户选择）	$\left\lvert\dfrac{A_1-X_1/C}{A_1}\right\rvert<1\times10^{-n}$	$\left\lvert\dfrac{A_2-X_2C\varepsilon}{A_2}\right\rvert<1\times10^{-n}$	$\left\lvert\dfrac{A_3-X_3/\varepsilon^{-2}}{A_3}\right\rvert<1\times10^{-n}$	$\left\lvert\dfrac{A_4-X_4^2/C}{A_4}\right\rvert<1\times10^{-n}$
第一个假设值	$C=C_\infty$	$C=0.606$（孔板） $C=1$（其他节流装置） $\varepsilon=0.97$（或 1）	$\varepsilon=1$	$C=C_\infty$ $D=\infty$（如果是法兰取压）
结　果	$q_m=\dfrac{\pi}{4}\mu_1 DX_1$ $q_V=q_m/\rho$	$d=D\left(\dfrac{X_2^2}{1+X_2^2}\right)^{0.25}$ $\beta=d/D$	$\Delta p=X_3$ 如果流体为液体，Δp 在第一循环获得	$D=\dfrac{4q_m}{\pi\mu_1 X_4}$ $d=\beta D$

4.1.1.8 节流式流量计的选用

A 节流装置的选择

节流式流量计的主要优点是结构简单、使用方便、寿命长。标准节流装置按国家规定的技术标准设计制造，无须标定即可应用，这是其他流量计难以具备的。它的适应性广，对各种工况下的单相流体、管径在50～1000mm范围内都可使用。它的不足之处就是量程比较窄，一般为(3～4):1，压力损失较大，需消耗一定的动力；对安装要求严格，需要足够长的直管段。尽管如此，至今它仍是应用很广泛的流量测量仪表。

常用节流装置是孔板，其次是喷嘴，文丘里管应用得要少一些，应针对具体情况的不同，首先要尽可能选择标准节流装置，不得已时才选择特殊节流装置。从使用角度看，对节流装置的具体选择要点，应考虑以下诸方面：

(1) 允许的压力损失。孔板的压头损失较大，可达最大压差的50%～90%；喷嘴也可达30%～80%；文丘里管可达10%～20%。根据生产上管道输送压力及允许压力损失选节流装置的类型，只要允许压力损失许可，应优先考虑选用孔板。

(2) 加工的难易。就加工制造及装配难易而言，孔板最简单，喷嘴次之，文丘里管最复杂，造价也是文丘里管最高，故一般情况下均应选用孔板。近来新兴的V锥体流量计、内文丘里管、平衡流量计看来应成为首选之一。

(3) 被测介质的侵蚀性。如果被测介质对节流装置的侵蚀性与磨损较强，最好选用文丘里或喷嘴，孔板较不适宜，原因是孔板的尖锐进口边缘容易被磨损成圆边，严重影响测量准确度。

(4) 现场安装条件。直管道长度是生产条件限定的。同样，只要条件允许就应选用孔板，虽然它要求的直管段长度较长；其次是喷嘴。通常情况下选用文丘里管较少。

B 使用节流装置应注意的问题

节流式流量计广泛地用于生产过程中各种物料（水、蒸汽、空气、煤气）等的检测与计量中，为工艺控制和经济核算提供数据，因此要求测量准确，工作稳定可靠。为此，流量计不仅需要合理选型、精确设计计算和加工制造，还更应注意正确安装和使用，方能获得足够的实际测量准确度。兹列举一些造成测量误差的原因，以便在使用中注意，并予以适当处理。

(1) 被测流体参数的变化。节流装置使用特点之一，是当实际使用时的流体参数（密度、温度、压力等）偏离设计的参数时，流量计的显示值与实际值之间产生偏差，此时必须对显示值进行修正。当流体参数偏离不大时，对流量方程式中系数 C（或 α）、ε、d 的影响小，可只考虑密度的变化。在相同的压差 Δp 下，密度变化的修正公式为：

$$q_{V2}=q_{V1}\sqrt{\rho_1/\rho_2} \quad \text{或} \quad q_{m2}=q_{m1}\sqrt{\rho_2/\rho_1}$$

式中 q_{V1}，q_{m1}——设计条件下的流体体积流量和质量流量，即流量计的显示值；

q_{V2}，q_{m2}——实际使用条件下的流体体积流量和质量流量；

ρ_1，ρ_2——设计条件下和实际使用条件下的流体密度。

流量显示值应分别乘以密度修正系数（$\sqrt{\rho_1/\rho_2}$或$\sqrt{\rho_2/\rho_1}$）后，才能得到使用条件下的实际流量。流体的密度与温度、压力有一定的函数关系。当直接测量流体密度有困难时，可用其温度、压力的变化代替密度的变化进行修正。

对于一般气体，修正公式为：

$$q_{V2}=q_{V1}\sqrt{\frac{p_1T_2}{p_2T_1}} \quad 或 \quad q_{m2}=q_{m1}\sqrt{\frac{p_2T_1}{p_1T_2}} \tag{4-11}$$

式中 p_1，p_2——设计条件和使用条件下的气体绝对压力；

T_1，T_2——设计条件下的气体绝对温度。

对于水蒸气，它不是理想气体，其密度变化通常采用经验公式计算，在温度和压力不大的范围内适用，这些公式形式较多，下面举例供参考。

饱和水蒸气在压力不超过1.96 MPa，对蒸汽密度与压力关系的经验公式为：

$$\rho=\frac{p^{15/16}}{1.7235}$$

过热水蒸气在压力为2.94～16.66MPa 及温度 t 为400～540℃范围内蒸汽密度的经验公式为：

$$\rho=\frac{1.82p}{t-0.55p+166}$$

蒸汽密度与温度、压力的关系都制成表格，置入智能流量积算仪中备用，不用人工计算。

对于液体，在工作状态下液体的密度可按下式计算：

$$\rho=\rho_{20}[1-\mu(t-20)]$$

式中 ρ_{20}——标准状态（20℃，101.325kPa）下液体的密度；

μ——液体在20℃至温度 t 范围内的平均膨胀系数。

被测流体的压力和温度的变化，采用人工计算方法来修正，不仅烦琐和不便，而且补偿精度低，既不及时又不直观，因此，在生产过程中常采用自动补偿。方法是把节流装置与有关过程控制仪表组成流量测量系统，在显示仪表上直接指示、记录和累积流体的实际流量。

例如测量气体体积流量时，根据式（4-11），可得：

$$q_{V2}=q_{V1}\sqrt{\frac{p_1T_2}{p_2T_1}}=K\sqrt{\Delta p}\sqrt{\frac{T_2}{p_2}} \tag{4-12}$$

式中 K——流量计设计时的仪表常数。

根据式（4-12）采用电动单元组合仪表组成带温度和压力自动补偿的测量系统，如图4-22所示。图中分别利用差压变送器、压力变送器与温度变送器将差压 Δp、流体实际压力 p_2 与温度 T_2 转换为与它们成正比的标准电流信号 $I_{\Delta p}$、I_p、I_t，然后用运算器（开方器、乘除器与积算器等）进行有关运算，即可得到瞬时流量 q_{V2} 与累计流量 $\sum q_{V2}$。

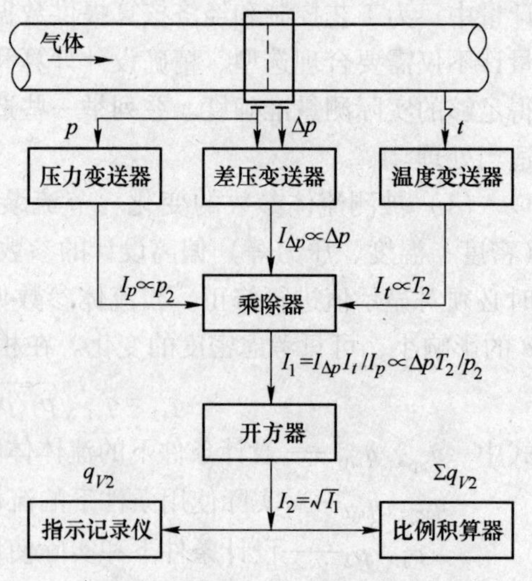

图4-22 带温度与压力自动补偿的节流式流量计

严格地说，流体压力和温度的变化，还会引起其他参数如 C、α、ε、d、Re_D 等变化而偏离设计值。图4-22的温度与压力补偿系统，仅是一种近似的补偿方法。目前采用单片机构成的智能式质量流量计，不但能对上述所有变量进行自动修正，而且能进行多通道测量并显示，准确度高，便于集中检测控制，并能与计算机联网，应用已很普遍，一般说来应尽量选用这类智能式仪表。

(2) 原始数据不正确。在节流装置设计计算时，必须按被测对象的实际情况提出原始数据，如被测流体最大流量、常用流量、最小流量、流体的物理参数（温度、压力、密度与成分等)、管道实际内径、允许压头损失等。这些原始数据提供得正确与否，将影响设计出来的节流装置的测量准确度；甚至决定能否使用的问题。例如，提供的流量测量范围过大或者过小，把管道的公称直径当作实际内径，温度和压力数值过高或过低等都是不正确的。为了提供准确的原始数据，专业人员应该相互配合，深入调查，掌握被测对象的实际资料。

(3) 节流装置安装不正确。例如节流件上下游直管段长度不够、孔板的方向倒装、节流件开孔与管道轴线不同心、垫圈凸出等都可能造成难以估计的测量误差。

(4) 维护工作疏忽。节流装置使用日久，由于受到流体的冲击、磨损和腐蚀，致使开孔边缘变钝，几何形状变化，从而引起测量误差。例如孔板入口边缘变钝，会使仪表示值偏低。此外，导压管路泄漏或阻塞、节流件附近积垢等，也会造成测量不准确。因此，应该定期维护检查，检定周期一般不超过两年，对超过国家标准规定误差的节流装置应予更换。

4.1.2 均速管流量计

均速管流量计是另外一种被广泛用来测量一般气体、液体和蒸汽流量的差压式流量计，它始于20世纪60年代，至今已有五十余年历史。均速管流量计由均速管（又称为均速流量传感器或均速探头)，配以差压变送器和流量积算器而组成。与节流孔板相比，它的结构简单，容易加工，成本低廉，不可恢复的压力损失小，大约只相当于节流装置的百分之几；流量传感器是插入式探头，安装简易，可以不断流进行装卸和维护，而且性能稳定。其原理是通过测量管道内流动流体的速度压力（动压）得到流速，典型的方法是早期使用皮托（Pitot）管。皮托管只能测量管道截面上某一点的流体速度，所以测得的速度通常并不代表流体的平均流速。虽然可以优选检测点或经多点测量来计算其平均值，但实施起来却比较麻烦，后来发展了均速管，这种流量计才逐渐发展和广泛应用起来。

近年来均速测量技术发展很快，其结构形式多样，其中圆形横截面的均速管已被淘汰，多采用菱形、T字形、椭圆形与子弹头形等形式。均速管的开孔位置与数目也各不相同，迎流方向的全压孔（或称高压孔）设在管的前端，开孔数目有2、4、5等个数（管道半径对应的开孔数目)，视管径大小而定。开孔的布置按对数-线性法或对数-契比雪夫法计算，见表4-11。静压孔设在测杆的背部或侧面，开孔数目可有一个或几个，形式多样。

均速管流量探头主要有阿牛巴（Annubar)、威力巴（Vrabar)、威尔巴（Wellbar)、德尔塔巴（Deltaflow)、托巴（Torbar)、双D巴等几种。它们都是结构简单的插入式探头，适于测量气体、蒸汽和液体的流量，管道内径从十几毫米到几米，使用范围很广。一般要求雷诺数 $10^4 \leqslant Re_D \leqslant 10^7$，测量准确度通常为1% ~3%。均速管尚未标准化，故制作

表4-11　均速流量传感器的开孔（测点）分布

在管道半径长度上开孔数目	对数-线性法 y/D	对数-契比雪夫法 y/D	在管道半径长度上开孔数目	对数-线性法 y/D	对数-契比雪夫法 y/D
2	—	0.29048 ±0.0050 0.04205 ±0.0016	4	0.3343 ±0.0050 0.1938 ±0.0050 0.1000 ±0.0050 0.0238 ±0.0012	—
3	0.3123 ±0.0050 0.1374 ±0.0050 0.0321 ±0.0016	0.3207 ±0.0050 0.1349 ±0.0050 0.0321 ±0.0016	5	0.3567 ±0.0050 0.2150 ±0.0050 0.1554 ±0.0050 0.0764 ±0.0038 0.0189 ±0.0009	0.3612 ±0.0050 0.2171 ±0.0050 0.1525 ±0.0050 0.0765 ±0.0038 0.0189 ±0.0009

注：y/D 是开孔中心（测点）距管道壁的相对距离，y 是测点距管壁的距离，D 是管道内径。

的均速管应经过标定后才能使用。由于均速管的取压孔直径仅几毫米到十几毫米，取压孔容易堵塞，一般不适于含尘或黏度大的流体；其次差压信号较小，通常用微压差式或低压差变送器做二次仪表。这里只简要介绍阿牛巴与威尔巴流量计。

4.1.2.1　阿牛巴流量计

阿牛巴流量计是最早用来测量平均速度压力的仪表，几十年来在插入式流量计的使用过程中，因它简单实用，至今仍常被选用。

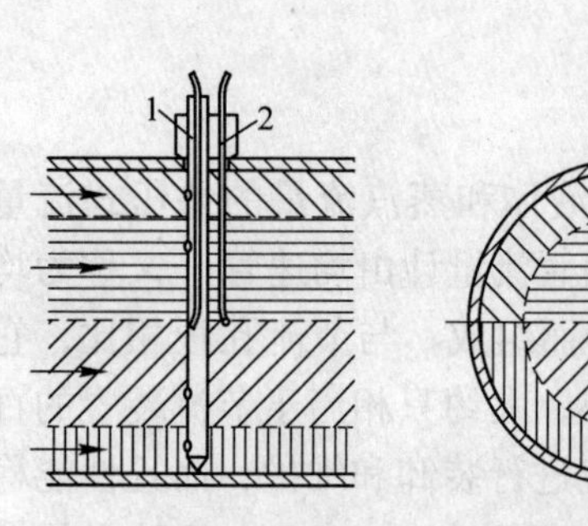

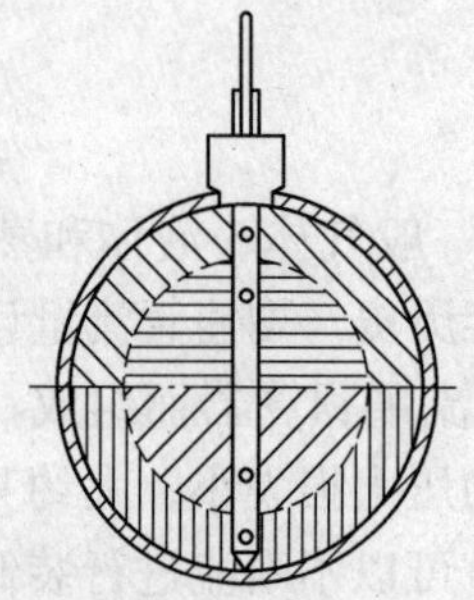

图4-23　阿牛巴流量计原理

1—总压管；2—静压管

为了获得管道内的流体平均速度，先要测量其平均速度头。将管道截面分成几个等面积圆环，插入一根总压管1和静压管2，如图4-23所示。总压管面对气流方向开有四个取压孔，所测量的是该四个环形截面的流体总压头（包括静压头和动压头），在总压管内另插入一根引压管，由它引出四个总压头的平均值 p_1。静压管装在背着流动方向上，取压孔在管道轴线位置上，引出流体的静压头 p_2。

将 p_1、p_2 分别引入差压变送器，测出两者的压差 Δp，Δp 便是流体的平均速度头。根据伯努利方程式从平均速度头可求出流体平均速度和流量，实用流量方程式如下：

$$q_V = 0.12645KD^2\sqrt{\Delta p/\rho},\ \mathrm{m^3/h}$$

$$q_m = 0.12645KD^2\sqrt{\Delta p\rho},\ \mathrm{kg/h}$$

式中　D——管道内径 mm；

Δp——压差，kPa；

ρ——流体体密度，$\mathrm{kg/m^3}$；

K——均速管流量系数，与均速管结构、管道直径、流体种类、雷诺数大小等有关，由实验求得，或由生产厂提供。

阿牛巴流量计适用范围较广：管径 $D = 25 \sim 2500\mathrm{mm}$（特殊达5000mm），工作压力可达几十兆帕，工作温度可达800℃以上。要求雷诺数 $Re_D \geqslant 10^4$，流速要求气体5m/s，液体为0.5m/s，蒸汽为9m/s以上。

4.1.2.2 威尔巴流量计

威尔巴流量计是国内生产的均速管流量计中的一种主要产品。它由威尔巴探头、差压变送器和流量积算仪等组成测量系统。测量原理如图4-24所示，在管道中插入一根威尔巴探头。当流体流过探头时，在其前部（迎流方向）产生一个高压分布区，在其后部产生一个低压分布区，探头管在高、低压区有按一定规则排列的多对（一般为三对）取压孔，分别测量流体的全压力（包括静压力和平均速度压力）p_1 和静压力 p_2，将 p_1 和 p_2 分别引入差压变送器，测量出差压 $\Delta p = p_1 - p_2$，Δp 反映流体平均速度的大小，由此可推算出流体的流量。

A 威尔巴探头及其特点

威尔巴流量计采用截面形状如子弹头形的探头，一体化双腔金属结构，如图4-25所示。高压孔在弹头前端部形成较高的高压区，可阻止流体中的微粒进入取压孔。低压孔位于探头侧后两边，在流体与探头的分离点以前，可减少低压孔被堵塞的可能性。在探头前部金属的表面，进行了粗糙化处理，根据空气动力学原理，流体流过粗糙表面，形成一个稳定的紊流边界层，有利于提高低流速状态的测量精度，使得流体在低流速时，探头仍可获得稳定精确的差压信号，延伸了探头的量程下限，保持流量系数稳定。

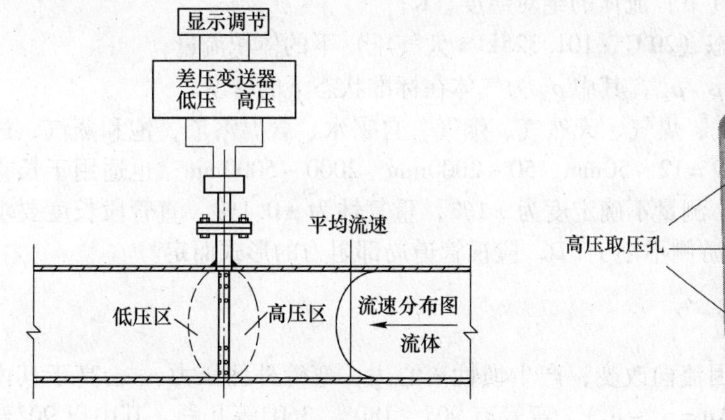

图4-24 威尔巴流量计

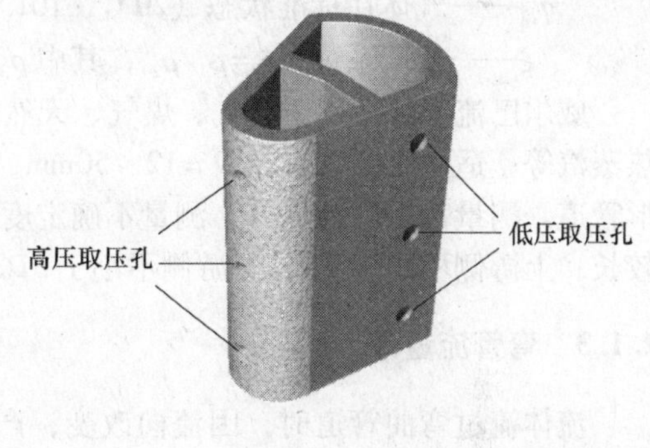

图4-25 威尔巴探头

威尔巴流量计是阿牛巴流量计的继续发展，子弹头形的探头技术性能优良，其主要特点如下：

(1) 子弹头形探头符合流体动力学原理，一体化双腔结构，强度高，耐高温，可用于高温高压的场合。

(2) 探头前部金属表面进行了粗糙化处理，后部低压取压孔进行防堵设计，产生的差压信号稳定，防堵性能好，基本免维护。

(3) 流量系数不受管道雷诺数的影响，流量系数稳定，测量精度高。

(4) 适用范围广泛，可用于测量气体、液体、蒸汽、腐蚀性介质和高温高压介质等流体，可在各种尺寸的圆形管道和方形管道上安装使用。

(5) 安装方便，可在线带压安装和检修（不断流装卸），对直管段的长度要求较短。

B 威尔巴探头的流量方程

威尔巴流量计作为一种差压式流量测量仪表，流体流过的流量与差压的平方根成比例关系。与节流式流量计类似，其实用流量方程式如下：

质量流量方程式： $q_m = 0.12645 K\varepsilon D^2 \sqrt{\Delta p \rho_1}$，kg/h

体积流量方程式： $q_V = 0.12645 K\varepsilon D^2 \sqrt{\Delta p / \rho_1}$，$m^3/h$

流体（气体）温度、压力变化的补偿方程：

$$q_V = 0.12645 K\varepsilon D^2 \sqrt{\Delta p / \rho_1} \times \sqrt{\frac{p_1 T_2}{p_2 T_1}}$$

标准体积流量方程式：

$$q_{20} = 0.12645 K\varepsilon\xi D^2 \sqrt{\Delta p / \rho_1}，m^3/h（标态）$$

式中 Δp——探头产生的差压，kPa；

K——流量系数，其值与探头结构、流体流动状况、流体种类、管径大小等有关，由实验求得，或由仪表生产厂给出；

ε——气体膨胀系数，其值与气体压力、管径、探头形状及其直径的大小等有关，由实验求得；

ρ_1——被测流体在工作状态下（设计条件下）的密度，kg/m^3；

p_1，p_2——设计与实际条件下，流体的绝对压力，kPa；

T_1，T_2——设计与实际条件下，流体的绝对温度，K；

q_{20}——气体在标准状态（20℃，101.325kPa 大气压）下的体积流量；

ξ——密度系数，$\xi = \rho_1/\rho_{20}$，其中 ρ_{20} 为气体在标准状态下的密度。

威尔巴流量计适用于空气、煤气、天然气、烟气、自来水、含腐溶液，饱和蒸汽、过热蒸汽等；适用于圆管直径 $D = 12 \sim 50$mm、$50 \sim 2000$mm、$2000 \sim 5000$mm；也适用于长方形管道。测量范围度约 10:1，测量不确定度为 ±1%，重复性为 ±0.1%。直管段长度要求较长：上游侧不小于 $7D$，下游侧不小于 $3D$，应视管道局部阻力的形式而定。

4.1.3 弯管流量计

流体流过弯曲管道时，因流向改变，产生惯性离心力，弯管外侧压力 p_g 会高于其内侧的压力 p_d，形成压差 $\Delta p(\Delta p = p_g - p_d)$。弯管有 90°、180°、360°等几种，其中以 90°弯管（弯头）最常用（见图 4-26）。从弯管 45° ±1°方向取压 p_g 和 p_d，导入差压变送器，测量出压差 Δp，流过流量的大小与压差的平方根成比例关系，流量实用方程为：

$$q_V = 0.12645 C_\beta D^2 \sqrt{\Delta p / \rho}，m^3/h$$

或

$$q_m = 0.12645 C_\beta D^2 \sqrt{\Delta p \rho}，kg/h$$

$$C_\beta = a_\beta \sqrt{\frac{R}{2D}}$$

式中 Δp——弯管产生的压差，kPa；

D——弯管的内径（工作温度下），mm；

ρ——流体的工作密度 kg/m^3；

R——弯管曲径半径，mm；

C_β——弯管流量计的流出系数；

a_β——流量系数，$a_\beta = 1.0248\left(1 - \frac{6.5}{\sqrt{Re_D}}\right)$。

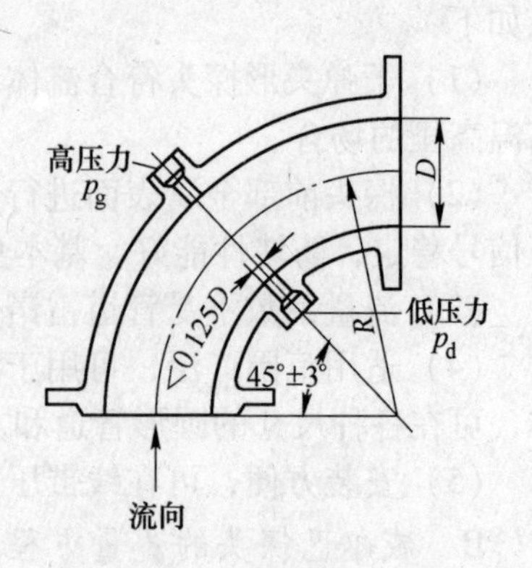

图 4-26 弯管流量计原理

弯管流量计的主要特点如下：

（1）弯管流量传感器是一个90°标准弯头，通常采用与工艺管道相同的材质制作，曲率半径比 R/D 通常为1、1.5、2、4；管道粗糙度 $D/K \geqslant 500$（K 为管壁绝对粗糙度）；结构简单，管内没有插入任何测量元件，动力损耗小；还可利用工艺管道的自然弯头兼作流量传感器，不仅节约投资，而且没有附加压力损失，是一种节能型流量计。

（2）耐磨、耐高温、抗腐蚀、使用寿命长，可以长期保持测量精度；适于管径 $\phi 50 \sim 2000$mm，也可用于正方形管道。工作压力不大于6.4MPa，温度不大于500℃。

（3）测量精度为 $\pm(0.5\% \sim 1\%)$，未经标定值约为 $\pm 3\%$。

（4）雷诺数范围：$5 \times 10^4 \sim 5 \times 10^6$。

（5）适于测量空气、蒸汽、烟气、煤气等气体，工业用水、污水泥浆、矿浆、酸碱溶液、原油等液体；也适于脏污流体测量，可避免堵塞。

4.2 转子流量计

4.2.1 转子流量计的工作原理

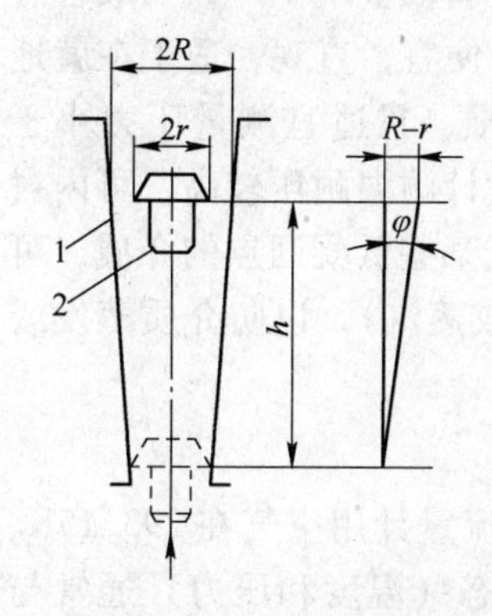

图4-27 转子流量计原理

1—测量管；2—转子

转子流量计也称浮子流量计，它是在一个向上略为扩大的均匀锥形管内，放一个较被测流体密度稍大的浮子（转子），如图4-27所示，当流体自下而上流动时，浮子受到流体的作用力而上升，流体的流量愈大，浮子上升愈高。浮子上升的高度 h 就代表一定的流量，因此可从管壁上的流量刻度标尺直接读出流量数值。

浮子在管内可视为一个节流件，在锥形管与浮子之间形成一个环形通道，通过浮子的升降改变环形通道的流通面积来测定流量，故又称为面积式流量计。它与流通面积固定、通过测量压差变化来测定流量的节流式流量计比较，结构简单得多。

设浮子的最大截面积为 A_S（m^2），体积为 C_S（m^3），密度为 ρ_S（kg/m^3）；被测流体的密度为 ρ（kg/m^3），浮子与锥形管之间环形通道处的流速为 v（m/s），则浮子在锥形管内受流体向上的浮力为 $\rho A_S v^2/2$，浮子在流体中自垂向下的力为 $C_S(\rho_S - \rho)g$，忽略压力损失，在平衡状态即浮子稳定在一定高度时，则有：

$$\rho A_S v^2/2 = C_S(\rho_S - \rho)g$$

由此得：

$$v = \sqrt{\frac{2C_S(\rho_S - \rho)g}{A_S\rho}}$$

考虑到压力损失等因素，可得在浮子稳定位置处对应的体积流量为：

$$q_V = \alpha A_0 \sqrt{\frac{2C_S(\rho_S - \rho)g}{A_S\rho}}, m^3/s \tag{4-13}$$

式中 α——流量系数，它与锥形管的锥度、浮子的形状和雷诺数等因素有关，由实验确定；

A_0——浮子稳定位置处的环形通道面积，$A_0 = \pi(R^2 - r^2) = \pi(2r + h\tan\varphi)h\tan\varphi$。

对一台具体的转子流量计，A_S、C_S、ρ_S、r、φ、α 均可视为常数，当被测流体的密度

ρ 已知时，式（4-13）可简化为 $q_V = f(h)$。q_V 与 h 之间并非线性关系，只是由于锥形管夹角 φ 很小，可近似视为线线关系。通常在锥形管壁上直接刻度流量标尺。

转子流量计的浮子可以用不锈钢、铝、铜或塑料等制造，视被测流体的性质和量程的大小来选择。转子流量计有直接式和远传式两种。前者锥形管用玻璃（或透明塑料）制成，流量标尺刻度在管壁上，就地读数，称为玻璃转子流量计；后者锥形管用不锈钢制造，它将浮子的位移转换成标准电流信号（4～20mA DC）或气压信号（0.02～0.1MPa），传递至仪表室显示记录，便于集中检测和自动控制。

4.2.2　转子流量计的选用

4.2.2.1　使用特点

转子流量计可用来测量各种气体、液体和蒸汽的流量，适用于中、小流量范围，流量计口径从几毫米到几十毫米，流量范围从每小时几升到几百立方米（液体）、几千立方米（气体），准确度 ±(1%～2.5%)，量程比 10:1。浮子对沾污比较敏感，应定期清洗，不宜用来测量使浮子沾污的介质的流量。

转子流量计必须垂直安装，不允许倾斜。对流量计前后的立管段要求不严，一般各有约 $5D$ 长度的直管段就可以了。玻璃转子流量计结构简单，价格便宜，直观，适于在就地指示和被测介质是透明的场合使用。由于玻璃锥形管容易破损，只适宜测量压力小于 0.5MPa、温度低于 120℃ 的液体或气体的流量。远传式转子流量计耐温耐压较高，可内衬或喷涂耐腐材料，以适应各种酸碱溶液的测量要求。此外，对于某些低凝固点的介质，可选用带夹套外壳的转子流量计，夹套内充以低温或保温液体（或蒸汽），以防介质蒸发或冷凝。

4.2.2.2　流量示值的修正与量程调整

在进行刻度时，液体转子流量计用常温水标定，气体转子流量计用空气在 293.15K、101.325kPa 下进行标定。实际使用时被测介质的性质和工作状态（温度和压力）通常与标定时不同，因此，必须对流量计示值加以修正，以免产生测量误差。

（1）流量示值的修正。忽略其他参数变化的影响，只考虑流体密度差异，则修正公式为：

$$q_V = q_{V0}\sqrt{\frac{(\rho_S - \rho)\rho_0}{(\rho_S - \rho_0)\rho}},\ \mathrm{m^3/s} \tag{4-14}$$

式中　q_V，q_{V0}——被测流体的实际流量和流量计示值；

ρ，ρ_0——被测流体密度和标定条件下流体（水或空气）的密度。

对于气体转子流量计，由于 $\rho_S \gg \rho$，$\rho_S \gg \rho_0$，故式（4-14）可简化为：

$$q_V = q_{V0}\sqrt{\frac{(\rho_S - \rho)\rho_0}{(\rho_S - \rho_0)\rho}} \approx q_{V0}\sqrt{\frac{1.205}{\rho}}$$

其中工作状态下的各种气体密度 ρ 可按下式计算：

$$\rho = \rho_{G0}\frac{pT_0}{p_0TZ} = \rho_{G0}\frac{293.15p}{101.325TZ}$$

式中　ρ_{G0}——标准状态下气体的密度；

p，T，Z——工作状态下被测气体的绝对压力（kPa）、绝对温度（K）和压缩系数。

（2）量程调整。若浮子的形状和几何尺寸严格保持不变，则改变浮子材料，就可改变流量计的量程：浮子密度增加，量程扩大，反之缩小。浮子重量变化后，流量计示值应乘以修正系数K：

$$K=\sqrt{\frac{\rho'_S-\rho}{\rho_S-\rho}}$$

式中 ρ_S，ρ'_S——浮子本身重量改变前、后的密度，kg/m^3；

ρ——被测介质的密度，kg/m^3。

4.3 电磁流量计

在生产过程中，有导电性的液体不少，可以应用电磁感应的方法来测量其流量。根据电磁感应原理制成的电磁流量计（Electromagnetic Flowmeters，EMF），能够测量有一定电导率的各种流体的流量，它由流量传感器和转换器等所组成，有一体式和分体式之分。

电磁流量计普遍适用于稍具电导率流体的流量测量，适应范围广泛；在管道中没有阻力件，也没有可动部件，因而压力损失小；信号变换与处理技术不断改善，因而测量精度高，可靠性好。近年来，插入式电磁流量探头的出现，使其使用范围更加广泛。

4.3.1 电磁流量计的工作原理

当被测流体垂直于磁力线方向流动而切割磁力线时，如图4-28所示，根据右手定则，在与流体流向和磁力线垂直方向上产生感应电势E_x（V）：

$$E_x=BDv$$

式中 B——磁感应强度，T（特斯拉）；

D——导体在磁场内的长度，这里指两电极间的距离，实际就是流量传感器的管径，m；

v——导体在磁场内切割磁力线的速度，即被测液体流过传感器的平均流速，m/s。

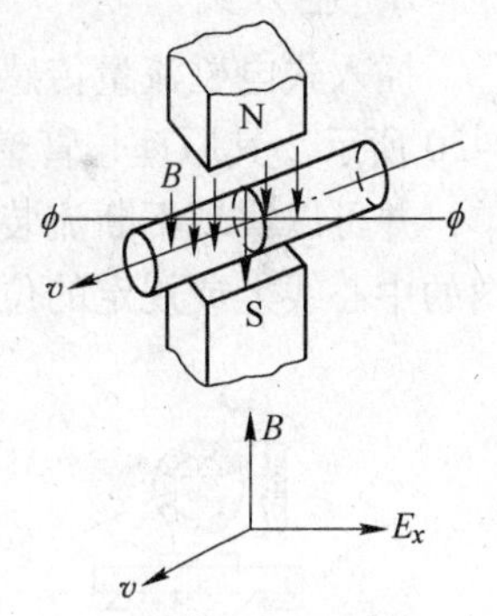

图4-28 电磁流量计测量原理

对于具体的流量计，其管径D是固定的，磁场强度B在有关参数确定后也是不变的，感应电势E_x的大小只决定于液体的平均流速，则液体体积流量与感应电势的关系为：

$$q_V=\frac{\pi D}{4B}E_x=KE_x$$

式中 K——仪表常数，$K=\frac{\pi D}{4B}$，决定于仪表几何尺寸及磁场强度。

利用传感器测量管上对称配置的电极引出感应电势，经放大和转换处理后，仪表指示出流量值。

4.3.2　电磁流量传感器

4.3.2.1　电磁流量传感器的结构

A　管道式

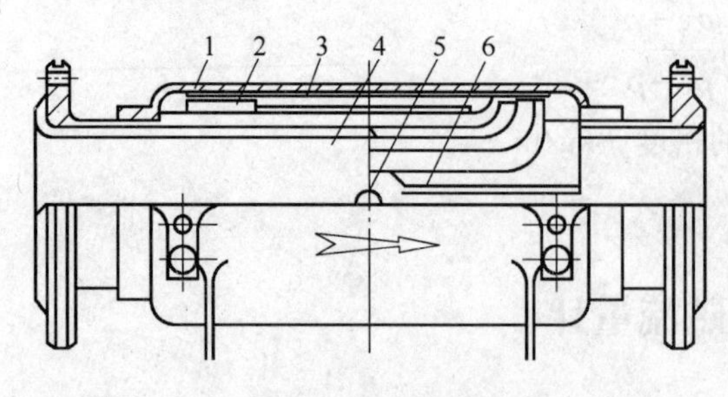

图 4-29　管道式电磁流量传感器结构
1—外壳；2—励磁线圈；3—磁轭；4—内衬；
5—电极；6—绕组支持件

管道式电磁流量传感器由测量管、励磁系统（励磁线圈、磁轭等）、电极、内衬和外壳等组成，如图 4-29 所示。测量管由非导磁的高阻材料制成，如不锈钢、玻璃钢或某些具有高阻率的铝合金。这些材料可避免磁力线被测量管的管壁短路，且它们的涡流损耗较小。

为了防止测量导管被磨损或腐蚀，常在管内壁衬上绝缘衬里，衬里材料视被测介质的性质和工作温度而不同，耐腐蚀性较好的材料有聚四氟乙烯、聚三氟氯乙烯、耐酸搪瓷等；耐磨性能较好的材料有聚氨酯橡胶、氯丁橡胶和耐磨橡胶等。

电极用非导磁不锈钢制成，也可用铂、金或镀铂、镀金的不锈钢制成。电极的安装位置宜在管道的水平对称方向，以防止沉淀物堆积在电极上面而影响测量准确度。要求电极与导管内衬齐平，以便流体通过时不受阻碍。电极与测量管内壁必须绝缘，以防止感应电势被短路。

B　插入式

插入式电磁流量传感器简称电磁流量探头，主要由励磁系统、电极等部分组成，如图 4-30 所示。其原理与管道式电磁流量传感器完全一样，不同的是它的结构小巧，安装简单，并可以实现不断流装卸流量传感器，使用时只要通过管道上专门的小孔垂直插入管道内的中心线上或规定的位置处即可，特别适用于大管道的流量测量。

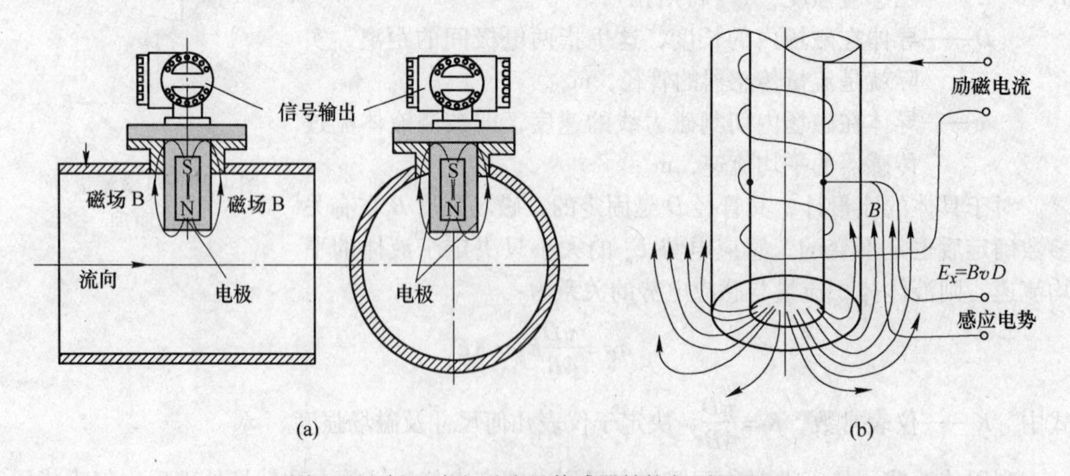

图 4-30　插入式电磁流量传感器结构与测量原理
（a）结构形式；（b）测量原理

为了提高测量准确度，国外已经研制出均速管型的插入式电磁流量计，探头插在直径方向，贯穿管道直径，电极（多个）按等面积法布置在探头上。

4.3.2.2 电磁流量传感器的励磁与干扰

A 直流与交流励磁

电磁流量计的励磁，原则上采用交流励磁和直流励磁都可以。直流励磁不会造成干扰，仪表性能稳定，工作可靠。但直流磁场在电极上产生直流电势，可能引起被测液体电解，在电极上产生极化现象，从而破坏原来的测量条件。

早期工业电磁流量计用交流励磁，如图4-31（a）所示。产生交流磁场的励磁线圈扎成卷并弯成马鞍形，夹持在测量管上下两边，同时在导管和线圈外边再放一个磁轭，以便得到较大的磁通量和在测量管中形成均匀的磁场。

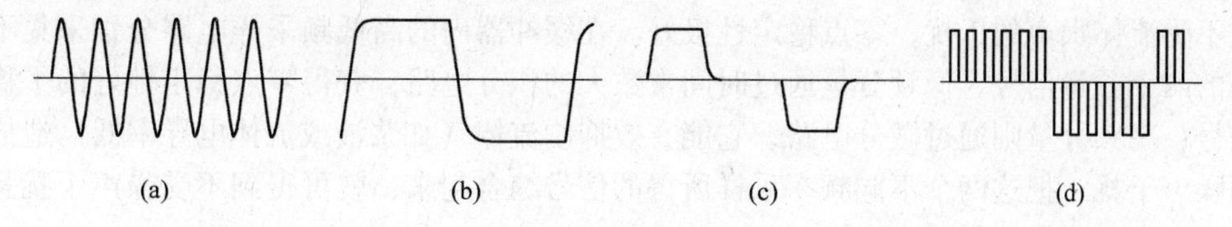

图4-31 几种励磁波形
（a）交流励磁；（b）矩形波（2值）励磁；（c）矩形波（3值）励磁；（d）双频矩形波励磁

交流磁场的磁场强度 $B = B_m \sin\omega t$，当流体流动切割磁场时产生感应电势 E_x 为：

$$E_x = B_m D v \sin\omega t, \text{ V} \tag{4-15}$$

式中 B_m——交流磁感应强度的最大值，T；

ω——交流磁场的角频率。

交流磁场虽然可以有效地消除极化现象，但也带来新的问题。因传感器测量导管内充满的是导电液体，交变磁通穿过电极引线、被测液体和转换器的输入阻抗而构成闭合回路，在此回路内产生干扰电势 e_t 为：

$$e_t = -k\frac{dB}{dt} = -k\omega B_m \sin\left(\omega t - \frac{\pi}{2}\right), \text{ V} \tag{4-16}$$

比较式（4-15 ）与式（4-16）可以看出，信号电势 E_x 与干扰电势 e_t 的频率相同，而相位差90°，故称为90°干扰或正交干扰。严重时 e_t 可与 E_x 相当，甚至大于 E_x。因此消除正交干扰，是正常使用交流励磁的电磁流量计的关键问题。也正是由于易受市电等的影响而产生漂移等问题，因此尽管交流励磁有较大的信号电动势（每1m/s约1mV）和较高的信噪比，也逐渐被低频矩形波激磁（每1m/s 0.2～0.3mV）所取代。

B 脉冲方波励磁

直流与交流励磁各有优点，为了充分发挥它们的优点，20世纪70年代开始采用低频方波励磁。其励磁方式有矩形波2值励磁、矩形波3值励磁与双频矩形波励磁，电流波形分别如图4-31（b）、（c）、（d）所示，其频率通常为工频50Hz的1/10～1/4。

由图4-31可见，无论是2值励磁、3值励磁还是双矩形波励磁，在半个周期内，相当于一个恒稳的直流磁场，具有直流励磁特性，即 $dB/dt = 0$，不存在交流电磁干扰；但从整个周期看，它又是一个交变信号。故低频方波励磁能避免交流磁场引起的正交干扰，消除分布电容引起的工频干扰，还能抑制交流磁场在管壁和流体内引起的电涡流，排除直流励磁的极化现象。因此低频方波励磁在电磁流量计中已得到广泛的应用。

4.3.3 电磁流量转换器

将传感器输出的电势信号 E_x 经转换器信号处理和放大后转换为正比于流量的 4～20mA DC 电流信号或脉冲信号，输出给显示记录仪表。因励磁波形的不同，电磁流量转换器的电路有多种形式。这里只简单介绍采用高低频矩形波励磁的电磁流量转换器。

转换器由微处理机与励磁电路、缓冲放大、A/D 转换与电源等组成，自动完成励磁、高低频电势信号采集、处理与转换。高低频矩形波励磁与上述双频方波励磁不同，它是在低频方波上叠加一个高于工频频率的矩形波，叠加后生成双频率波形。在微处理机与软件编程控制下，高低频两个磁场通过励磁施加于流体，感应产生不同频率的电势信号。高频励磁不受流体噪声的干扰，零点稳定性极好。在缓冲器内的高低频采样电路分别采集不同频率的两个分量信号，低频分量通过时间常数大的积分电路，获得零点稳定性好的平稳流速信号；高频分量则通过微分电路，它能有效抑制流体（如浆液或流体电导率低）造成的低频噪声干扰；把这两个不同频率采样所得的信号综合起来，就可得到不受噪声干扰且零点稳定的实时流量信号。

转换器还具有多种功能：单量程、多量程、多通道设定、瞬时流量与累积流量运算、显示或流量控制、标准电流与脉冲输出、信号远传与 BRAIN 通讯，以及各种报警检测、故障诊断等，测量精度高，性能稳定。

4.3.4 电磁流量计的特点与选用

4.3.4.1 仪表特点

（1）测量不受被测介质的温度、黏度、密度以及电导率（在一定范围内）的影响。

（2）测量导管内无可动部件，几乎没有压力损失，也不会发生堵塞现象，特别适用于矿浆、泥浆、纸浆、泥煤浆和污水等固液两相介质的流量测量。

（3）由于测量管及电极都衬有防腐材料，故也适用于各种酸、碱、盐溶液以及任何带腐蚀性流体的流量测量。

（4）电磁流量计无机械惯性，反应灵敏，可以测量脉动流量。

（5）测量范围很宽，适用管径从几毫米到 3000mm，插入式电磁流量计适用的管径可达 6000mm 甚至更大；流速范围为 1～10m/s，通常建议不超过 5m/s；量程比一般在 20:1～50:1，高的可达 100:1 以上；测量精度 ±（0.5%～2%）。

电磁流量计也有不足之处，主要是：

（1）管道上安装电极及衬里材料的密封受温度的限制，它的工作温度一般为 －40～130℃，工作压力 0.6～1.6MPa。

（2）电磁流量计要求被测介质必须具有导电性能，一般要求电导率为 10^{-5}～10^{-4}s/cm，最低不小于 10^{-5}s/cm，由于电导率的限制，因此电磁流量计不适于气体、蒸汽与石油制品的流量测量。

4.3.4.2 选用考虑要点

对于导电液体的流量测量，电磁流量计是一种比较好的解决方案。但实际使用时，须根据实际流体性质与参数（包括电导率、腐蚀性、酸碱度、黏度、温度、压力与流速、是否有颗粒或悬浮等指标）以及使用要求对电磁流量计的口径、精度等级与功能、电极材料、衬里材料等进行全面考量。

（1）电磁流量计只能用于导电液体的测量，且液体的电导率不能低于其下限值，实际选用时最好被测流体的电导率高于仪表厂家规定的下限值一个数量级。

（2）电磁流量计口径不一定与管径相同，应视流量、流速而定：若介质常用流速大于0.5m/s，流量计口径与管径一致；若流速较低，无法满足流量计测量要求或该流速下测量精度无法满足要求（如要求最低流速应不小于1m/s），则可以选择口径小于管径的流量计。流量计的精度与功能需视要求而定，选用时不能单纯看高指标，应综合考虑。

（3）电极、衬里或测量管段、接地环等部件，直接与流体接触，它们的耐磨性、抗腐蚀性和使用温度上限等指标对电磁流量计至关重要，须特别考虑。对于电极材料，要求耐腐蚀性很高，不允许腐蚀，以免破坏流量计的密封性，同时还要避免产生钝化等表面效应。而对于衬里或测量管段，则需要考虑介质对衬里耐温度、热冲击、高压、负压、磨损、腐蚀、黏结、附着等方面的要求。用于电磁流量计的衬里材料主要有聚四氟乙烯、橡胶、聚氯乙烯、聚氨酯橡胶、工业陶瓷等材料，过去也有用玻璃钢、搪瓷衬里的，但现在已很少用。表4-12与表4-13分别列出了常用电极材料与衬里材料。

表4-12　电磁流量计常用电极材料

电极材料	特点及适用范围
不锈钢（316L）或含钼不锈钢（0Cr18Ni12Mo2Ti）	生活与工业用水、原水、废水等中性介质，稀酸、稀碱等弱腐蚀性液体
哈氏合金B（HB）	对沸点以下一切浓度的盐酸有良好的耐腐蚀性；也耐硫酸、磷酸、氢氟酸、有机酸等非氧化性酸，碱，非氧化盐液的腐蚀；不适用于硝酸
哈氏合金C（HC）	能耐氧化性碱，也耐氧化性的盐酸类；不适用于盐酸、氧化物
钛（Ti）	能耐盐水、各种氯化物和次氯化盐、氧化性酸（包括发烟硫酸、硝酸）、有机酸、碱等的腐蚀；不适用于盐酸、硫酸等还原性酸
钽（Ta）	具有优良的耐腐蚀性，和玻璃相似。适合浓盐酸、硝酸、硫酸等大多数酸液，包括王水。不适用于碱、氢氟酸
铂（Pt）	适用：几乎所有的酸、碱、盐溶液（包括发烟硫酸、发烟硝酸）。不适用：王水、铵盐
碳化钨（W）	耐磨性能优异，耐腐蚀性能较差，主要适用于泥浆、纸浆等磨损型介质

表4-13　电磁流量计常用衬里材料

衬里材料	耐腐蚀性能	温度/℃	适用范围
氟塑料（PTFE、PFA、F46等）	（1）它是塑料中化学性能最稳定的一种材料，能耐沸腾的盐酸、硫酸、硝酸和王水，也能耐浓碱和各种有机溶剂； （2）耐磨性和黏接性能差； （3）F46、PFA具有良好的耐负压性，PTFE黏接性能较差，不耐负压	<180	（1）酸碱等强腐蚀性介质； （2）卫生类介质
氯丁橡胶（Neoprene）	（1）有极好的弹性，高强的扯断力，耐磨性能好； （2）耐一般低浓度酸、碱、盐介质的腐蚀，不耐氧化性介质的腐蚀	<80	一般水、污水、泥浆、矿浆
聚氨酯橡胶（Polyurethane）	（1）有极好的耐磨性能（相当于天然橡胶的10倍）； （2）耐酸碱性能较差	<60	中性、强磨损的纸浆、矿浆、煤浆、泥浆

4.3.4.3 安装维护

电磁流量计安装时要求传感器的测量管内必须充满液体，并且不允许有气泡产生。垂直安装可以避免固液两相分布不均匀或液体内残留气体的分离，这样可以减小测量误差。

电磁流量计应安装在足够长的直管段上，一般要求不小于5D。

电磁流量传感器的输出信号比较微弱，一般满量程只有几毫伏，流量很小时只有几微伏，故易受外界磁场的干扰。因此传感器的外壳、屏蔽线及测量导管均应妥善地单独接地，不允许接在电动机及变压器等的公共中线上或水管上。为了防止干扰，传感器及转换器应安装在远离大功率电气设备如电动机及变压器的地方。

电磁流量传感器及转换器应用同一相的电源，不同相的电源可使检测信号与反馈信号相位差120°，相敏整流器的整流效率大大降低，以致仪表不能正常工作。

仪表使用一段时间后，管道内壁可能积垢，垢层的电阻低，严重时可能使电极短路，表现为流量信号愈来愈小或突然下降。此外，管壁内衬也可能被腐蚀和磨损，产生电极短路和渗漏现象，造成严重的测量误差，甚至仪表无法继续工作。因此，传感器必须定期维护清洗，保持测量管内部清洁，电极光亮平整。

4.4 涡轮流量计

涡轮流量计也是一种速度式流量仪表，是叶轮式流量计的主要品种（还有水表、风速表等）。它利用置于流场中叶轮旋转速度与流体流速间呈一定的比例关系，通过检测叶轮转速来测得流量。涡轮流量计精度较高，压力损失小，耐高压，广泛应用于石油、有机液体、无机液、液化气、天然气、煤气和低温流体等的流量测量。随着电子技术等的发展及其在仪表工业的应用，插入式涡轮流量计、光纤涡轮流量计等新型涡轮流量计相继出现，涡轮流量计的量程比进一步变大，并且可以实现双向测量，其应用前景看好。

4.4.1 涡轮流量计的结构及原理

涡轮流量计的结构如图4-32所示。涡轮1是用高导磁的不锈钢制成的，涡轮体上有数片螺旋形叶片，整个涡轮支撑在前后两个摩擦力很小的轴承2内。流体流动推动涡轮旋转而测定流量。涡轮外壳5的一侧有由永久磁钢3和感应线圈4构成的磁电转换装置。流体经导流器6进入流量计后，作用于涡轮叶片上推动涡轮旋转，流速越高旋转越快。涡轮旋转时，其高导磁性的叶片扫过磁场，使磁路的磁阻发生周期性的变化，线圈中的磁通量也随之变化，感应产生脉冲电势的频率f与涡轮的转速成正比。涡轮流量计输出的电

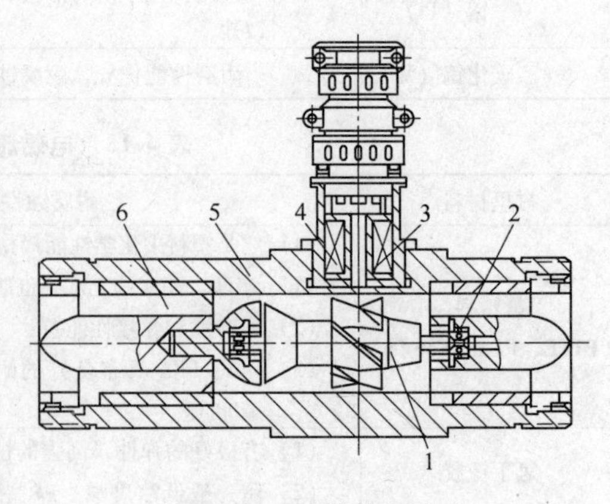

图4-32 涡轮流量计

1—涡轮；2—轴承；3—永久磁钢；4—线圈；5—外壳；6—导流器

脉冲信号经前置放大后，送入数字频率计，以指示和累积流量。

在流量测量范围和一定流体条件范围内，涡轮流量计输出信号频率 f 与通过涡轮流量计体积流量 q_V 或质量流量 q_m 成比例，即其流量方程为：

$$q_V = f/K$$

$$q_m = q_V \rho$$

式中，K 为涡轮流量计的仪表系数，单位为 1/L 或 $1/m^3$。

涡轮流量计的实际特性曲线如图 4-33 所示。由于在涡轮流量计使用范围内，仪表系数 K 不是一个常数，故通常采用实验标定其数值。

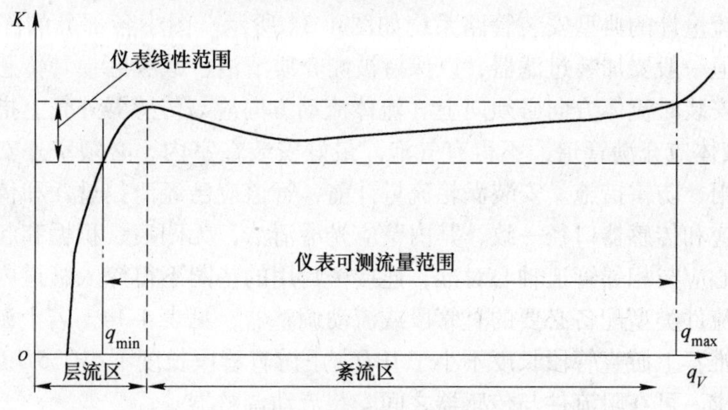

图 4-33 涡轮流量计特性曲线

4.4.2 涡轮流量计的特点

（1）精度高，对于液体介质一般为 ±(0.25～0.5)%R，精密型可达 ±0.15%；对于气体，一般为 ±(1.0～1.5)%R，特殊专用型可达 ±(0.5～1.0)%R。

（2）重复性好，短期可达 0.05%～0.2%。

（3）测量范围宽，最大与最小流量比通常为 6:1～10:1，大口径的可达 40:1。

（4）输出脉冲频率信号，响应快，信号分辨力强，适用于总量计量及与计算机连接，无零点漂移，抗干扰能力强。

（5）耐腐蚀、耐高压；专用型传感器类型多，可根据用户特殊需要设计为各类专用型传感器，亦可制成插入型；适用于大口径测量，压力损失小，价格低，可不断流取出，安装维护方便。

4.4.3 涡轮流量计的选用

选用涡轮流量计主要是看中其精度高的特点。为满足流量测量的要求，选用涡轮流量计时，须考虑以下方面因素：

（1）流量范围、精度等级。涡轮流量计的流量范围对其精确度及使用期限有较大的影响，一般在工作时最大流量相应的转速不宜过高。对于连续工作（每天工作时间超过 8h）最大流量应选在仪表上限流量的较低处，而间歇工作（每天工作时间少于 8h）最大流量可选在较高处。一般连续工作时将实际最大流量的 1.4 倍作为仪表的流量上限，而间歇工作时则乘以 1.3。当流速偏低时，最小流量成为选择仪表口径的首要问题，通常以实际最小流量乘以0.8作为仪表的流量下限。如果仪表口径与工艺管径不一致，应以异径管和等径直管进行管道改装。

（2）对被测介质的要求。涡轮流量计适合洁净（或基本洁净）、单相及低黏度流体的流量测量；对管道内流速分布畸变及旋转流敏感，要求进入传感器应为充分发展管流，因此要根据传感器上游侧阻流件类型配备必要的直管段或流动调整器。此外，流体物性参数对测量结果影响较大，气体流量计易受密度的影响，而液体流量计对黏度变化反应敏感，故实际使用时，需根据测量要求进行温度、压力、黏度补偿。

（3）安装要求。传感器应安装在便于维修，管道无振动、无强电磁干扰与热辐射影响的场所。涡轮流量计的典型安装管路系统如图4-34所示。图中各部分的配置可视被测对象情况而定，但一般要加装过滤器，以保持被测介质清洁，减少磨损。传感器可水平、垂直安装，垂直安装时流体方向必须向上（流体流动方向应与传感器外壳上指示流向的箭头方向一致）。液体应充满管道，不得有气泡。最好安装在室内，必须室外安装时，一定要采用防晒、防雨、防雷措施。安装涡轮流量计前，管道应已经清扫过，和传感器相连接的前后管道内径应和传感器口径一致，其内壁应光滑清洁，无凹痕、积垢和起皮等缺陷。传感器的管道轴心应与相邻管道轴心对准，连接密封用的垫圈不得深入管道内腔。需根据传感器上游侧阻流件类型配备必要的直管段或流动调整器，见表4-14。若上游侧阻流件情况不明确，一般推荐上游直管段长度不小于$10D$，下游直管段长度不小于$5D$，如安装空间不能满足上述要求，可在阻流件与传感器之间安装流动调整器。

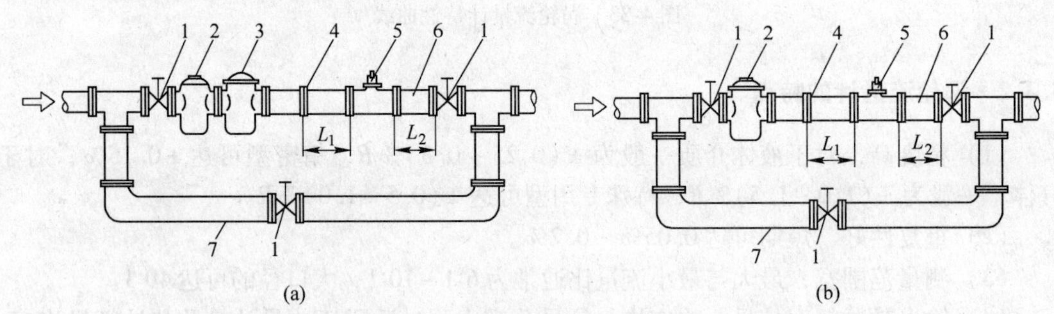

图4-34 涡轮流量计安装示意图

（a）液体流量测量；（b）气体流量测量

1—阀门；2—过滤器；3—消气器；4—前直管段；5—流量传感器；6—后直管段；7—旁路

表4-14 涡轮流量计安装最小直管段长度

上游侧阻流件类型	单个90°弯头	同平面上的两个90°弯头	不同平面上的两个90°弯头	同心渐缩管	全开阀门	半开阀门
L_1/D	20	25	40	15	20	50
L_2/D	5					

4.5 旋涡流量计

旋涡流量计利用流体振动原理来进行流量测量。即在特定流动条件下，流体一部分动能产生振动，且振动频率与流体流速（流量）相关，通过检测出振动频率即可测得流量。

根据旋涡形式的不同，旋涡流量计有两种类型：利用流体自然振动的卡门涡街流量计（也称卡门型旋涡流量计、涡街流量计）和利用流体强迫振动的旋进旋涡流量计。旋涡式流量计已经广泛应用在石油化工、冶金、机械、纺织、制药等工业领域，是一类发展迅速、前景广阔的流量计。

4.5.1 涡街流量计

4.5.1.1 工作原理

流体在流动过程中，遇到障碍物必然产生回流而形成旋涡。在流体中垂直插入一根圆柱体（或三角柱体、方柱体等）作为旋涡发生体，流体流过柱体，当流速度高于一定值时，在柱体两侧就会产生两排交替出现的旋涡列，称为卡门涡街，简称涡街，如图 4-35 所示。

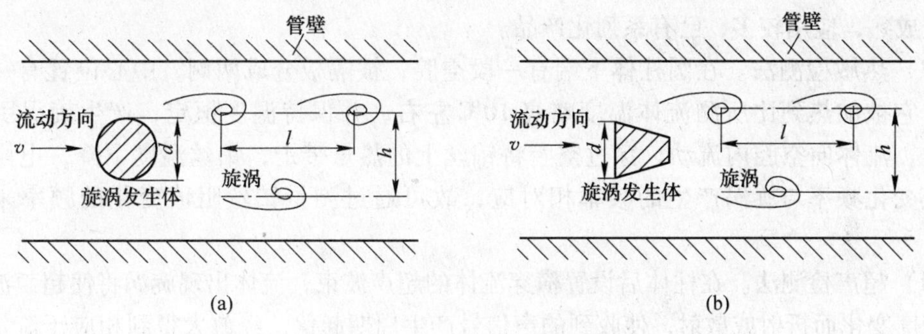

图 4-35 卡门涡街流量计原理

（a）圆柱形旋涡发生体；（b）三角柱旋涡发生体

要形成稳定涡街，涡列宽度 h 与旋涡间距 l 必须满足一定的关系，例如对圆柱形旋涡发生体，$h/l=0.281$。根据卡门涡街形成原理，单列旋涡产生的频率 f 为：

$$f = St\frac{v_1}{d} \tag{4-17}$$

式中 v_1——旋涡发生体两侧的流体速度，m/s；

d——旋涡发生体迎流面最大宽度，m；

St——斯特劳哈尔数，与旋涡发生体形状以及雷诺数有关，在 $Re_D=5\times10^2\sim15\times10^4$ 范围内，$St\approx$常数，对于圆柱体 $St=0.21$，对于三角柱体 $St=0.16$。

根据流动连续性方程有：

$$A_1v_1 = Av = q_V \tag{4-18}$$

式中 A_1，A——旋涡发生体两侧的流通面积和管道面积，m^2；

v——管道流体的平均流速，m/s。

定义面积比 $m=A_1/A$。显然 m 仅与旋涡发生体尺寸、管道内径有关，对于圆柱体旋涡发生体，可计算得到：

$$m = \frac{A_1}{A} = 1 - \frac{2}{\pi}\left(\frac{d}{D}\sqrt{1-\frac{d^2}{D^2}} + \arcsin\frac{d}{D}\right)$$

当管道内径和旋涡发生体的几何尺寸确定后，根据式（4-17）和式（4-18）可得瞬时体积流量为：

$$q_V = A\frac{dm}{St}f = f/K$$

式中 K——涡街流量计仪表系数，1/L 或 $1/m^3$，是一个与流体物性（温度、压力、密度、成分等）无关、仅取决于旋涡发生体几何尺寸的参数。

4.5.1.2 涡街频率的检测方法

涡街频率检测法较多，简介如下：

（1）电容检测法。在三角柱的两侧面有相同的弹性金属膜片，内充硅油，旋涡引起的压力波动，使两膜片与柱体间构成的电容产生差动变化。其变化频率与旋涡产生的频率相对应，故检测由电容变化频率可推算出流量。

（2）应力检测法。在三角柱中央或其后部插入嵌有压电陶瓷片的杆，杆端为扁平片，产生旋涡引起的压力变化作用在杆端而形成弯矩，使压电元件出现相应的电荷。此法技术上比较成熟，应用较多，已有系列化产品。

（3）热敏检测法。在圆柱体下端有一段空腔，被隔板分成两侧，中心位置有一根细铂丝，它被加热到比所测流体温度略高10℃左右，并保持温度恒定，产生旋涡引起压力变化，流体向空腔内流动，穿过空腔将铂丝上的热量带走，铂丝温度下降，电阻值变小。其变化频率与旋涡产生的频率相对应，故可通过测量铂丝阻值变化的频率来推算流量。

（4）超声检测法。在柱体后设置横穿流体的超声波束，流体出现旋涡将使超声波由于介质密度变化而折射或散射，使收到的声信号产生周期起伏，经放大得到相应于流量变化的脉冲信号。

此外，涡街频率还可以利用磁或光纤在旋涡压力作用下转变为电脉冲的方法进行检测。

4.5.1.3 涡街流量计的选用

涡街流量计结构简单、牢固，压力损失小，安装维护方便，适用流体种类多，如液体、气体、蒸汽和部分混相流体。满管式涡街流量计管径范围25 ~ 250mm，插入式管径范围250 ~ 2000mm。主要技术性能是：雷诺数范围 $2\times10^4 \sim 7\times10^6$，介质温度 −40 ~ +300℃，介质压力0 ~ 2.5MPa，介质流速：空气5 ~ 60m/s、蒸汽6 ~ 70m/s、水0.4 ~ 7m/s，量程比10:1，测量精度±1%（满管式）、±2.5%（插入式）。

插入式涡街流量计除安装与使用方便外，不但采用单片机技术，还采用HART通讯协议，使其测量不确定度得以保证，很方便地用于计算机控制系统，应用更加广泛。

4.5.2 旋进旋涡流量计

4.5.2.1 工作原理

旋进旋涡流量计测量依据是旋涡进动现象。如图4-36所示，旋进旋涡流量计流量传感器的流通剖面类似于文丘里管的型线，其入口侧安放一组由螺旋形导流叶片组成的起旋器。当流体通过该起旋器时流体被强迫产生剧烈的旋涡流，其中心为“涡核”，外围是环流。当流体进入扩散段时，旋涡流受到回流的作用，开始做二次旋转，形成陀螺式的涡流进动现象。该进动频率与流速大小成正比，不受流体物理性质和密度的影响，检测元件测

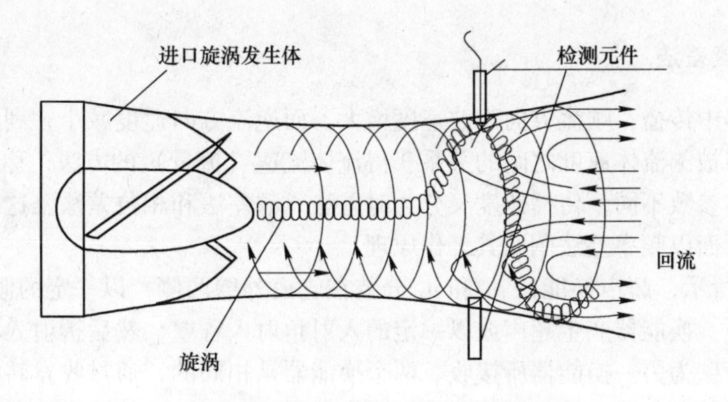

图 4-36 旋进旋涡流量计测量原理

得这个频率即可得到流速，进而获得流量。其流量方程为：

$$q_V = f/K$$

式中 f——旋涡频率，Hz；

K——流量计仪表系数，1/L 或 $1/m^3$，在一定的结构参数和规定的雷诺数范围内与流体温度、压力、密度、成分、黏度等无关。

4.5.2.2 结构特点

旋进旋涡流量计由传感器和转换器组成。传感器包括表体、起旋器、消旋器和检测元件等组成。转换器把检测元件输出的信号进行处理（放大、滤波等）后输出与流量成正比的脉冲或者 4～20mA DC 信号，然后再与温度、压力等检测信号一起被送往微处理器进行积算处理，最后显示出瞬时流量、累积流量等数据。

旋进旋涡流量计与涡街流量计均属流体振动式速度流量计，虽然它们的结构与检测方法完全不同，但主要特点类似。但与涡街流量计相比，旋进旋涡流量计的压力损失较大，为涡街流量计的 3～4 倍。另外旋进旋涡流量计抗来流干扰的能力强，直管段要求较低，一般上游侧取 5D、下游侧 1D 即可。

4.6 超声波流量计

超声波流量计利用超声波在流体中的传播特性来测量流体的流速和流量，是一种非接触式流量测量仪表。

超声波流量计由超声波发射和接收换能器、信号处理线路以及流量显示与积算系统等组成。超声波发射换能器发射出超声波并穿过被测流体，接收换能器收到超声波信号，经信号处理线路后得到代表流量的信号，送到流量显示与积算单元，从而测得流量。

超声波的发射和接收换能器，一般采用压电陶瓷元件，如锆钛酸铅（PZT）。通常把发射和接收换能器做成完全相同的材质和结构，可以互换使用或兼作两用。接收换能器利用其压电效应，发射换能器则利用其逆压电效应。为保证声能损失小、方向性强，必须把压电陶瓷片封装在声楔之中。声楔应有良好的透声性能，常用有机玻璃、橡胶或塑料制成。

按照测量原理，超声波流量计有传播速度差法、多普勒效应法以及相关法等类型。这里只介绍传播速度差法与超声多普勒法。

4.6.1 传播速度差法

声波在流体中传播，顺流方向声波速度增大，而逆流方向速度减小，利用顺流、逆流传播速度之差与被测流体速度之间的关系获得流体流速（流量）的方法，称为传播速度差法。按测量具体参数不同，传播速度又分为时差法、频差法和相位差法。这三种方法没有本质区别，故下面以频率差法阐明其工作原理。

如图 4-37 所示，超声换能器 p_1 和 p_2 分装在管道外壁两侧，以一定的倾角对称布置，在电路的激励下，换能器产生超声波以一定的入射角射入管壁，然后折射入流体，在流体内传播，穿过管壁为另一换能器所接收。两个换能器是相同的，通过收发转换器控制，可交替作为发射器和接收器。

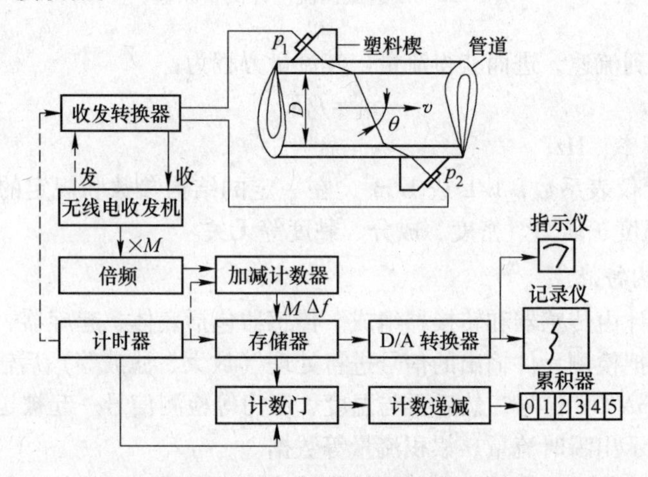

图 4-37 频差法测量流量

设流体的流速为 v，管道内径为 D，超声波束与管道轴线的夹角为 θ，超声波的静止流体中的声速为 C。若 p_1 换能器发射超声波，则其在顺流方向的传播频率 f_{12} 为：

$$f_{12}=\frac{C+v\cos\theta}{D/\sin\theta}=\frac{\sin\theta(C+v\cos\theta)}{D}$$

若 p_2 换能器发射超声波，则其在逆流方向的传播频率 f_{21} 为：

$$f_{21}=\frac{C-v\cos\theta}{D/\sin\theta}=\frac{\sin\theta(C-v\cos\theta)}{D}$$

故顺流与逆流传播频度差 Δf 为：

$$\Delta f=f_{12}-f_{21}=\frac{\sin2\theta}{D}v$$

由此可得流体的体积流量 q_V 为：

$$q_V=Av=\frac{\pi D^3}{4\sin2\theta}\Delta f=K\Delta f$$

对于一个具体超声波流量计，式中 D、θ 是常数，则 q_V 与 Δf 成正比，即测量频差可算出流量。

在图 4-37 中同时示出了频差法测量电路方框图，由于 Δf 很小，为了提高测量准确度，采用了倍频回路（倍率为数十倍到数百倍），把倍频的脉冲数对应顺流与逆流方向进行加减运算求差值，然后经 D/A 转换并放大成标准电流信号（4～20mA DC），以便显示记录和累积流量。

4.6.2 多普勒法

流体中若含有悬浮颗粒或气泡，宜采用超声多普勒（Doppler）效应测量流量。发射换能器 T 与接收换能器 R，对称地装在与管道轴线成 θ 夹角的两侧，且都迎着流向，如图 4-38 所示。当流体流动时根据多普勒效应，由流体中的悬浮颗粒或气泡反射而来超声频率 f_2 被探头 R 接收，它比原发射频率 f_1 略高，其频差 Δf:

$$\Delta f = f_2 - f_1 = f_1 \frac{C + v\cos\theta}{C - v\cos\theta} - f_1 \approx \frac{2v\cos\theta}{C} f_1,\ \mathrm{Hz} \tag{4-19}$$

称为多普勒频移。由此可知，在发射频率 f_1 恒定时，频移与流速成正比。由于式中包含受温度影响比较明显的声速 C，应设法消除。

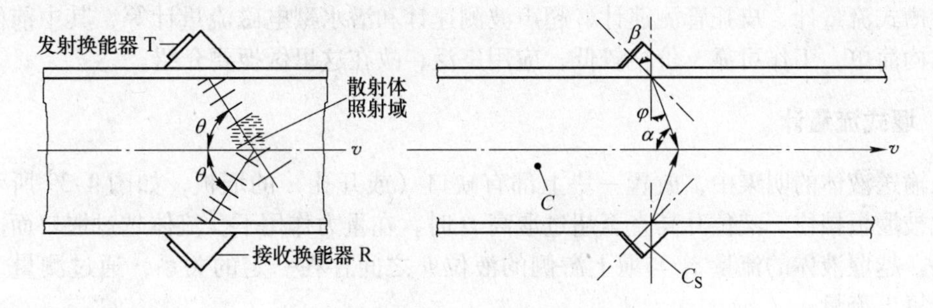

图 4-38 多普勒法测量流量原理

消除方法是将换能器安装在专门设计的塑料声楔内，超声波先通过声楔再进入流体。在声楔材料中的声速为 C_S，其入射角为 β，声波射入流体的声速仍为 C，入射角为 φ；根据折射定律可得：

$$\frac{C}{\cos\theta} = \frac{C}{\sin\varphi} = \frac{C_S}{\sin\beta} = \frac{C_S}{\cos\alpha}$$

代入式（4-19）可得：

$$\Delta f = \frac{2v\sin\beta}{C_S} f_1$$

设管道内径为 D，得体积流量为：

$$q_V = Av = \frac{\pi D^2 C_S}{8 f_1 \sin\beta} \Delta f$$

或

$$q_V = \frac{\pi D^2 C_S}{8 f_1 \cos\alpha} \Delta f$$

上式不再包含流体内声速 C，只有在声楔内的声速 C_S，它受温度的影响要小一个数量级，可以减小温度对流量测量的影响。

超声波流量计对介质无特别要求，可用来测量液体和气体甚至两相流体的流量，流体的导电性能、腐蚀性等指标对测量没有影响。它没有插入被测流体管道的部件，故没有压头损失，可以节约能源。测量精度几乎不受流体温度、压力、密度、黏度等的影响。超声换能器在管外壁安装，故安装和检修时对流体流动和管道都毫无影响，特别适合于不能截断或打孔的已有管道的流量测量。测量范围宽，一般可达 20:1，适用于大管径、大流量及各类明渠、暗渠流量检测。流量计的测量准确度一般为 ±(1%~2%)，测量管道液体流速范围一般为 0.5 ~5m/s。

4.7 明渠流量计

明渠是一种敞开的流通的水路，它利用自然水位落差来输送液体，在工厂排水、下水道、农田水利及污水处理厂等普遍采用；此外，对一些特殊介质如强腐蚀性溶液和易结晶溶液等，为了便于清理维护水路，也常采用明渠输送。前面几节叙述的流量测量仪表，适于满管输送流体的条件下使用，大多数不适用于明渠输液的测量条件。

随着国家环保事业的迅速发展，明渠流量测量受到了重视。明渠流量计主要有堰式流量计、槽式流量计、皮托管测速计、超声波测速计和潜水型电磁流量计等，其中前两种流量计结构简单，工作可靠，价格较低，应用广泛，故在这里做扼要介绍。

4.7.1 堰式流量计

在输送液体的明渠中，放置一块上部有缺口（或开孔）的堰板，如图 4-39 所示，流体在此被堰板挡住，液位升高直至超过堰高 D 时，在重力作用下，流体越过堰口而向下游侧流去。越堰液体的流量 q_V 与堰上游侧的液位 h 之间存在一定的关系，通过测量上游液位可计算出流量。

设图中任意水深 x 的位置中微小水深为 dx，流体在这个微小部分的流速为 v，重力加速度为 g，则根据伯努利方程可知：$v = \sqrt{2gx}$，设堰口的宽度为 b，则通过这部分的流量 $\mathrm{d}q_V = b\mathrm{d}xv = b\sqrt{2gx}\mathrm{d}x$，可求得越堰液体流量 q_V 的理论值为：

$$q_V = \int_0^h b\sqrt{2gx}\mathrm{d}x = \frac{2}{3}b\sqrt{2gh^3}$$

由于存在压头损失、流束收缩以及渐近速度等的影响，上式应乘以流量系数 C_e，即

$$q_V = \frac{2}{3}C_e b\sqrt{2gh^3},\ \mathrm{m^3/h}$$

测量水流量通常是采用薄壁堰，这类堰按堰口形状分为矩形堰、三角形堰等，如图 4-40 所示。图（a）是矩形全宽堰，$b/B=1$，测量流量范围大；图（b）是矩形收缩堰，$b/B<1$，测量流量范围较小；图（c）是三角形堰，堰口角可做成 90°、60°、45°，可以测量小流量。矩形堰和三角形薄壁堰有国际标准 ISO 1438:2008，其流量公式与流量范围见表 4-15。

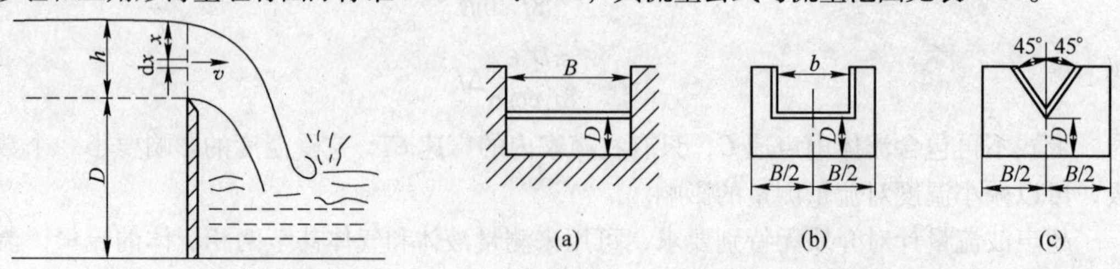

图 4-39 堰式流量计测量原理　　图 4-40 矩形堰与三角堰

表 4-15 薄壁堰流量公式与流量范围

堰形	流量公式	使用范围/m	宽度 B 或 $B \times h$ /m 或 m×m	堰上液体范围/m	流量范围/$m^3 \cdot h^{-1}$
60° 三角堰	$q_V = Kh^{5/2}$	$B = 0.44 \sim 1.0$ $b = 0.04 \sim 0.12$ $D = 0.1 \sim 0.13$	0.45	0.04 ~ 0.12	1.08 ~ 16.6
90° 三角堰	$q_V = Kh^{5/2}$	$B = 0.5 \sim 1.2$ $b = 0.07 \sim 0.26 < B/2$ $D = 0.1 \sim 0.75$	0.6 ~ 0.8	0.07 ~ 0.26	6.6 ~ 174
矩形收缩堰	$q_V = Kbh^{3/2}$	$B = 0.5 \sim 6.3$ $b = 0.15 \sim 6.0$ $D = 0.15 \sim 3.5$ $\frac{bD}{BB} \geqslant 0.06$	0.9 × 0.36 ~ 1.2 × 0.48	0.03 ~ 0.312	12.6 ~ 540
全宽堰	$q_V = Kbh^{3/2}$	$B \geqslant 0.5$ $D = 0.3 \sim 0.2$ $h = 0.03 \sim D$ 但 $h < 0.8$，$h < B/4$	0.6 ~ 80	0.03 ~ 0.8	21.6 ~ 40260

注：q_V—流量；K—综合流量系数；h—堰上液位；B—渠宽度；b—缺口宽度；D—渠底面到缺口下沿高度。

这两种堰的越堰水流量与堰上水位之间的关系是非线性的，通常采用浮标式或浮筒式液位计测出堰上的液位，然后由按流量公式或图表求出液体流量。

4.7.2 槽式流量计

槽式流量计是在明渠水路中采用节流方法来测量流量的特殊测流槽，在节流的部位，水的流速增大，水位下降，即水位能转变成流速能。测量由此产生的水位变化可以确定流量。水路节流的方式甚多，其中应用最广泛的是巴歇尔（Pareshall）水槽，如图 4-41 所示。这种水槽由三部分组成：底面水平收缩部、表面坡度下降和侧面宽度收缩的喉管部以及底面坡度上升的扩大部。流入水槽的水流在槽的收缩部加速，通过喉口处成为临界流，下游侧水位扰动的影响不会传递到上游侧。根据上游侧（收缩部的上游侧 1/3 处）水位的测量可以计算流量。流量与水位的关系式为：

$$q_V = Kh^a \times 10^{-3}$$

式中 q_V——液体的流量，m^3/min；

h——上游侧的液位高度，m；

K，a——常数和指数，由实验确定，随喉部尺寸而不同，见表 4-16。

表 4-16 巴歇尔流槽的结构参数

喉部尺寸 W/mm	K	a	喉部尺寸 W/mm	K	a
51	0.162	1.55	457	1.541	1.538
76	0.238	1.55	616	1.919	1.550
152	0.416	1.58	914	2.628	1.566
229	0.825	1.53	1219	3.269	1.578
305	1.127	1.522	1524	3.882	1.587

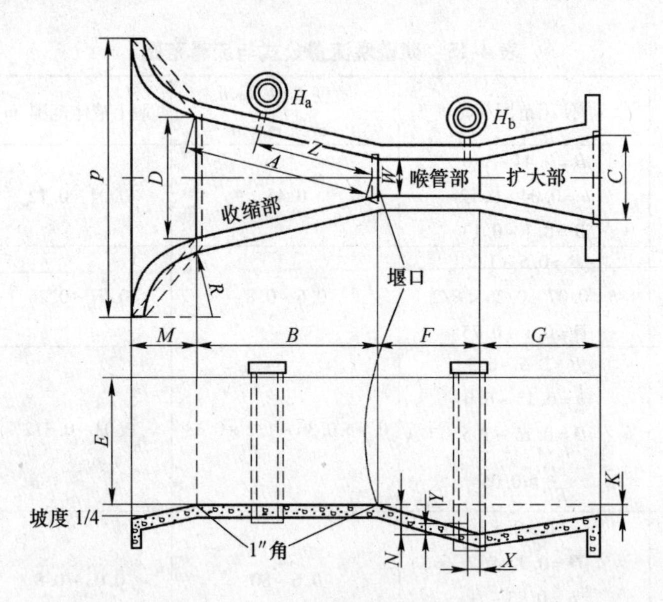

图 4-41　巴歇尔流槽结构与外形

槽式流量计与堰式流量计相比，更适于测量含固体颗粒和悬浮物较多的介质流量，如工业污水、工业用水与农田用水等；因为它不易造成堵塞，清理也较方便，压头损失较小，但测量准确度只有 2%~5%。巴歇尔流槽结构庞大占地多，造价较高。

4.8　容积式流量计

容积式流量计又称为定排量流量计，其测量主体为具有固定标准容积的计量室，容积是在仪表壳体与旋转体之间形成的。当流体经过仪表时，利用仪表入口和出口之间产生的压力差，推动旋转体转动，将流体从计量室中按容积 V_0 一份一份地推送出去。所推送出的流体流量为：

$$q_V = nV_0$$

式中　n—— 转动的次数，r/s。

因为计量室的容积是已知的，故只要测出旋转体的转动次数，根据计量室的容积和旋转体的转动频率，即可求出流体的瞬时流量和累计流量。

4.8.1　容积式流量计的类型

容积式流量计的种类较多，按旋转体的结构不同可分为转轮式、转盘式、活塞式、刮板式和皮囊式等。转轮式流量计按两个相切转轮的旋转方式和结构不同，又可分为齿轮式、腰轮式、双转子式与螺杆式四种，最常见的是前两种，其中腰轮式又称为罗茨式。它们的工作原理相同，只是结构上有区别。

4.8.1.1　椭圆齿轮流量计

流量计壳体内装有一对互相啮合的椭圆齿轮 A 和 B，在流体入口与出口的差压（$p_1 - p_2$）作用下，推动两个齿轮反方向旋转，不断地将充满半月形固定容积中的流体推出去，其转动与充液排液过程示意如图 4-42（a）所示。图中所示是椭圆齿轮旋转 90°角排出一个半月形容积流体的过程。齿轮每转一周就推出四个半月形容积的流体，从齿轮的转数可计算出排出流体的总流量。椭圆齿轮的转动通过减速传动机构带动指针与机械计数器，仪表盘中间的大指针指示流体的瞬时流量，经过齿轮计数器显示体积总流量。

有的椭圆齿轮流量计装有发讯装置：在传动轮上配有永久磁铁。齿轮带动永久磁铁旋转。每转一周使干簧继电器接通一次，发出一个电脉冲信号，远传给仪表室内的电磁计数器，可以协调地进行流量的指示和累计。

椭圆齿轮流量计生产厂很多，多是就地指示，仪表测量精度±(0.2%~0.5%)。带温度自动补偿的椭圆齿轮流量计，用单片机编程控制，实现流体或燃料流量的自动测量。

4.8.1.2 腰轮流量计

腰轮流量计如图4-42（b）所示，椭圆齿轮换为无齿的腰轮，两只腰轮是靠其伸出表壳外的轴上的齿轮相互啮合。当液体通过时，两个腰轮向相反方向旋转，每转一周也推出四个半月形计量室的流体，工作原理与齿轮流量计相同。由于腰轮没有齿，不易被流体中尘灰夹杂卡死，同时腰轮的磨损也较椭圆齿轮轻一些，因此使用寿命较长，准确度较高，可作标准表使用。

转轮式流量计适于油、酸、碱等液体的流量测量，腰轮流量计还可用来测量气体的流量（大流量）。转轮式流量计的准确度一般为0.5%，有的可达0.2%；工作温度一般在-10~+80℃，工作压力1.6MPa，压力损失较小，适用于液体的动力黏度范围为0.6~500mPa·s。

国产腰轮流量计通常是就地指示仪表；智能型腰轮流量计采用单片机进行数据采集、信号处理，显示流体（液体或气体）参数：温度、压力、瞬时流量与累计流量等，输出标准电流信号，RS485通讯接口，便于上下位机通讯联络；测量精确度达±(0.2%~0.5%)。

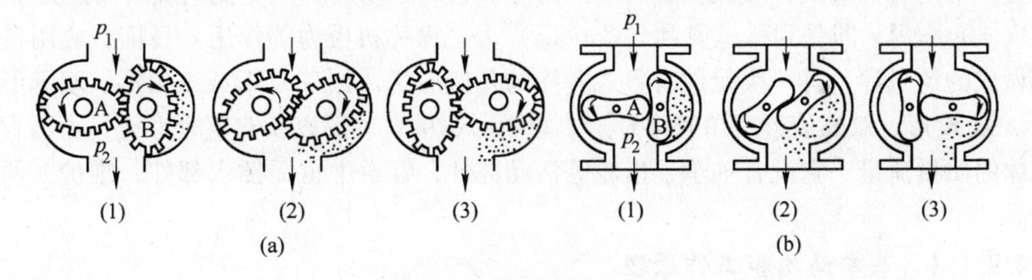

图4-42 转轮式流量计原理

（a）椭圆齿轮流量计；（b）腰轮流量计

（1）$t=0$，$\theta=0°$，流体进入计量室；（2）$t=T/8$，$\theta=45°$，流体排出计量室；

（3）$t=T/4$，$\theta=90°$，流体全部排出，开始下一个循环，每次循环完成4次计量

4.8.2 容积式流量计的特点与选用

容积式流量计的主要优点是测量准确度高，可达±0.2%*R*甚至更高，因此通常采用高品质的容积式流量计作为标准流量计；被测介质的黏度、温度及密度等的变化对测量准确度影响小，测量过程与雷诺数无关，尤其适用于高黏度流体的流量测量（因泄漏误差随黏度增大而减小）；流量计的量程比较宽，一般为10:1；安装仪表的直管段长度要求不严格。其缺点是结构较复杂，运动部件易磨损，需要定期维护，对于大口径管道的流量测

量，流量计的体积大而笨重，维护不够方便，成本也较高。在选用容积式流量计时应注意如下问题：

（1）选择这种流量计时，不能简单地按连接管道的直径大小去确定仪表规格；应注意实际应用时的测量范围，保持在所选仪表的量程范围以内。

（2）为了避免液体中的固体颗粒进入流量计，磨损运动部件，流量计前应装配筛网过滤器，并注意定期清洗和更换过滤网。

（3）如被测液体含有气体或可能析出气体时，在流量计前方应装气液分离器，以免气体进入流量计形成气泡而影响测量准确度。

（4）在精密测量中应考虑被测介质的温度变化对流量测量的影响，过去都采用人工修正，现在已有温度与压力自动补偿并自动显示记录的容积流量计。

4.9 质量流量计

质量流量计分直接式和间接式（或称推导式）两大类。直接式质量流量计的传感器输出信号反映质量流量，代表性的产品有科里奥利质量流量计、热式质量流量计等。而间接式质量流量计是通过对一些参数的检测，依据相关公式推导得出质量流量的，它有多种不同方案，例如可采用测量体积流量的流量计配合密度计，再依据公式 $q_m = \rho q_V$ 运算得出质量流量；或者通过同时检测体积流量和流体的温度、压力值等参数的方法计算得到质量流量。

4.9.1 科里奥利质量流量计

力学理论告诉我们，质点在旋转参照系中做直线运动时，同时受到旋转角速度 ω 和直线速度 v 的作用，即受到科里奥利（Coriolis）力，简称科氏力的作用。目前，应用科氏力原理做成的流量计，其一次元件有各式各样的几何形状，如双U形或三角形、双S形、双W形、双K形、双螺旋形、单管多环形、单J形、单直管形以及双直管形等，可以直接测量流体的质量流量，它没有轴承、齿轮等活动部件，管道中也无插入部件，维护方便，准确度高。

4.9.1.1 基本结构和工作原理

双U形科里奥利流量传感器的基本结构如图4-43所示。它是两根U形管在驱动线圈

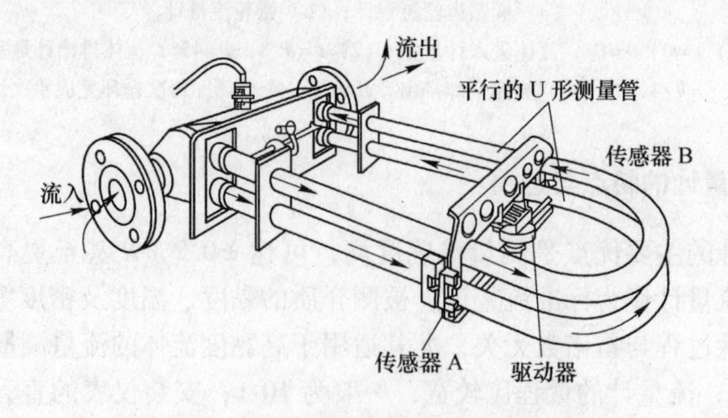

图4-43 科里奥利质量流量计结构原理图

的作用下，以一定频率振动，被测流体从U形管流过，其流动方向与振动方向垂直。由理论力学可知，当某一质量为 m 的物体在旋转（在此为振动）参考系中以速度 u 运动时，将受到一个力的作用，其值为：

$$F_k = 2m\omega \cdot u$$

式中 F_k——科氏力；

u——物体的运动速度；

ω——旋转角速度。

如果U形管两平行直管段在结构上是对称的，则直管的微元长 dy（见图4-44）所受扭矩 dM 表示为：

$$dM = 2r dF_k = 4rv\omega dm \tag{4-20}$$

式中 ω——角速度，实用上，U形管并不旋转，而是以一定频率振动，所以角速度为以正弦规律变化的值；

dF_k——微元 dy 管道所受科氏力的绝对值，显然，U形管振动时 dF_k 也为一正弦规律变化量，而两平行管所受的力在相位上相差180°；

dm，v——微元管道长度 dy 内的流体质量和流体速度。

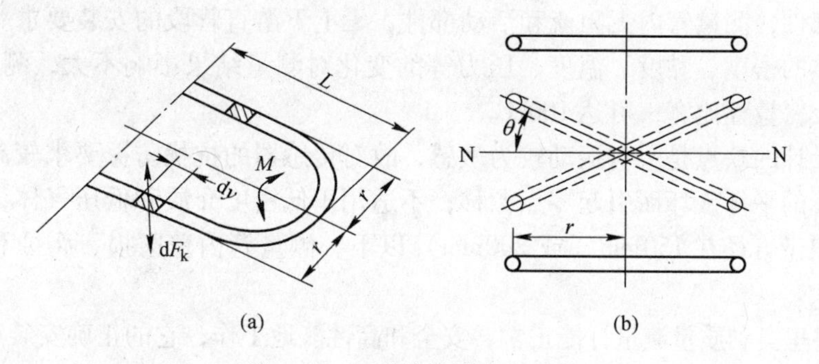

图4-44 U形管的受力变形图

由式（4-20）可得：

$$dM = 4rw\frac{dy}{dt}dm = 4r\omega q_m dy \tag{4-21}$$

式中，$q_m = dm/dt$ 为质量流量。

对式（4-21）积分，得：

$$M = \int dM = \int 4r\omega q_m dy = 4r\omega q_m L \tag{4-22}$$

假定在该力矩作用下，U形管产生扭矩转角为 θ，如图4-44（b）所示。由于 θ 角一般很小，故有：

$$M = K_S\theta \tag{4-23}$$

式中，K_S 为U形管的扭转弹性模量。

由式（4-22）和式（4-23）得：

$$q_m = \frac{K_S\theta}{4r\omega L} \tag{4-24}$$

即质量流量与扭转角 θ 成正比。设U形管端（自由端）在振动中心N—N位置时垂直方向

的速度为 v_P（$v_P = L\omega$），则两端管通过振动中心 N—N 所需的时间差为：

$$\Delta t = 2r\theta / v_P$$

$$\theta = \frac{L\omega\Delta t}{2r} \tag{4-25}$$

将式（4-25）代入式（4-24），得：

$$q_m = \frac{K_S L\omega\Delta t}{8r^2 L\omega} = \frac{K_S}{8r^2}\Delta t \tag{4-26}$$

式中，K_S 和 r 对确定的流量计而言为已知值。所以只要在振动中心 N—N 上装两个光电（或磁电）探测器，测出 U 形管在振动过程中，两端点向上通过中心位置 N—N 的时间间隔 Δt，就可以由式（4-26）求得流体的质量流量。

从式（4-26）可看出，科氏质量流量计的输出信号 Δt 仅与质量流量 q_m 有关，而与被测流体的物性参数密度、黏度及压力温度无关。

4.9.1.2　选用

科氏质量流量计适用于密度较大或黏度较高的各种流体、含有固体物的浆液和含有微量气体的液体以及有足够密度的高压气体（否则不够灵敏）。由于测量管振幅小，因此可视为非可动部件，测量管内无阻流和活动部件，无上下游直管段的安装要求。与其他流量计相比，流体的密度、黏度、温度、压力等的变化对测量结果影响不大，测量精度较高，可达 ±0.02%，量程比宽，可达 100:1。

这种流量计的缺点是：对振动较为敏感，故对传感器的抗扰防振要求较高，运行中由于两根测量管的平衡破坏而引起零点漂移；不适用于低密度介质和低压气体，不适于大管道，目前局限于直径在 150mm（或 200mm）以下，测量管内壁磨损、腐蚀和结垢，影响测量精度较大。

为了使科里奥利质量流量计能正常、安全和高性能地工作，它的正确安装和使用非常重要。流量传感器应安装在一个坚固的基础上，保证使用时流量传感器内不会存积气体或液体残值，对于弯管型流量计，测量液体时弯管应朝下，测量气体时弯管应朝上，测量浆液或排放液时，应将传感器安装在垂直管道，流向由下而上。对于直管型流量计，水平安装时应避免安装在最高点上，以免气团存积。连接传感器和工艺管道时，一定要做到无应力安装。使用过程中应定期进行全面检查与维护。

4.9.2　热式质量流量计

利用流体热交换原理构成的流量计称为热式流量计，它有两种形式，即量热式与冷却式。前者为热分布式仪表，测量范围有限；后者为插入式仪表，测量范围较大。本节只对热式插入式流量计作介绍。

热式插入式（有的称为浸入式）质量流量计是根据金氏定律（King's Law）——热消散（冷却）效应原理工作的。如图 4-45 所示，在插入支架上有两根细管，其中各设置一个电阻

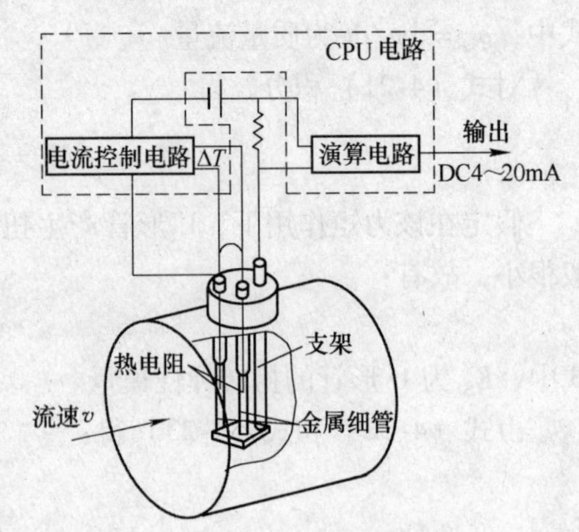

图 4-45　热式插入式质量流量计

温度系数、阻值与结构都完全相同的热电阻，一个热电阻加热到略高于流体温度并恒温（温度为 T_V），另一个热电阻检测流体的温度 T。当被测气体不流动时，热电阻检测的温度最高，为 $T=T_V$；流体流动时，随着质量流速 ρv 的增加，流体带走的热量增大，热电阻检测的温度 T 下降，这时温差 ΔT（$=T_V-T$）变化反映的就是流体的质量流量。

温差与质量流量的这种关系需经标定得出，由生产厂提供。如被测气体没有腐蚀性也不含微粒杂质，电加热丝及测温用的热电阻丝可直接与被测气体接触，则时间常数小，响应较快。如气体有腐蚀性或有微粒杂质含量，应加导热管隔离，则时间常数增大，响应时间要长得多。这种流量计上下游直管段有一定要求，上游直管段（8～10）D，下游直管段（3～5）D。流量计主要用于测量空气、氮气、氢气、氟气、甲烷、煤气、天然气、烟道气等气体质量流量。热式插入式质量流量计流速范围 0～90m/s，工作温度 -40～+200℃（特殊 500℃），工作压力不大于 1MPa，管径 200～2000mm，准确度 ±1%。

4.9.3 推导式质量流量计

前述各种测量体积流量的流量计都可以配合密度计，同时测量流体的密度再运算得出质量流量。密度计可采用同位素、超声波、振动管、片式等连续测量密度的仪表。图 4-46 示出一种推导式质量流量计，节流孔板和密度计配合，测量质量流量。图中差压信号 Δp 与体积流量 q_V 成比例，差压变送器的输出信号为 y，密度计的输出信号为 x，经过计算对 xy 开方后输出信号 z，乘一比例系数 K，即为质量流量：

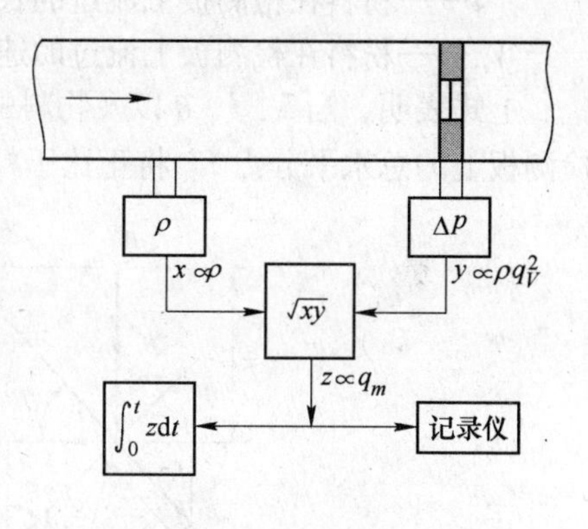

图 4-46 推导式质量流量计

$$q_m = Kz = K\sqrt{xy} = Kq_V\rho$$

同理，电磁流量计、容积流量计、涡轮、涡街流量计等，都可与密度配合测量流体质量流量。

4.9.4 冲板式流量计

生产上大量应用固体块料、粒料、粉料以及一些特殊流体如熔融金属、熔剂与熔渣，需要连续测量与自动控制，但一直无法连续测量，是长期不能解决的问题。冲板流量计近来有较大改进，基本上解决了这个难题。

4.9.4.1 工作原理

以动量原理工作的冲板式流量计，利用粒料从一定高度上自由落下时，在检测板所产生的冲力以及块粒在检测板上流动具有的重力与被测材料的瞬时流量成正比的关系，通过测量检测板上所受的力，可测量出材料的流量。

在传送带或送料器出口的下方，安装一块与水平面成 θ 角的检测板，检测板与出料口相距高度为 h。粒块料自由落在检测板上时，检测板产生的冲击力如图 4-47 所示。设自由落下的物料瞬时流量为 q_m，在瞬时 Δt 内动量变化引起的作用在检测板上的力，可分解成垂直分力 F_1 和平行分力 F_2 两部分。考虑到检测板上总有一点滞留量 ϕ 时，作用在检测板上的总水平分力 F_H 为：

$$F_H = F_{1H} - F_{2H} - F_{fH}$$
$$= k\left(1 + \frac{v_1}{V_1}\right)q_m\sqrt{\frac{gh}{2}}\sin2\theta - k\left(1 - \frac{v_2}{V_2}\right)q_m\sqrt{\frac{gh}{2}}\sin2\theta - \frac{lfg}{V_m}q_m\cos^2\theta$$
$$= \left[k\left(\frac{v_1}{V_1} + \frac{v_2}{V_2}\right)\sqrt{\frac{gh}{2}}\sin2\theta - \frac{lfg}{V_m}\cos^2\theta\right]q_m = Kq_m$$

式中 k——物料自由下落时空气阻力系数；
v_1，V_1——垂直于检测板的物料反弹速度 v 与物料冲击速度 V 的垂直分量；
v_2，V_2——平行于检测板的物料反弹速度 v 与物料冲击速度 V 的水平分量；
h——下料口高度；
θ——检测板倾角；
f——摩擦系数；
l——粉料在检测板上流过的长度；
V_m——粉料在检测板上流过的速度。

上式表明，当 h、l、θ 以及物料的物理性质都不变时，K 便是一个常数，因此作用在检测板上的总水平分力 F_H 将正比于粒料的瞬时质量流量 q_m。

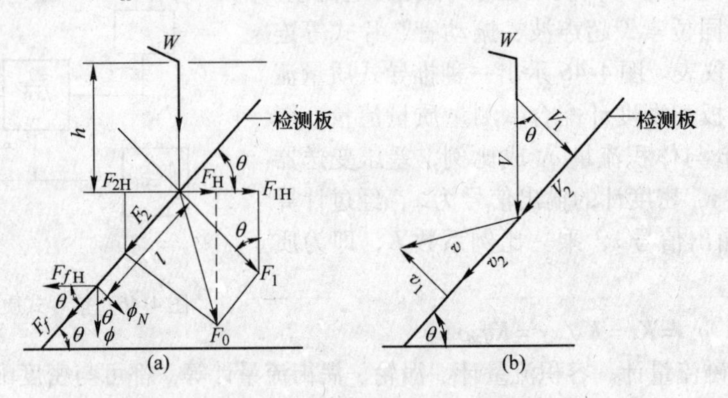

图 4-47 冲板式流量计原理
（a）力的分析；（b）速度矢量分析

4.9.4.2 冲板流量转换器

冲板流量转换器的基本结构如图 4-48 所示。敏感元件为斜置的检测板，它固定在横梁 8 上，当物料自方向落在检测板上时，检测板受到物料的冲击力，使横梁绕支点 1 产生水平位移。移动差动变压器 2 的铁芯，使差动变压器的输出电压改变。铁芯的位移量正比于物料流量差动变压器电压输出，经电压及功率放大后，转换成直流标准信号，送至二次仪表显示出物料的流量值，同时经过积算器累计物料的总量；同时送到控制仪表，去控制物料的输送量。

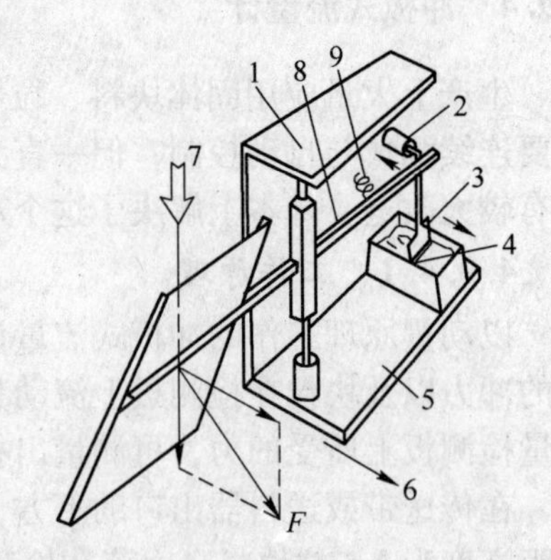

图 4-48 冲板流量计结构简图
1—轴心支撑；2—差动变压器；3—阻尼器；4—黏性油；5—紧固架；6—合成运动方向；7—落料方向；8—横梁；9—量程弹簧

冲板流量计的量程为（30kg ~ 1000t）/h，适于各种粉状、粒状、块状、片状与矿浆水泥浆料等的称量、给料与配料等计量，物料温度可高达400℃，不确定度2%~5%。用耐热材料或水冷钢套等制成耐高温的检测板，可用于熔融金属与熔渣等的流量测量。

思考题与习题

4-1 何谓流量、平均流量和总（流）量？它们之间是什么关系？

4-2 测量流量方法有哪些？

4-3 什么是差压式流量计？

4-4 何谓标准节流装置？标准节流装置有哪几种？取压方式有几种？各有何不同？

4-5 用标准节流装置进行流量测量时，流体必须满足哪些条件？为什么要求在界限雷诺数（Re_D）以上进行流量测量？安装节流装置应注意哪些问题？

4-6 一套标准孔板流量计测量空气流量，设计时空气温度为27℃，表压力为6.665kPa，使用时空气温度为47℃，表压力为26.66kPa。试问仪表指示的空气流量相对于空气实际流量的误差（%）是多少？如何进行修正或补偿？

4-7 小流量孔板有何特点？

4-8 内藏孔板是如何构成的？它有哪些特点？

4-9 V锥流量计、楔形孔板、圆缺孔板和1/4圆孔板各有何特点，适用于哪些场合？

4-10 均速管与威尔巴流量计的测量原理是什么？各有何特点？

4-11 弯管流量计适于哪些场合应用？它有何特点？

4-12 转子流量计是如何工作的？它与孔板有何异同？

4-13 有一在标准状态（293.15K，101.325 kPa）下用空气标定的转子流量计，现用来测量氮气流量，氮气的表压力为31.992 kPa，温度为40℃，在标准状态下，空气与氮气的密度分别为1.205kg/m^{3}和1.165kg/m^3。试问当流量计指示值为10m^3/h时，氮气的实际流量是多少？

4-14 已知被测液体的实际流量q_V=500L/h，密度ρ=0.8g/cm^3。为了测量这种介质的流量，试选一台适合测量范围的转子流量计（设浮子材料为不锈钢，密度ρ=7.9g/cm^3，标定条件下水的密度为0.998g/cm^3）。

4-15 电磁流量计根据什么原理工作的？比较说明不同励磁波电磁流量计的特点。

4-16 涡轮流量计如何实现磁/电转换与光纤转换？它适用于哪些介质的流量测量？

4-17 旋涡流量计有哪些类型？其工作原理各是什么？

4-18 涡街流量计有何特点？旋涡分离频率用什么方法检测？

4-19 超声波流量计是根据什么原理测量流量（流速）的？它有什么特点？

4-20 什么是明渠流量计？它有哪些类型？

4-21 试比较堰式流量计与槽式流量计的测量原理和适用场合。

4-22 什么是容积式流量计？椭圆齿轮流量计是根据什么原理测量流量的？它与腰轮流量计相比有何异同？

4-23 科里奥利质量流量计根据什么原理工作？为何它能直接测定质量流量？

4-24 热式质量流量是根据什么原理工作的？它适用于什么场合？

4-25 冲板式流量计是根据什么原理工作的？它适于哪些场合应用？

4-26 实际工作中如何选择流量计？

5 物位检测仪表

在生产过程中经常需要对生产设备中的料位、液位或不同介质的分界面进行实时检测和准确控制，例如炼铁高炉、化铁炉、炼铜鼓风炉、料仓等的料位，石油、化学工业中蒸馏塔、分馏塔、储油罐、储液罐等的液位。通过对物位的测量，不但可确定容器内贮料的数量，以保证连续生产的需要或进行经济核算，亦可保证生产过程在安全和合理状态下顺利进行。

5.1 概　　述

5.1.1 物位的定义

物位是指贮存容器或工业设备里的液体、粉体状固体或互不相溶的两种液体间由于密度不相等而形成的界面位置。液体介质的高低称为液位，固体的堆积高度称为料位；测量液位的仪表称为液位计，测量料位的仪表称为料位计；测量两种密度不同液体介质的分界面的仪表称为界面计；有时只需要测量物位是否达到某一特定位置，用于定点物位测量的仪表称为物位开关（液位开关）。

由于被测物料的性质千差万别，因此物位的测量方法很多，本章主要介绍常用的物位检测方法和物位测量仪表。

5.1.2 物位检测方法的分类

物位检测总体上可分为直接测量和间接测量两种方法。由于测量的状况与测量条件的复杂多样，往往多采用间接测量，即将物位信号转化为其他相关信号进行测量，如压力（压差）法、浮力法、电学法、热学法等。按工作原理分类，物位检测方法可分为以下几类：

（1）直读式物位检测：利用连通原理来测量容器中液位的高度。此类检测仪表有玻璃管液位计、玻璃板液位计等。

（2）浮力式物位检测：利用漂浮于液面的浮子随液面变化位置，或者部分浸没于液体中的物质的浮力随液位变化来检测液位。

（3）压力式物位检测：根据流体静力学原理检测物位。静止介质内某一点的静压力与介质上方自由空间压力之差与该点上方的介质高度成正比，因此可利用差压来检测液位。

（4）电气式物位检测：把敏感元件做成一定形状的电极置于被测介质中，根据电极之间的电气参数（如电阻、电容、电感等）随物位变化的改变来对物位进行检测。

（5）声学式物位检测：利用超声波在介质中的传播速度及在不同相界面之间的反射特性来检测物位。

（6）雷达式物位检测：利用雷达波的不同特点进行物位检测此类检测方法主要有脉冲雷达、高频连续波和导波雷达三种，可以进行液位、料位和界面的检测。

此外，还有磁致伸缩式、光学式、射线式、射频导纳式、激光式等级新型的物位检测方法。

5.2 浮力式液位计

浮力式液位计是基于物体在液体中受浮力作用的原理工作的。浮子漂浮在液面上或半浸在液体中随液面上下波动而升降，浮子所在处就是液体的液位。前者是浮子法，后者是浮力法。浮力式液位计是应用最广的液位计。

5.2.1 浮子式液位计

浮子式液位计是在液体中放置一个浮子（也称浮标），浮子随液面变化而自由浮动。浮子式液位计是一种维持力不变的即恒浮力式液位计。液面上的浮子用绳索连接并悬挂在滑轮组上，如图 5-1（a）所示。绳索的另一端有平衡重物，使浮子的重力和所受的浮力之差与平衡重物的重力相平衡，浮子可以随动地停留在任一液面上。其平衡关系为：

$$W - F = G$$

式中 W——浮子本身的重力；

F——浮子所受的浮力；

G——平衡重物的重力。

浮子是半浸没在液体表面上，当液位上升时，浮子所受的浮力 F 增加，即 $W - F < G$，破坏原有的平衡关系，浮子沿着导轮向上移动；相反，当液面下降时，$W - F > G$，浮子则随液面下落，直到达到新的平衡为止。由于浮子所受的力还有引导浮子升降缆绳与滑轮的摩擦力，会影响液面升降时的力平衡，造成误差。绳重对浮标施加的载荷随液位而变，相当于附加了一个 ΔW，由此引起的误差是有规律的，可以设法消除并予以修正。而滑轮的摩擦力是随机变化的，并与运动方向有关，因而无法修正，只有加大浮子的定位能力以减小其影响；浮子的定位能力是指浮标被液体浸没的高度变化量 ΔH 所引起的浮力变化量 ΔF，其关系为：

$$\Delta F/\Delta H = \rho gA\Delta H/\Delta H = \rho gA$$

式中 A——浮子的横截面积。

浮子随液面的升降，通过绳索和滑轮带动指针，便指示出液位数值。如果把滑轮的转角和绳索的位移，经过机械传动后转化为电阻或电感等变化，就可以进行液位的远传、指示记录液位值。浮子式液位计比较简单，可以用于敞口容器，也可用于密封容器见图 5-1（b）。对于温度或压力不太高但黏度较大的液体介质的液位测量，一般采用浮球式液计，如图 5-1（c）所示。浮球式液计采用密封的轴与轴套结构，必须保持密封又要将浮球随液位的升降准确而灵敏地传递出来，其耐压与测量范围都受到限制，只适于压力较低和范围较小的液位测量。

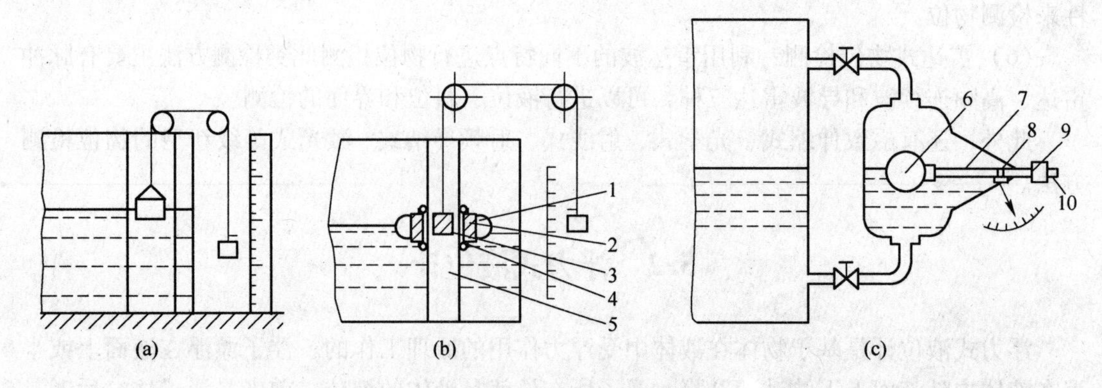

图 5-1　浮力式液位计

(a) 浮子式（敞口容器）；(b) 浮子式（密闭容器）；(c) 浮球式

1—浮子；2—磁铁；3—铁芯；4—导轮；5—非导磁管；6—浮球；

7—连杆；8—转动轴；9—重锤；10—杠杆

5.2.2　磁翻转浮标液位计

为了克服玻璃管浮标液位计易碎问题，在浮标上设置永久磁铁，安装在非导磁不锈钢导筒内，它随导筒内的液位升降，借助于磁耦合作用，使导管外翻转箱内的红白相间的翻板或翻球依次翻转，如图 5-2 所示，有液体的位置红色朝外，无液体的位置白色朝外，因此红色就是液位所在，液位高度由标尺显示。

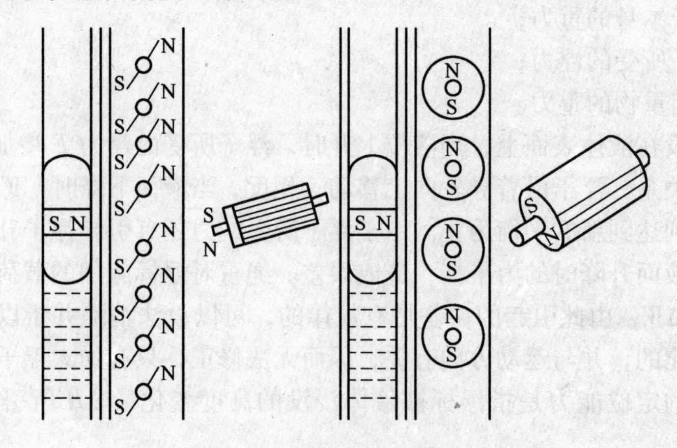

图 5-2　磁翻转液位计原理

如在不锈钢导管外设置报警开关，液位计就具有上下限报警、远传或自动控制功能，既可防止液体流空或溢出事故，也可实现液位远传与自动控制。

5.2.3　浮筒式液位计

浮子改成浮筒，将它半浸于液体之中，当液面变化时，浮筒随着被液体浸没的体积变化而受到不同的浮力，通过测量浮力的变化可以测量液位。与上述浮标式液位计相比较，它是一种变浮力式液位计。如图 5-3 所示，浮筒 1 垂直地悬挂在杠杆 2 的一端，杠杆 2 的另一端与扭力管3相连，它与芯轴4的一端垂直地固定在一起，并由固定在外壳上的支点所支撑，芯轴的另一端为自由端，通过推杆5带动霍耳位移传感器6输出角位移。

当液位低于浮筒下端时，浮筒的全部质量作用在杠杆上，此时，经杠杆施于扭力管上的扭力矩最大，扭力管产生的扭角最大（朝顺时针方向），这一位置就是零液位。当液位浸没整个浮筒时，则作用在扭管上的扭力矩最小，扭力管的扭角最小；当液位高于沉筒下端时，作用在浮筒上的力为浮筒重量与其所受浮力之差，随着液位的升降，扭力管的扭角变化所产生的角位移，经过机械或磁电位移转换器，转换成电信号，用以显示、记录与控制液位的变化。

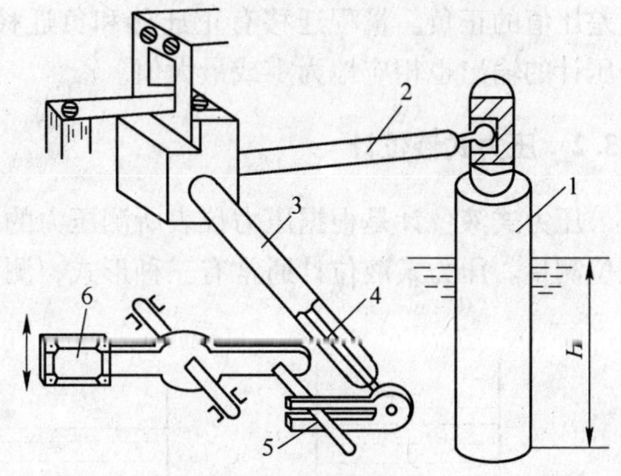

图5-3 浮筒式液位计
1—浮筒；2—杠杆；3—扭力管；4—芯轴；5—推杆；6—霍耳位移传感器

5.3 静压式液位计

5.3.1 检测原理

静压式液位测量方法是基于流体静力学原理，如图5-4所示，p_A 为容器中 A 点的静压（气相压力），p_B 为容器中 B 点的静压，H 为液柱高度，ρ 为介质的密度。由流体静力学原理可知，A、B 两点的压力差为：

$$\Delta p = p_B - p_A = \rho g H \tag{5-1}$$

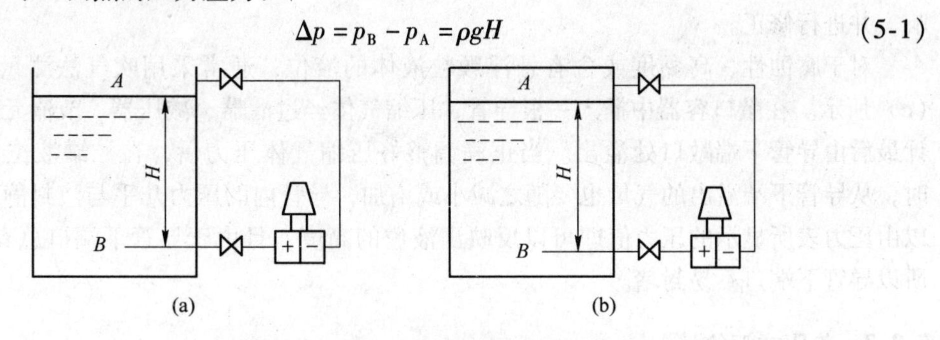

图5-4 静压式液位计测量原理
（a）敞口容器；（b）密闭容器

对于敞口容器，式（5-1）中气相压力 p_A 等于大气压，压差 Δp 等于 B 点的表压力。

由式（5-1）可知，若液体密度恒定，利用差压测量仪表测出差压 Δp，即可测得液位 H，这就是静压式液位计的测量原理。

静压式液位计是最常用的一种液位测量仪，具有测量原理简单、工作可靠、准确度较高、适用范围广等特点；但是测量结果易受介质密度变化的影响，在使用中还要根据介质的特性和特点（如强腐蚀、易结晶、高黏度等）采取相应的措施。

此外要特别注意的是，如果差压计的安装位置不在液位零面水平线上，则当 $H=0$ 时，差压计感受的差压将不等于零。为了使 $H=0$ 时差压计的输出值为零，需调节差压计所感受差压值的正负。量程迁移有正迁移和负迁移。通过量程迁移后，当 $H=0$ 或最大值时，差压计的输出也相应地为零或最大值。

5.3.2 压力式液位计

压力式液位计是根据压力仪表所测压力的大小来测量液位的原理，主要用于开口容器液位测量。压力式液位计通常有三种形式，测量原理如图5-5所示。

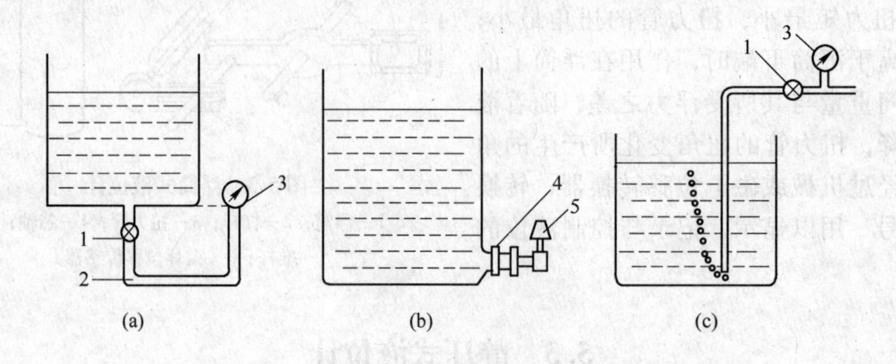

图5-5 压力式液位计

（a）压力表式液位计；（b）法兰式液位变送器；（c）吹气式液位计

1—截止阀；2—导压管；3—压力表；4—法兰；5—液位变送器

图5-5（a）所示的压力表式液位计适用于黏度小、洁净液体的液位测量。而对黏稠、易结晶、含颗粒的液体及易腐蚀性液体可用法兰式压力变送器，如图5-5（b）所示。应注意的是，图5-5（a）、（b）的测压基准点与取压基准点不一致时，应考虑附加液柱的影响，并进行修正。

对于腐蚀性、高黏度或含有悬浮颗粒液体的液位，通常采用吹气法测量，如图5-5（c）所示。在敞口容器中插入一根导管，压缩气体经过滤器、减压器、节流元件转子流量计最后由导管下端敞口处溢出。当正确调整好压缩气体压力后，在贮罐液位上升或下降时，从导管下端溢出的气量也要随之减小或增加，导管内的压力几乎与液封静压相等，所以由压力表所显示的压力值即可以反映出液位的高度，且由于导管下端口总有气体逸出，所以导管下端口不易封堵。

5.3.3 差压式液位计

差压式液位计主要是用来测量密封容器的液位。在液位测量时，要求取压口（液位零点）与检测仪表在同一水平线上，否则会产生附加静压误差。但由于现场的安装条件不同，不一定能满足这个要求，为了使差压变送器能够正确地指示液位高度，必须对压力（差压）变送器进行零点调整，这种将差压变送器的起始点由零迁移到某一数值的方法称为零点迁移。差压变送器测量时的安装如图5-6所示，零点迁移包括无迁移、正迁移和负迁移三种情况。

（1）无迁移。如图5-6（a）所示，设被测介质的密度为 ρ，容器顶部为气相介质，气

相压力为 p_A，p_B 是液位零面的压力，p_1 是取压口的压力，根据静力学原理可得：

$$p_2 = p_A, \quad p_1 = p_A + \rho g H$$

因此，差压变送器正、负压室的压力差为：

$$\Delta p = p_1 - p_2 = \rho g H$$

如图5-6（a）所示，差压变送器的正压室取压口正好与容器的最低液位（$H_{min} = 0$）处于同一水平位置。作用于变送器正、负压室的差压 Δp 与液位高度 H 的关系为 $\Delta p = H\rho g$。当 $H = 0$ 时，正、负压室的差压 $\Delta p = 0$，变送器输出信号为4mA；当 $H = H_{max}$ 时，差压 $\Delta p_{max} = \rho g H_{max}$，变送器的输出信号为20mA。因此无迁移。

（2）正迁移。如图5-6（b）所示，当差压变送器的取压口低于容器底部的时候，差压变送器上测得的差压为：

$$p_2 = p_A$$

$$p_1 = p_A + H\rho g + h\rho g$$

所以：

$$\Delta p = p_1 - p_2 = \rho g H + \rho g h = \rho g H + Z$$

为了使液位的满量程和起始值仍能与差压变送器的输出上限和下限相对应，必须克服固定差压 $Z = h\rho g$ 的影响，采用零点迁移就可实现。由于 $Z > 0$，所以称为正迁移。

（3）负迁移。如图5-6（c）所示，当被测介质有腐蚀性时，差压变送器的正、负压室之间就需要装隔离罐，如果隔离液的密度为 ρ_2（$\rho_2 > \rho_1$），则：

$$p_2 = p_A + h_2 \rho_2 g$$

$$p_1 = p_A + H\rho_1 g + h_1 \rho_2 g$$

所以：

$$\Delta p = p_1 - p_2 = \rho_1 g H + \rho_2 g (h_1 - h_2) = \rho_1 g H + Z$$

由于 $Z = \rho_2 g (h_1 - h_2) < 0$，所以称为负迁移。

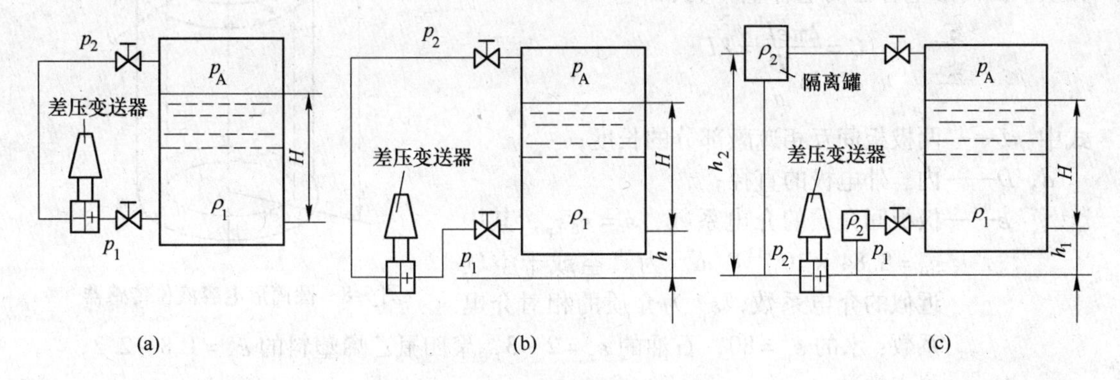

图5-6 差压变送器测量时的安装
（a）无迁移；（b）正迁移；（c）负迁移

从以上分析可知，零点迁移的实质是通过调整变送器的零点，同时改变量程的上、下限，但不改变量程的大小。例如，某差压变送器的测量范围为0～5000Pa，当压差由0变化到5000Pa时，变送器的输出将由4mA变化到20mA，这是无迁移的情况，如图5-7中曲线1所示。负迁移2000Pa如曲线2所示，正迁移2000Pa如曲线3所示。

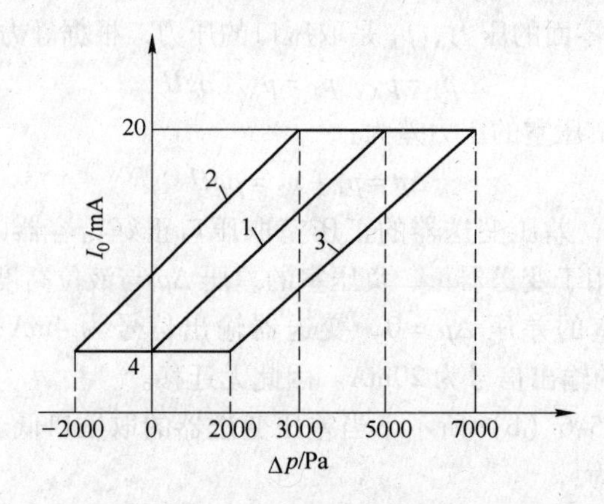

图5-7　正负迁移示意图

5.4　电容式物位计

电容器是由两个极板构成的，两极板的大小或它们之间的距离、两极板之间的介质种类或介质厚度不同，电容量大小各异，因此可通过测量电容传感器的电容量变化测定各种参数，其中包括测定液位、料位或不同液体的分界面等。电容式物位计是由电容传感器与电容转换器组成的，它适于各种导电与非导电溶液的液位或粉料、粒料及块料的料位测量。它的结构简单，使用方便，应用十分广泛。

5.4.1　电容物位计工作原理

电容物位传感器大多是圆形电极，是一个同轴的圆筒形电容器，如图5-8所示，电极1、2之间是被测介质。圆筒形电容器的电容量 C 为：

$$C=\frac{2\pi\varepsilon L}{\ln\dfrac{D}{d}}=KL\varepsilon$$

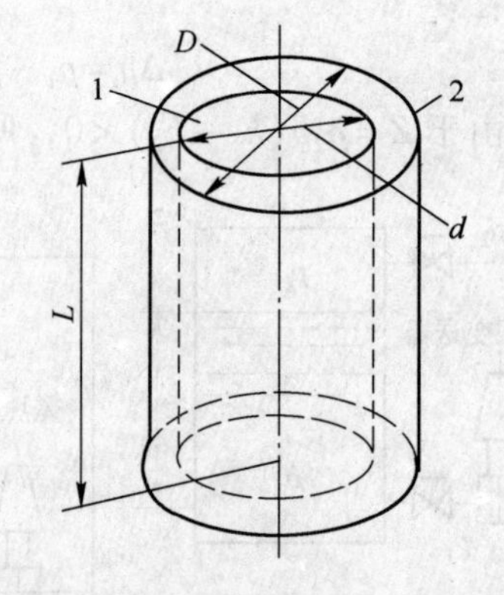

图5-8　圆筒形电容液位传感器

式中　L——两极板间互相遮蔽部分的长度；

d，D——内、外电极的直径；

ε——极板间介质的介电系数，$\varepsilon=\varepsilon_0\varepsilon_p$，其中 $\varepsilon_0=8.84\times10^{-12}$ F/m，为真空或干空气近似的介电系数，ε_p 为介质的相对介电系数：水的 $\varepsilon_p=80$，石油的 $\varepsilon_p=2\sim3$，聚四氟乙烯塑料的 $\varepsilon_p=1.8\sim2.2$；

K——仪表常数。

可见当传感器的 D 和 d 一定时，电容量 C 的大小与极板的长度 L 和介质的介电系数的乘积成正比。这样，将电容传感器插入被测介质中，电极浸入介质中的深度随物位高低而变化，电极间介质的升降，必然改变两极板间的电容量，从而可以测出液位。

5.4.2　导电液体电容传感器

被测液体有的导电，有的不导电，被测物料有粉料、粒料、块料或混合料之分，因此电容传感器（简称探头）形式各异。

水、酸、碱、盐及各种水溶液都是导电介质，应用绝缘电容传感器。如图5-9所示，一般用直径为 d 的不锈钢或紫铜棒做电极1，外套聚四氟乙烯塑料绝缘管或涂以搪瓷绝缘层2。电容传感器插在直径为 D_0 容器内的液体中。当容器内的液体放空，液位为零时，电容传感器的内电极与容器壁之间构成的电容为传感器的起始电容量 C_0：

$$C_0 = \frac{2\pi\varepsilon'_0 L}{\ln\frac{D_0}{d}} \tag{5-2}$$

式中 ε'_0——电极绝缘套管和容器内的空气介质共同组成电容的等效介电系数。

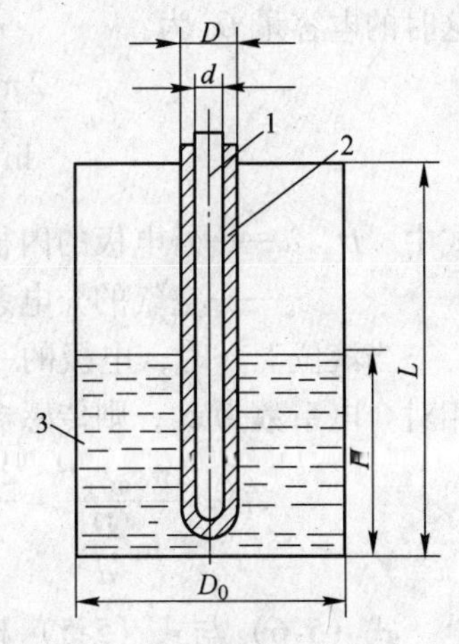

图5-9 导电液体电容液位传感器

当液位高度为 H 时，导电液体相当于电容器的另一极板。在 H 高度上，外电极的直径为 D（绝缘套管直径），内电极直径为 d，于是，电容传感器的电容量 C：

$$C = \frac{2\pi\varepsilon'_0\varepsilon_p H}{\ln\frac{D}{d}} + \frac{2\pi\varepsilon_0(L-H)}{\ln\frac{D_0}{d}} \tag{5-3}$$

式中 ε_p——绝缘导管或陶瓷涂层的介电系数。

式（5-3）与式（5-2）相减，便得到液位高度为 H 的电容变化量 C_X 为：

$$C_X = C - C_0 = \frac{2\pi\varepsilon'_0\varepsilon_p H}{\ln\frac{D}{d}} - \frac{2\pi\varepsilon'_0 L}{\ln\frac{D_0}{d}} \tag{5-4}$$

由于 $D_0 \gg d$，通常 $\varepsilon'_0 < \varepsilon$，因此式（5-4）中 $\frac{2\pi\varepsilon'_0 H}{\ln\frac{D_0}{d}}$ 一项可忽略，于是可得电容变量为：

$$C_X = \frac{2\pi\varepsilon_0 H}{\ln\frac{D}{d}} = SH$$

式中 S——电容传感器的灵敏度系数，$S = \frac{2\pi\varepsilon_0}{\ln\frac{D}{d}}$。

实际上对于一个具体传感器，D、d 和 ε 基本不变，故测量电容变化量即可知液位的高低。D 和 d 越接近，ε_0 越大，传感器灵敏度越高。如果 ε_0 和 ε'_0 在测量过程中变化，则会使测量结果产生附加误差。应当指出，液体的黏度或附着性大时，会黏在电极上，严重影响测量准确度。因此这种电容传感器不适于黏度较高或者黏附力强的液体。

5.4.3 非导体液体电容传感器

非导电液体，不要求电极表面绝缘，可以用裸电极作内电极，外套以开有液体流通孔的金属外电极，通过绝缘环装配成电容传感器，如图5-10所示。当液位为零时，传感器的内外电极构成一个电容器，极板间的介质是空气，这时的电容量 C_0 为：

$$C_0=\frac{2\pi\varepsilon_0 L}{\ln\dfrac{D}{d}} \tag{5-5}$$

式中　D，d——外电极的内径与内电极的外径；

ε_0——空气的介电系数。

当液位上升时，电极的一部分被淹没。设液体的相对介电系数为 ε_p，则传感器电容量 C 为：

$$C=\frac{2\pi\varepsilon_0\varepsilon_p H}{\ln\dfrac{D}{d}}-\frac{2\pi\varepsilon_p(L-H)}{\ln\dfrac{D}{d}} \tag{5-6}$$

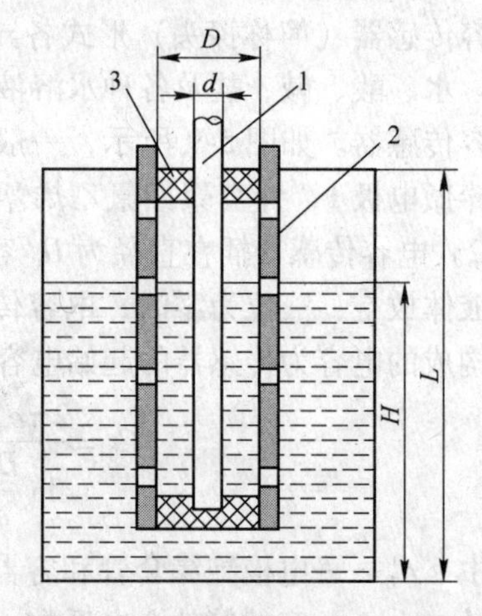

图 5-10　非导电液体电容传感器

1—内电极；2—外电极；3—绝缘环

式（5-6）与式（5-5）相减得传感器的电容变化量 C_X 为：

$$C_X=\frac{2\pi\varepsilon_0(\varepsilon_p-1)H}{\ln\dfrac{D}{d}}=S'H$$

式中　S'——传感器的灵敏度系数。

同样，对传感器而言 D、d、ε_0、ε_p 是一定的，因此测定电容变化量 C_X 即可测定液位 H。

5.4.4　射频导纳电容物位计

射频导纳电容物位计是20世纪90年代发展起来的，是电容物位计的换代产品，它是由检测与变送两部分组成。检测部分由探头作为电容器的一极，容器壁（或辅助电极）构成电容传感器。变送器由射频振荡器、解调器、放大器、电压/电流转换器等组成。与前述电容物位计不同的是，它采用100kHz射频电源，测量的是阻抗的倒数——导纳，故有射频导纳电容物位计之称。100kHz射频电源加在由电感和电容组成的电桥上，通过电桥的零位与相位平衡调整，使电桥平衡，输送给解调器的电压为零；当容器中的物位上升时，传感器的电容量增大，电桥失去平衡，则输送给解调器的电压将增大，电桥的不平衡电压信号，经解调与放大处理，转换成与物位变化成比例的标准电流信号，远传至控制室进行集中显示、记录和在线控制。

5.5　超声波液位计

一般把振动频率超过20kHz的声波称为超声波，它属于机械波的一种，其特征是频率高、波长短、绕射现象小，另外方向性强，能够成为射线而定向传播。超声波在液体中的衰减很小，因而穿透能力强，超声波液位计正是利用了它的这一特征测量液位的。

物位测量是超声学较成功的应用领域之一，国内外已广泛将超声物位计应用于液位和料仓料位的测量。超声测距的方法有脉冲回波法、连续调频法、相位法等，目前应用最多的是脉冲回波法。由于采用非接触的测量，被测介质几乎不受限制，可广泛用于各种液体和固体物料高度的测量。

超声波物位计基本上由两部分组成：超声换能器和变送器。在测量中超声波脉冲由传感器（换能器）发出，声波经液体表面反射后被同一传感器或超声波接收器接收，通过压电晶体或磁致伸缩器件转换成电信号，并由声波的发射和接收之间的时间来计算传感器到被测液体或物料表面的距离。

5.5.1　测量原理

超声波式液位计是利用超声波在液面处的反射原理进行液位高度检测的，即应用回声测量距离原理工作的，如图5-11所示。当超声波换能器（探头）发出声波脉冲时，经过时间 t 后，探头接收到从液面反射回来的回声脉冲，声波的传播时间与换能器到被测介质表面的距离成正比。因此，液位 H 可按下式求出：

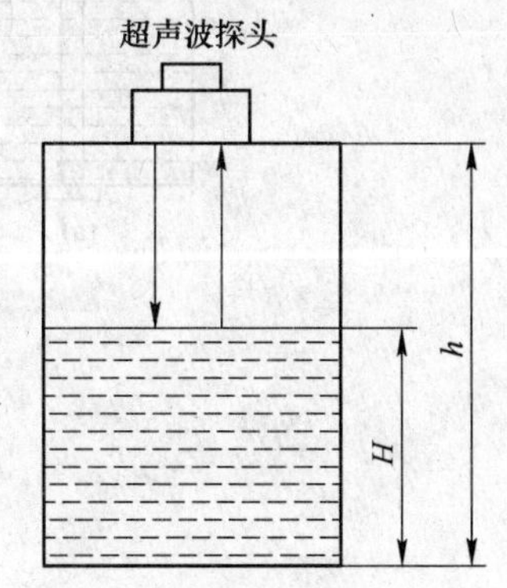

图 5-11　超声波液位测量

$$H = h - \frac{1}{2}vt$$

式中　h——超声波探头到容器底的距离；

v——超声波在被测介质中的传播速度。

由于发射的超声波脉冲有一定的宽度，因此距离换能器较近的小段区域内的反射波与发射波重叠，无法识别，不能测量其距离值。这个区域称为测量盲区，盲区的大小与超声波液位计的量程有关。

5.5.2　基本测量方法

根据超声波传播介质的不同，超声波液位计分为液介式、气介式和固介式三种，如图5-12所示。图中（a）是液介式，一个超声波换能器（超声探头）装在容器的底部外侧，交替用作发射器和接收器。换能器发射出超声波在液体介质中传播，到液-气界面上，便反射回来被换能器接收。超声波在介质中的传播速度是一定的，故超声波往返所需时间与液位高度（从容器底部至液面）成正比。也可采用两个换能器，分别做发送与接收。

图中（b）是气介式，将一个换能器装在容器的顶部，超声波在气体介质中传播，到气-液界面上反射回来，超声波往返所需时间与液位高度（从容器顶部至液面）也成正比。

图中（c）是固介式，在液体中插入两根金属波导棒，两个换能器安装在容器的顶部，一个用作发射，另一个用作接收。假设左侧的换能器发射超声波，则超声波经波导棒传播至液面，折射后通过液体介质传给另一波导棒，再传播给右侧换能器接收。由于两根波导棒之间的距离是固定的，因此超声波从发射到接收所需时间 t 求得液位高度 H。超声波在固体介质中传播，有较好的方向性，而且能量损失也较小。

超声波液位计的优点是，超声换能器不与被测介质接触，声波传播与介质密度、电导率、热导率及介电常数等无关。

超声物位计的缺点是声速受介质的温度和压力的影响，介质的翻腾、气泡和浪涌也会使声波乱反射而产生测量误差，使其应用受到限制，而且超声波物位计的设备比较复杂，准确测量也较困难，可被雷达物位计取代，因此近年来有的厂家转产雷达物位计。但超声物位计也有它自身的优异之处，至今仍被生产厂家广泛采用。

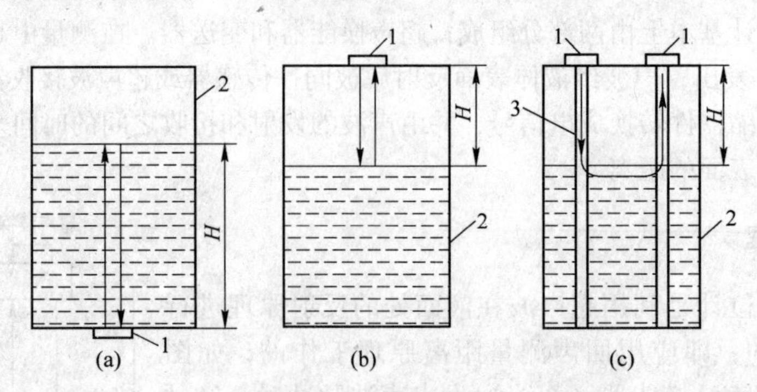

图 5-12 超声波液位计原理

(a) 液介式；(b) 气介式；(c) 固介式

1—换能器；2—容器；3— 金属波导棒

5.6 雷达物位计

雷达物位计也称微波物位计。它是利用回波雷达测距技术，由喇叭状或杆式天线向被测物料面发射微波，微波传播到不同相对介电率的物料表面时会产生反射，并被天线所接收，发射波与接收波的时间差与物料面和天线的距离成正比，测出传播时间即可得知距离。

根据测量原理的不同，目前广泛使用的雷达物位计有以下 3 种类型：脉冲雷达物位计、调频连续波（Frequency Modulated Continuous Wave，FMCW）雷达物位计和导波雷达（Guided Wave Radar，GWR）物位计。

5.6.1 测量原理

雷达传感器的天线以波束的形式发射电磁波信号，发射波在被测物料表面产生反射，反射回来的回波信号仍由天线接收。发射及反射波束中的每一点都采用超声采样的方法进行采集。信号经智能处理器处理后得出介质与探头之间的距离，送终端显示器进行显示、报警、操作等。微波测距示意如图 5-13 所示。

雷达脉冲信号从发射到接收的运行时间与探头到介质表面的距离 D 成正比，即：

$$D = \frac{1}{2}vt$$

式中 t——脉冲从发射到接收的时间间隔；

v——波形传播速度（光速）。

因空槽距离 E 已知，故实际物位的距离 L 为：

$$L = E - D = E - \frac{1}{2}vt$$

输入空罐高度 E（=零点）、满罐高度 F（=满量程）及一些应用参数的设定，使输出信号对应于 4～20mA 输出。

雷达传感器利用特殊的时间间隔调整技术，将每秒的回波信号进行放大、定位，然后

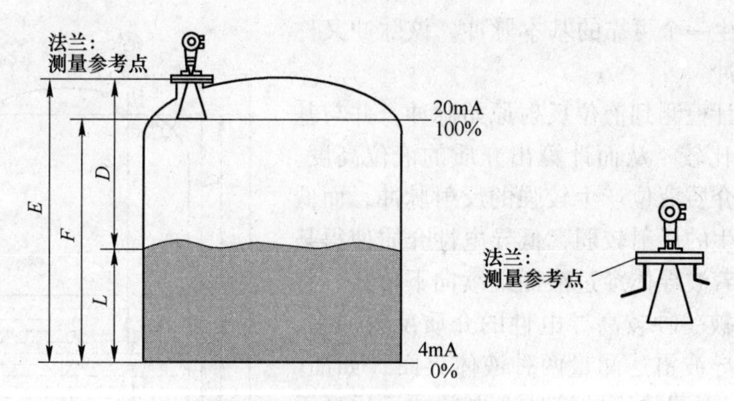

图 5-13 脉冲雷达物位检测原理

E—空槽(罐)的高度;*F*—满槽(罐)的高度;

D—探头至介质表面的距离;*L*—实际物位

进行分析处理。因此雷达传感器可以在 0.1s 内精确细致地分析处理这些被放大的回波信号,无需花费很多时间来分析频率。

相对于其他类型的液位计,雷达液位计的最大特点是在各种恶劣条件下也能使用,如有毒介质、腐蚀性介质等;它可以进行连续准确的测量、无需维修、可靠性强等。

5.6.2 调频连续波雷达物位计

调频连续波雷达物位计天线发射的微波是频率被线性调制的连续波,当回波被天线接收到时,天线发射频率已经改变,发射波与回波的频率差正比于天线到液面的距离,根据回波与发射波的频率差可以计算出物料面的距离。

如图 5-14 所示,发射频率随时间线性改变,当发射出去的连续波到达液面反射,反射回来的信号频率比发射信号滞后了 Δt。发射波与回波的差频信号经过信号放大器和数字信号处理器后,经 A/D 转换和傅里叶变换后,得到差频信号的频谱特性,再由仪表微处理器进行计算,最后转换为与被测液面成比例关系的电信号。

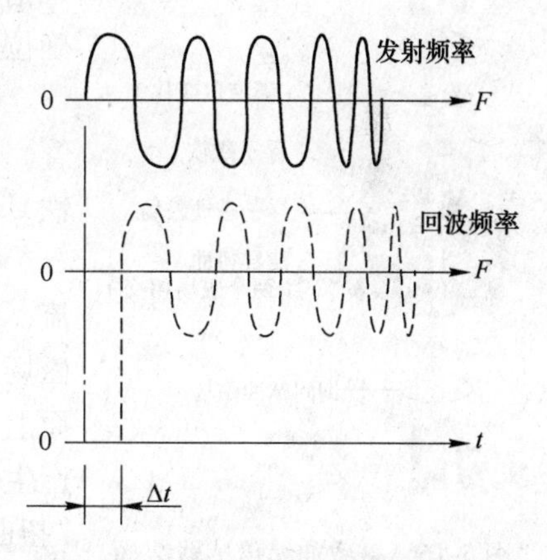

图 5-14 调频连续波信号与回波信号

5.6.3 导波雷达物位计

导波雷达的工作原理与常规通过空间传播电磁波的雷达非常相似,导波雷达物位计的基础是电磁波的时域反射(Time Domain Refectory,TDR)原理,TDR 发生器发出的电磁脉冲信号不是通过空间传播,而是通过一根(或两根)从罐顶伸入、直达罐底的导波体传播。导波体可以是金属硬杆或柔性金属缆绳。TDR 发生器每秒中产生约 20 万个能量脉冲,当这些脉冲遇到波导体与液体表面的接触处时,由于波导体在气体中和在液体中的导电性能大不相同,这种波导体导电性的改变使波导体的阻抗发生骤然变化,从而产生一个液位反射原始脉冲。同时在波导体的顶部具有一个预先设定的阻抗，该阻抗产生一个可靠的基本脉冲，该脉冲又称为基线反射脉冲。

雷达液位计检测到液位反射原始脉冲，并与基线反射脉冲相比较，从而计算出介质的液位高度。由于高导电性介质液位产生较强的反射脉冲，而低导电性介质产生的反射较弱，低导电性介质使得某些电磁波能沿着波导体穿过液面继续向下传播，直至完全消失或被一种较高导电性的介质反射回来，因此可以采用导波雷达测量两种液体界面（如油-水界面等），只要界面下的液体介电常数远远高于界面上液体的介电常数。图5-15为导波式雷达液位计原理图。

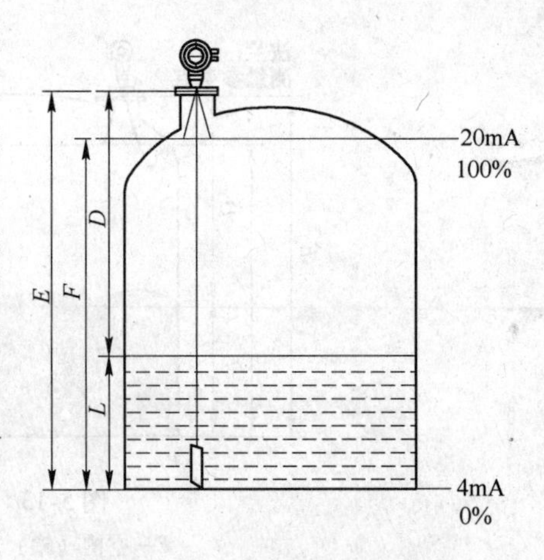

图5-15　导波式雷达液位计原理

5.7　其他物位测量方法

5.7.1　磁致伸缩液位计

磁致伸缩液位传感器是基于磁致伸缩效应工作的。所谓磁致伸缩效应是指铁磁材料或亚铁磁材料在居里点温度以下于磁场中会沿磁化方向发生微量伸长或缩短，又称焦耳效应。当两个不同磁场相交时，在铁磁材料上产生的形变，经过磁电转换产生一个应变脉冲信号。通过检测这个应变脉冲信号，然后计算从同步脉冲发出到检测到这个信号所需的时间周期，从而换算出发生磁致伸缩的准确位置。

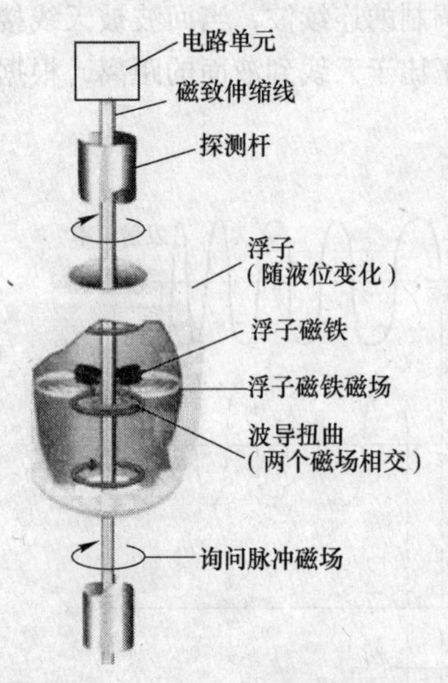

图5-16　磁致伸缩传感器结构

磁致伸缩液位传感器的结构部分由探测杆（不锈钢管）、波导管（磁致伸缩线）、可移动浮子（内有永久磁铁）和电路单元等部分组成，如图5-16所示。

传感器工作时，电路单元在波导丝上激励出脉冲电流，该脉冲沿着磁致伸缩线向下传输，并产生一个环形的磁场。在探测杆外配有浮子，浮子沿探测杆随液位的变化而上下移动。由于浮子内装有一组永磁铁，所以浮子同时产生一个磁场。当电流磁场与浮子磁场相遇时，产生一个“扭曲”脉冲，或称“返回”脉冲。将“返回”脉冲与电流脉冲的时间差转换成脉冲信号，从而计算出浮子的实际位置，测得液位。磁致伸缩传感器的工作原理与波形如图5-17所示。

磁致伸缩液位计结构精巧，安装简单方便，环境适应性强，不需定期重标和维护，具有精度高、稳定性好、使用寿命长、安全可靠等优点。与其他液位变送器及液位计相比，磁致伸缩液位计有明显的优势，可广泛应用在石油、化工、制药、食品、饮料等各种液罐的液位计量和控制。

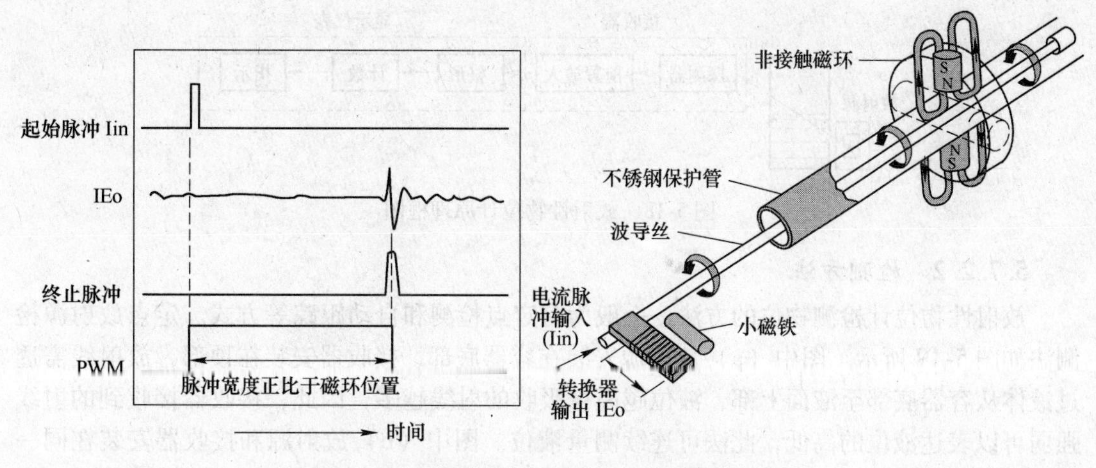

图 5-17 磁致伸缩传感器的工作原理与波形图

5.7.2 射线式物位测量仪表

射线式物位测量仪表是基于被测物质对 γ 射线的吸收原理工作的。这类仪表具有非接触测量的优点，可以连续或定点测量物位、料位或界面，特别适用于高压、高温、低温等容器中的高黏度、强腐蚀性、易燃、易爆等介质的物位、介质分界面和散料、块料的料位以及特殊环境下的物位厚度测量。但此类仪表的成本高，使用维护不方便，而且射线对人体的危害大，用时必须采取严格的防护措施。

5.7.2.1 检测原理

放射性同位素能放射出 α、β、γ 射线，它们都是高速运动的粒子流，能穿透物质并使沿途的原子产生电离。当射线穿过物体时，由于粒子的碰撞和克服阻力，粒子的动能要消耗，如果粒子能量小，射线全被物体吸收；如果粒子能量大，则一部分穿透物体，一部分被物体吸收。

核辐射强度随着射线通过介质厚度的增加而减弱，入射强度为 I_0 的放射源，穿透物质层时一部分被吸收，另一部分则穿透介质，其强度随物质的厚度而变化规律为：

$$I = I_0 e^{-\mu H}$$

式中 I ——透过介质后的射线强度；

I_0 ——辐射源射入介质前的射线强度；

H ——介质的厚度；

μ ——介质对射线的吸收系数。

介质及其厚度不同，吸收射线的能力也不同，固体吸收能力最强，液体次之，气体最弱。当放射源强度、被测介质及其厚度一定时，I_0 和 μ 都是常数，则介质厚度 H 与射线强度 I 的关系为：

$$H = (\ln I_0 - \ln I)/\mu$$

上式表明，测出透过介质后的射线强度，便可求出被测介质的厚度 H。因此，可以利用放射性同位素测量物位与厚度。放射性物位计由放射源、接收器和显示仪表三个基本部分组成，如图 5-18 所示。

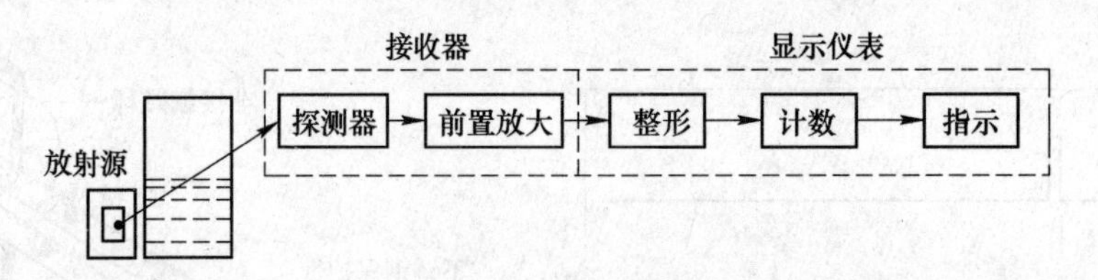

图 5-18　放射性物位计原理框图

5.7.2.2　检测方法

放射性物位计检测物位的方法，一般为有定点检测和自动跟踪等方式。定点放射源检测法如图 5-19 所示。图中（a）放射源安装在容器底部，接收器安装在顶部，放射线需透过液体从容器底部至液面上部，液位越高被吸收的射线越多，因此，接收器接收到的射线强弱可以表达液位的高低，此法可连续测量液位。图中（b）放射源和接收器安装在同一平面上，当液位超过或低于此平面时，由于液体（或固体）吸收射线的能力比气体强，接收器接收到的射线强度发生急剧变化，仪表发出越限报警，实现定点控制，此法准确性高。图中（c）放射源安装在容器底部的适当位置，接收器安装在一定高度上，只能接收一定射角范围内的射线，故这种方式只能检测较窄的液位（或料位）变化或做越限报警。改用线状放射源，物位测量范围可以适当加大，灵敏度也会提高一些。

根据被测对象的实际需要，放射源可有多种安装方式，以适应不同的物位检测和控制的要求。

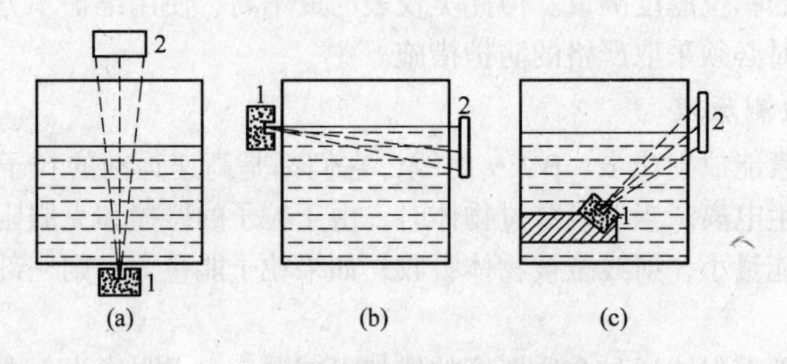

图 5-19　定点放射源的不同检测方式
1—放射源；2—接收器

5.7.3　光纤液位计

由于光纤传感器及技术具有其他传感器无法比拟的特点，所以近几年来，光纤传感器与测量技术发展成为仪器仪表领域新的发展方向，利用光纤来测量液位的方法也随之出现，相应的测量仪器称为光纤式液位计。

光纤式液位计不受环境的电磁干扰，耐高压，耐腐蚀，本质上是防爆的，适用于易燃、易爆、强电磁干扰等恶劣场合，具有高度灵敏、高精度、非接触测量等特点，且能量损失极小，能满足各种结构形式的要求。因此光纤传感器迅速在液位检测中发展起来。

5.7.3.1　光纤液位传感器基本结构

光纤液位传感器是基于全内反射原理设计而成的。它由以下三部分组成：接触液体后光反射量的检测器件即光敏感元件，传输光信号的双芯光纤，发光、受光和信号处理的接收装置，如图5-20所示。这种传感器的敏感元件和传输信号的光纤均由玻璃纤维构成，故有绝缘性能好和抗电磁噪声等优点。

5.7.3.2 光纤液位传感器的工作原理

光纤液位传感器的工作原理如图5-21所示。发光器件射出来的光通过传输光纤送到敏感元件，在敏感元件的球面上，有一部分光透过，而其余的光被反射回来。当敏感元件与液体相接触时，与空气接触相比，球面部的光透射量增大，反射量减小。因此，由反射光量即可知道敏感元件是否接触液体。反射光量决定于敏感元件玻璃的折射率和被测定物质的折射率。被测物质的折射率越大，反射光量越小。来自敏感元件的反射光，通过传输光纤由受光器件的光电晶体管进行光电转换后输出。敏感元件的反射光量的变化，若以空气的光量为基准，在水中为6~7dB，在油中为-25~30dB。

在装有液体的槽内，将敏感元件安装在液面下预定检测的高度。当液面低于这一高度时，从敏感元件产生的反射光量就增加，根据这时发生的信号就能检测出液面位置。若在不同高度安装敏感元件，则可检测液面的高度。

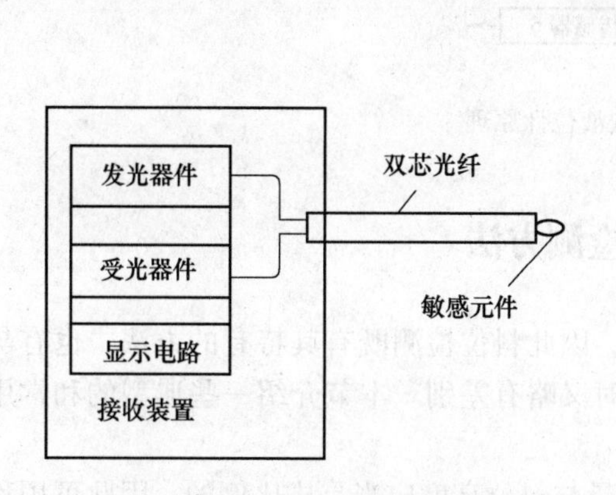

图5-20 光纤液位传感器的基本结构

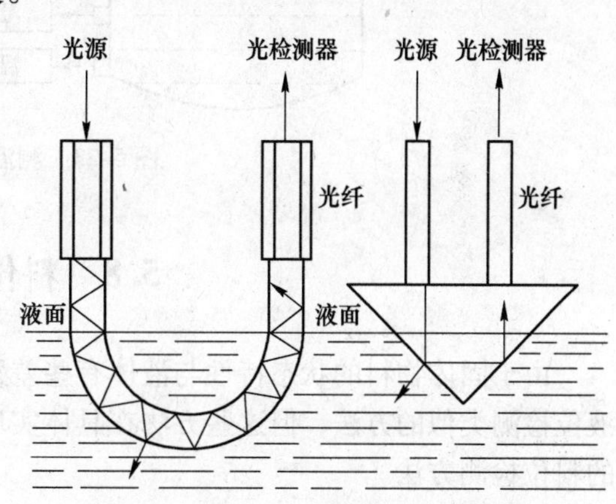

图5-21 光纤液位传感器的工作原理

5.7.4 电阻式液位计

电阻式液位计既可进行定点液位控制，也可进行连续测量。定点控制是指液位上升或下降到一定位置时引起电路的接通或断开，引发报警器报警。电阻式液位计的原理是基于液位变化引起电极间电阻变化，由电阻变化反映液位情况。图5-22为用于连续测量的电阻式液位计原理图。

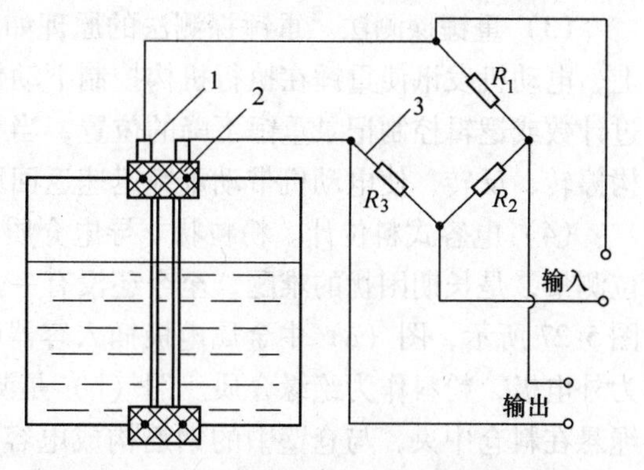

图5-22 用于连续测量的电阻式液位计原理

1—电阻棒；2—绝缘套；3—测量电桥

5.7.5 温差法液位检测技术

温差法液位检测技术的主要原理是：两种不同物理状态的物质间会存在温度场（如气体与液体之间）。在同一温度场内的两点可以认为温差近似为零，或者低于某一临界值，而不同温度场中的两点则会存在较大的温差，显著高于某一临界值。因此通过判断温度差即可判断出液面的位置。测温法液位计主要由温度传感器、信号处理电路和液位显示电路构成。一般在液体容器壁表面的上下方向安装两个以上温度传感器，由信号处理电路采集温度传感器信号并比较各相邻传感器的温度差，根据设定的临界值即可判断出当前的液位。测温法液位计原理如图5-23所示。

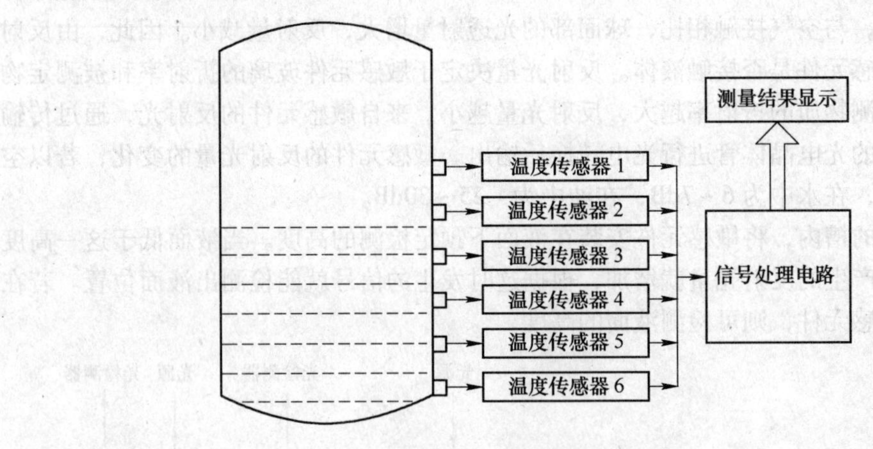

图5-23 测温法液位计原理

5.8 料位检测方法

由于固体物料的状态特性与液体有些差别，因此料位检测既有其特有的方法，也有与液位检测类似的方法，但这些方法在具体实现时又略有差别。本节介绍一些典型的和常用的料位检测方法。

（1）称重法。一定容积的容器内，物料重量与料位高度应当是成比例的，因此可用称重传感器或测力传感器测算出料位高低。图5-24所示为称重式料位计的原理。

（2）电阻式物位计。电阻式物位计在料位检测中一般用作料位的定点控制，因此也称作电极接触式物位计，其测量原理如图5-25所示。测量时物料上升或下降至某一位置时，即与相应位置上的电极接通或断开，使该路信号发生器发出报警或控制信号。

（3）重锤探测法。重锤探测法的原理如图5-26所示。重锤连在与电动机相连的鼓轮上，电动机发讯使重锤在执行机构控制下动作，从预先定好的原点处靠自重开始下降，通过计数或逻辑控制记录重锤下降的位置，当重锤碰到物料时，产生失重信号，控制执行机构停转、反转，使电动机带动重锤迅速返回原点位置。

（4）电容式料位计。粉粒状非导电介质如矿石、合金、石灰、干燥水泥、粮食等的料位测量，是长期困扰的难题，至今还没有一个准确可靠的测量方法。电容式料位计原理如图5-27所示，图（a）中金属电极插入容器中央作为内电极，采用裸电极，金属容器壁作为外电极，粉料作为绝缘介质。图（b）是测量钢筋水泥料仓的料位的电容传感器，钢丝绳悬在料仓中央，与仓壁中的钢筋构成电容器，粉料作为绝缘介质，电极对地亦应绝缘。测量粉粒状导电介质的料位时，可在裸电极外套以绝缘套管，这时电容器的两电极由粉料和绝缘套管内的电极组成。

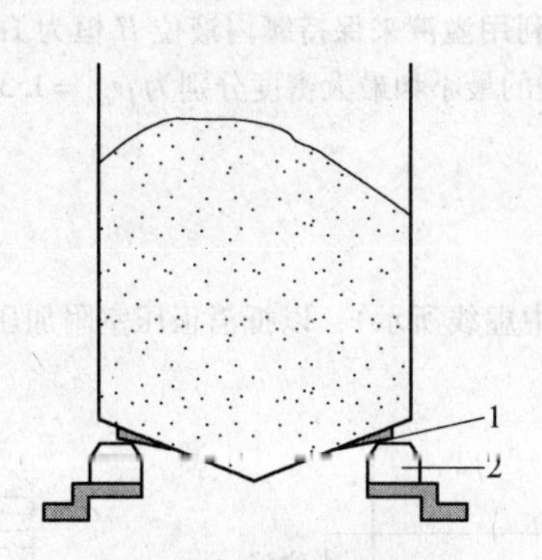

图 5-24　称重式料位计

1—支承；2—称重传感器

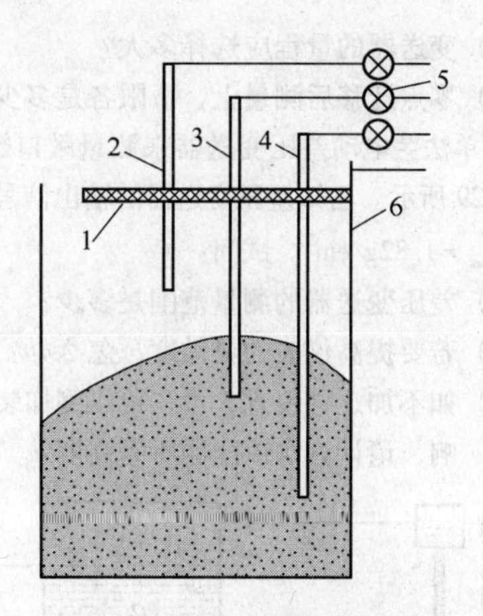

图 5-25　电极接触式料位计

1—绝缘套；2～4—电极；

5—信号器；6—金属容器壁

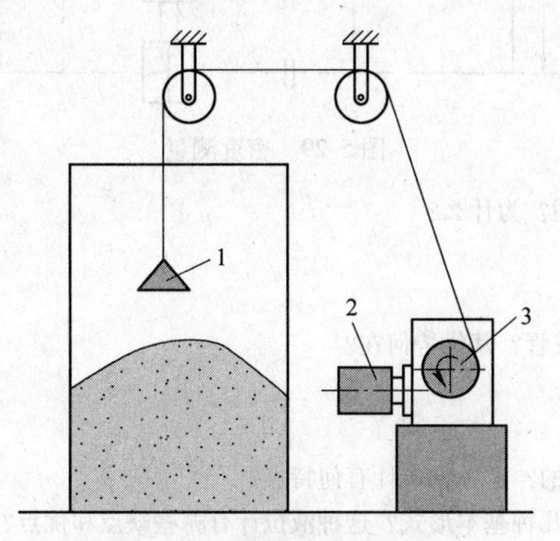

图 5-26　重锤探测式料位计

1—重锤；2—伺服电动机；3—鼓轮

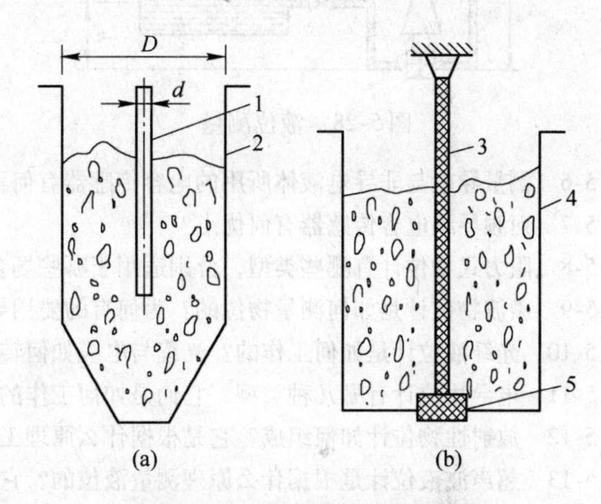

图 5-27　电容式料位计原理

（a）测量金属料仓的料位；（b）测量水泥料仓的料位

1—内电极；2—金属容器壁电极；3—钢丝绳内电极；

4—钢筋；5—绝缘体

思考题与习题

5-1　恒浮力式液位计与变浮力式液位计有何不同？试举例说明。

5-2　用差压或液位计测量液位，为什么常遇到零点迁移问题？零点迁移的实质是什么？正迁移和负迁移有何不同？

5-3　法兰式差压（液位）变送器是怎样测量液位的？它适用于什么场合？

5-4　用差压变送器测量密闭容器的液位（见图 5-28），设被测液体的密度 $\rho_1 = 0.8\text{g/cm}^3$，连通管内充满隔离液，其密度 $\rho_2 = 0.09\text{g/cm}^3$，液位变化范围为 1250mm，$h_1 = 50\text{mm}$，$h_2 = 2000\text{mm}$。试问：

（1）差压变送器的零点是要进行正迁移还是负迁移？迁移量多少？

（2）变送器的量程应选择多大？

（3）零点迁移后测量上、下限各是多少？

5-5　用单法兰电动差压变送器来测量敞口罐中硫酸的密度，利用溢液来保持罐内液位 H 恒为 1m，如图 5-29 所示。已知差压变送器的输出信号为 4～20mA，硫酸的最小和最大密度分别为 $\rho_{min}=1.32g/cm^3$，$\rho_{max}=1.82g/cm^3$。试问：

（1）差压变送器的测量范围是多少？

（2）若要提高仪表的灵敏度，怎么办？

（3）如不加迁移装置，可在负压侧加装水恒压器（如图中虚线所示），以抵消正压室附加压力的影响，请计算水恒压器所需高度 h。

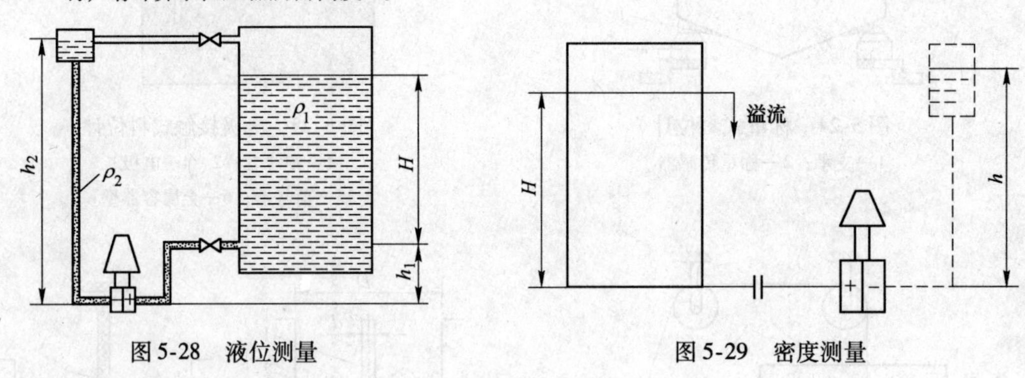

图 5-28　液位测量　　　　图 5-29　密度测量

5-6　测量导电与非导电液体所用的电容传感器有何不同？为什么？

5-7　射频导纳电容传感器有何优点？

5-8　阻力式物位计有哪些类型，分别适用于哪些场合？

5-9　微波物位计是如何测量物位的？为何有的要用导波管？其优势何在？

5-10　光纤液位计是如何工作的？光缆与电缆如何转换？

5-11　电导物位计有哪几种类型，它们是如何工作的？

5-12　放射性物位计如何组成？它是根据什么原理工作的？这种物位计有何特点？

5-13　超声波液位计是根据什么原理测量液位的？它有几种基本形式？这种液位计有哪些缺点和优点？

5-14　磁致伸缩液位计是如何工作的？其优点何在？

6 机械量检测与仪表

机械量包括速度（线速度、转速）与加速度、位移（线位移、角位移）、力（重力或质量力）与力矩、振动等参数。这些参数不仅是运动控制等系统中的重要参数，也是动力机械性能的重要技术参数，同时还是其他参数如温度、压力、流量等检测的前提。

机械量测量仪表一般由传感器、测量电路、显示（或记录）器和电源组成。和其他检测仪表一样，传感器仍是机械量测量仪表的关键部件，其优劣决定仪表的测量准确度、范围、动态特性和各项性能。机械量测量仪表常用机械、光学和电学等检测方法，在生产过程中多采用电测原理的仪表。电测仪表的特点是能进行连续测量，尤其是和现代计算机检测控制系统连接方便，信号处理比较简单，响应快，对被测量的影响小。

6.1 转速、转矩与功率测量

转速、转矩和功率是表征动力机械性能的重要技术参数，动力机械的工作能力与工作状态都可以用它们来描述和表达。转速与功率有着密不分的联系，如发动机的输出功率、压缩机的轴功率等都与它们的转速有直接关系。因此，转速、转矩与功率的测量在动力机械的性能测试中占有重要的地位。

6.1.1 转速测量

转速是指在单位时间内转轴的旋转次数，工程上采用 1min 内转数的多少为转速单位，即转/分（r/min），也可用角速度表示转速。用来测量转速的仪表称为转速表。测量转速的方法很多，按工作方式的不同可以分为接触测量和非接触测量两大类，按原理不同可分为离心式，感应式、光电式与闪光式等。

6.1.1.1 *磁电式速度表*

磁电式转速传感器是一种利用电磁感应原理将速度转化为电信号的传感器，它不需要供电电源，电路简单，性能稳定，输出阻抗小且频率响应范围广，适用于动态测量，通常用于振动、转速、扭矩等测量。磁电式转速传感器主要由永久磁钢、铁芯、线圈等组成，其结构如图 6-1 所示。

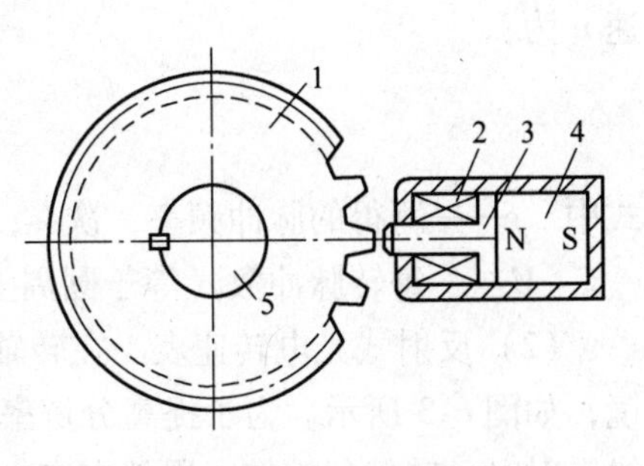

图 6-1　磁电式转速传感器的结构

1—齿轮；2—线圈；3—铁芯；4—磁钢；5—被测轴

磁电式转速传感器是根据磁路中磁阻变化引起磁通变化，从而在线圈中产生感应电势的原理工作的。当被测轴带动齿轮转动时，铁芯和齿轮的齿之间的间隙发生周期性变化，使得磁路中磁阻也产生相应变化，从而引起通过线圈的磁通发生变化，感应线圈中就产生交变感应电势。设齿轮的齿数为 z，被测轴的转速为 n，则线圈中产生的感应电势的频率为：

$$f=\frac{z}{60}n$$

当传感器测速齿轮的齿数为 60 时，$f=n$，这说明传感器输出脉冲电压的频率在数值上与所测转速相等。只要测量频率，即可得到被测转速。如果将线圈尽量靠近齿轮外缘安放，那么线圈产生的感应电动势就是正弦波形。

因感应电势的大小与磁通的变化率成正比，即 $e=-W\frac{\mathrm{d}\Phi}{\mathrm{d}t}$（$W$ 为感应线圈的匝数），因此磁电式传感器不能测量低转速。

6.1.1.2　光电式转速表

各种电磁感应方法，都可用来将转速转换成电脉冲。采用光电不接触测量方法，不与转轴直接接触，不会给转轴增添任何附加负荷而影响被测对象的正常旋转。光电式转速测量很容易做成高频脉冲频率传感器，例如在每转中发出几万脉冲，因此分辨率高，可以测量极低的转速，测量范围几乎可从零转开始。其缺点是需要光学系统，对环境要求较高，有灰尘时会影响输出。光电式转速表从光路系统看，可分为透射（直射）式和反射式两种。

（1）透射式光电转速表。透射式光电转速表如图 6-2 所示，包括随被测轴 7 一起转动的测量盘 3、不动的读数盘 4、光源 1、透镜 2 和 5 以及由光敏元件 6 组成的光电测量系统。测量盘沿外缘圆周刻有等距径向透明光缝，靠近测量盘一侧固定有读数盘，在读数盘上刻有同样间距的透光缝隙，当测量盘随被测轴一起转动时，每转过一个缝隙由光源射来的光线就照到光敏元件上一次，光敏元件相应地输出一个电脉冲，输出电脉冲经整形放大后，就可以得到一个便于测量记数的频率信号，可由频率计直接测量，此时被测转速 n 为：

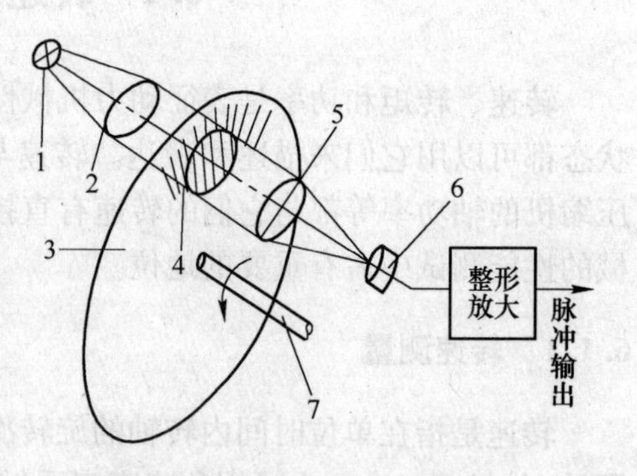

图 6-2　透射式光电转速表

1—光源；2，5—透镜；3—测量盘；4—读数盘；6—光敏元件；7—被测轴

$$n=\frac{60}{M}f$$

式中　f——测得的脉冲频率，次/s；

M——每转脉冲数（等于圆周上所开缝隙数）。

（2）反射式光电转速表。在转轴上不便于安装测量转盘时，可以在测量转轴上贴反射镜，如图 6-3 所示。为了提高分辨率，可以在转轴圆周方向等距地贴多块反射镜。当有光线入射时，转轴每旋转一周就有多次（等于所贴反射镜数）光的反射。采用简单光学系统配合将反射光投到光敏元件上，就可以输出相应的电脉冲，进而求出被测轴的转速。

反射式转速表使用比较方便，尤其是在转速较高时更显优越，它不给转轴带来附加载

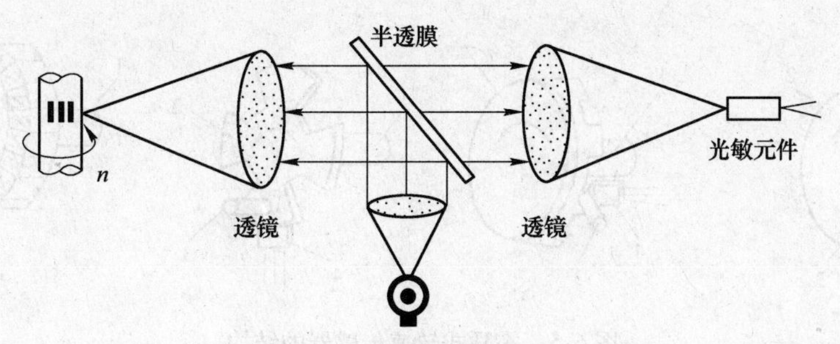

图 6-3 反射式光电转速表

荷。为了便于贴反射镜，转轴不能太细，一般直径在 3mm 以上。反射式光电转速表适于测量的转速范围为 30 ~480000r/min。

电子技术的发展、单片机技术和大规模可编程数字逻辑电路的普及、智能芯片的运用，为转速仪表结构简单化与智能化创造了条件，同一仪表硬件，可以具有多种不同功能的软件，为多样化、系列化带来了便利。

6.1.1.3 霍耳式转速表

霍耳式转速表由霍耳转速传感器和转速数字显示仪组成。霍耳转速传感器结构如图 6-4 所示，在测量齿轮转动时，切割永久磁铁产生的磁力线，使磁通量在霍耳片的感应面上发生变化，在霍耳片上被感应出霍耳电动势，此电动势随转速做交替变化，形成电脉冲信号，供测量电路检测。

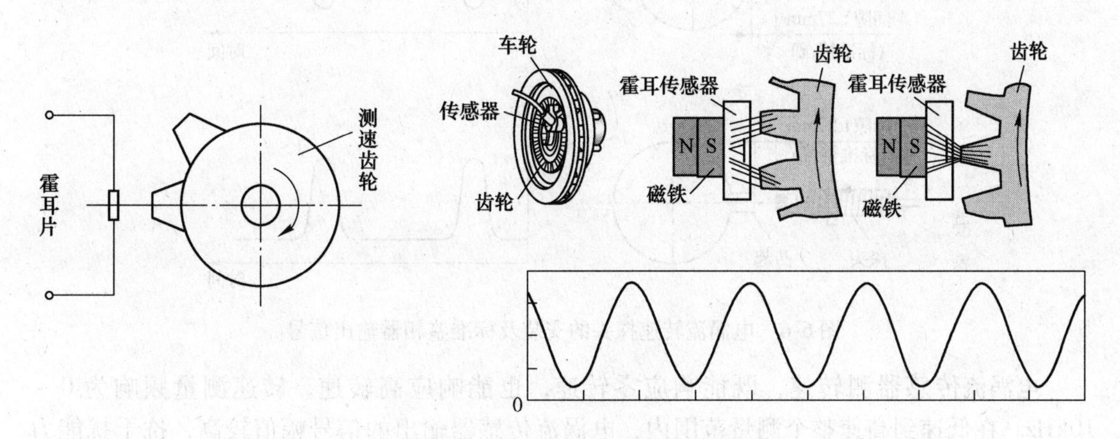

图 6-4 霍耳式转速传感器结构与工作原理

霍耳式转速表采用霍耳元件，利用霍耳效应，以接触式测量方法进行工作，适用于低速和中速测量。霍耳式转速传感器具有体积小、结构简单、启动力矩小、可靠性高、频率特性好、可进行连续测量等特点，适用于固定式安装，不宜在强磁场环境中使用。图 6-5 为霍耳式转速传感器的不同结构示意图，磁性转盘上的小磁钢数目决定传感器的分辨率，小磁钢数目越多，分辨率越高。

6.1.1.4 电涡流式转速传感器

根据法拉第电磁感应原理，块状金属导体置于变化的磁场中或在磁场中做切割磁力线运动时，导体内将产生呈涡旋状的感应电流，此电流称电涡流，以上现象称为电涡流效

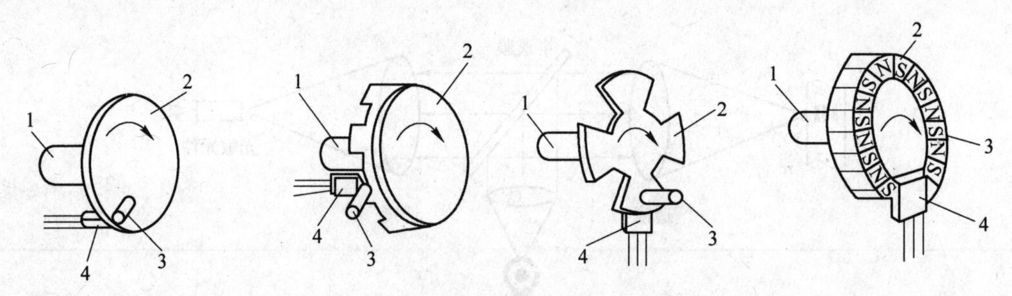

图 6-5　霍耳式转速传感器的结构

1—输入轴；2—磁性转盘；3—永久磁铁；4—霍耳传感器

应。根据电涡流效应制成的传感器称为电涡流式传感器。

电涡流传感器（又称探头）测量转动机械的转速时，在被测轴上须做标记，轴标记可以是凹槽（钻孔或开槽），也可以是凸起（贴一金属片）。图 6-6 所示为电涡流转速探头的安装示意。当轴标记为凹槽时，探头与被测轴之间的间隙应按探头到轴的平滑面（不在凹槽处）确定；当轴标记为凸起时，间隙应按探头到凸起面来确定。最好不要在轴旋转时调整探头与凸面之间的间隙，以免碰坏探头；无论是凹槽还是凸起都要足够大。

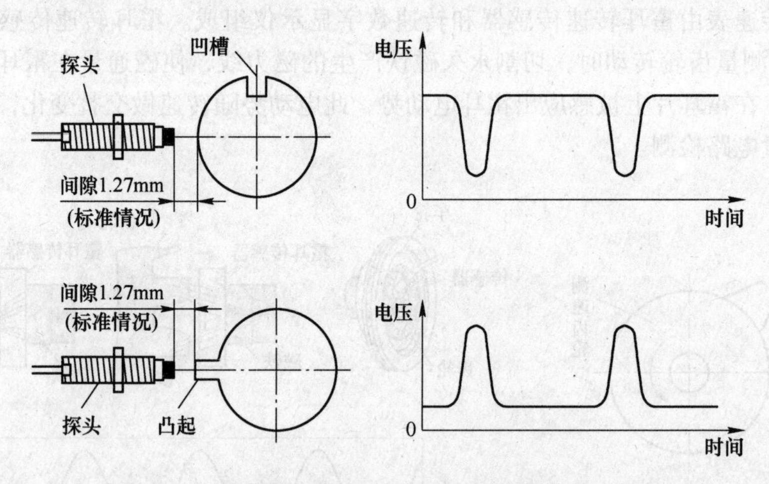

图 6-6　电涡流转速探头的安装及标准鉴相器输出信号

电涡流传感器测转速，既能响应零转速，也能响应高转速，转速测量频响为 0 ~ 10kHz。在低速到高速整个测量范围内，电涡流传感器输出的信号幅值较高，抗干扰能力强，比其他转速传感器具有更优越的性能。

6.1.1.5　离心式转速表

转速高离心力大，相反转速低则离心力小，借此可以测定转速。离心式转速表的结构如图 6-7 所示，其轴端部有锥形橡胶接头，与被测轴一端的中心凹窝接触后就与转轴一同旋转，由于离心力作用，摆锤向外伸张，摆锤经弹簧片与套筒相连，拉动套筒向上端靠近，直到套筒位移力与弹簧力平衡时，套筒上的凹槽带动扇形齿轮旋转推动小齿轮，使指针指示出转速数。

离心式转速表结构简单，成本低，转速测量范围较宽，可达每分钟 2 万转以上。其不足之处是摆锤质量大，因而惯性大，动态特性不好，不适合测量变化较快的转速；测量精度不高，一般只有1%~2%；刻度不均匀。

离心式转速测量装置具有较大的输出力，可以直接推动阀门，容易构成直接作用式调节器，常用在简单热工自动调节回路中。

6.1.2 转矩测量

转矩测量仪表主要用于直接测量电动机、发动机和其他旋转机械的转矩。一般情况下，转矩的测量是基于机器转轴在承受转矩时产生扭应力或扭转角位移的原理。因此，这类仪表按工作原理可分为扭应力式（包括电阻应变式、磁弹性式等）和扭转角位移式（包括相位差式、振弦式等）两类。

6.1.2.1 电阻应变式转矩检测仪表

电阻应变片式转矩测量仪是一种扭应力式转矩测量仪表，它是在扭转轴上按与轴线成规定方向粘贴四片电阻应变片，组成应变电桥，如图6-8所示。当扭转轴受转矩影响而产生扭转变形时，各应变片的阻值随之发生变化，电桥输出的不平衡电压与转矩成比例。由于转轴在测量中是连续旋转的，所以应变电桥的供电和信号输出需要用滑环、电刷或旋转变压器、无接触信号传输器等。这种仪表能测量静态和动态转矩，测量准确度可达±(1~2)%。

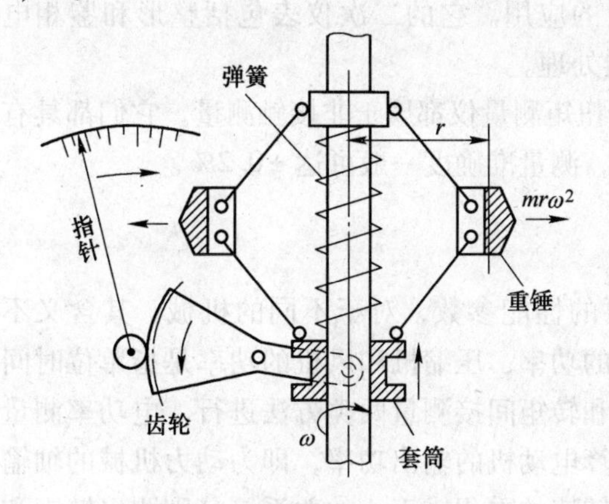

图6-7 离心式转速表的结构

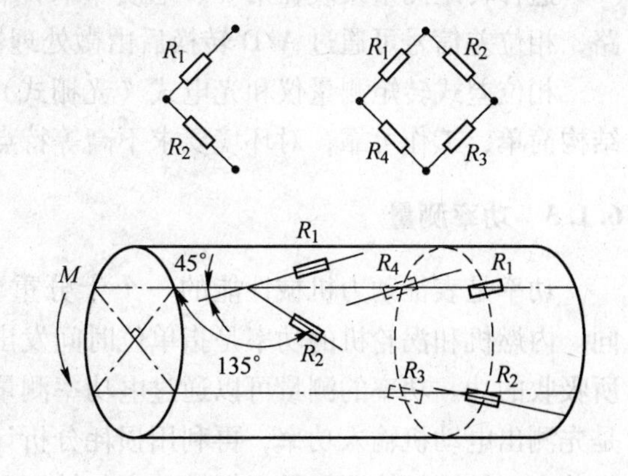

图6-8 电阻应变片转矩传感器贴片方式

这种传感器结构简单，制造方便，但因使用导电滑环，振动频率较低，不适于高速旋转体和扭轴振动较大的场合使用。

6.1.2.2 光电式转矩检测仪表

光电式扭矩测量仪属于扭转角式转矩测量仪表。这种仪器是在扭轴上固定两个边缘刻有光栅的圆盘，如图6-9所示。当轴不承受扭矩时，两片光栅的明暗条纹完全错开，遮挡住光路，因此，放置于光栅另一侧的光敏元件无光照射，输出信号为零。当有扭矩作用于被测轴上时，安装光栅处的两个截面产生相对转角，两片光栅的暗条纹逐渐重合，部分光线透过两光栅照射到光敏元件上，光敏元件产生电信号。扭转角越大，照射到光敏元件上的光越多，因而输出的电信号也越大。

6.1.2.3 相位差式转矩检测仪表

相位差式转矩测量仪也属于扭转角位移式测量仪表，它应用的是电磁感应原理。如图

6-10 所示，在被测轴上相距 L 的两端处各安装一个齿形转轮，靠近转轮沿径向各放一个感应式脉冲发生器，即在永久磁铁上绕一固定线圈。当齿轮的齿顶对准永久磁铁的磁极时，磁路的气隙减小，磁阻减小，磁通量增大；当转轮转过半个齿距时，齿谷对准磁极，磁路气隙增大，磁通减小，变化的磁通在感应线圈中产生感应电势。无扭矩作用时，被测轴上安装转轮的两个截面间无相对角位移，两个脉冲发生器产生的脉冲前沿是同步的；如果有扭矩作用，两个齿形转轮有了相对转角，两个脉冲发生器不再同步，便产生了相位差。因而可通过测量相位差来测量扭矩。

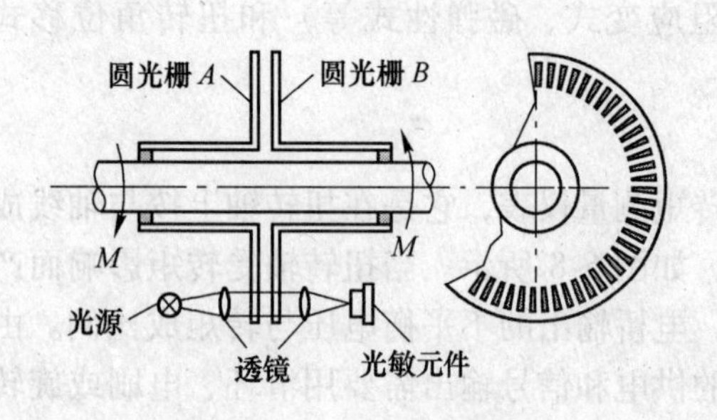

图 6-9　光电式转矩传感器

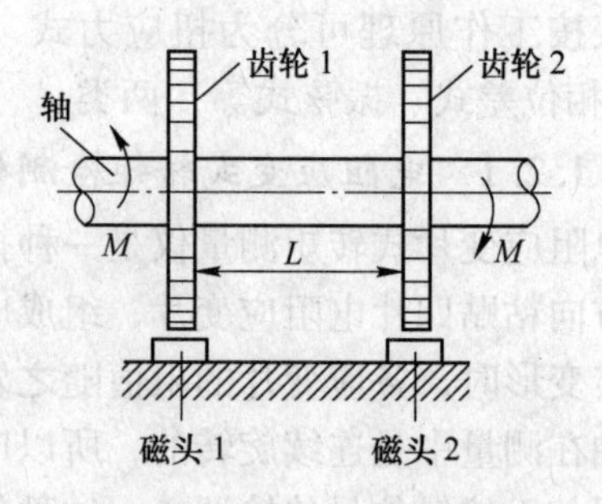

图 6-10　相位差式转矩传感器

这种转矩测量仪表在采矿、地质中有广泛的应用。它的二次仪表包括整形和鉴相电路，相位差信号可通过 A/D 转换后由微处理器处理。

相位差式转矩测量仪和光电式（光栅式）扭矩测量仪都属于非接触测量，它们都具有结构简单，工作可靠，对环境要求不高等特点，测量准确度一般可达 ±0.2%。

6.1.3　功率测量

功率是表征动力机械性能的一个十分重要的性能参数，对于不同的机械，其含义不同。内燃机和涡轮机的功率是指单位时间发出的功率；压缩机和风机的功率是指单位时间所吸收的功。功率的测量可以通过电功率测量和转矩间接测量两类方法进行。电功率测量是先测出电动机输入功率，再利用损耗分析计算电动机的输出功率，即为动力机械的轴输出功率。转矩间接测量是根据轴功率与转矩和转速的乘积成正比的关系，分别测出转矩和转速，由公式求得功率：

$$P = \frac{Tn}{9550}$$

式中　P——功率，kW；

T——被测动力机械的输出转矩，N · m；

n——被测动力机械的输出轴转速，r/min。

目前，动力机械的功率测量基本上都是通过转矩间接测量。根据测量过程，功率测量有采用测功机和转矩仪进行测量两种。测功机也称测功器，主要用于测试发动机的功率，也可作为齿轮箱、减速机、变速箱的加载设备，用于测试它们的传递功率。发动机的输出功率一般采用吸收式测功器来测量。吸收式测功器不仅能完成扭矩测量而且能将发动机发出的功率吸收掉。常用的吸收式测功机有水力测功机、电力测功机和电涡流测功机。在发动机台架实验中，用测功器作为负载，也可以采用各种扭矩仪来测量扭矩。

6.1.3.1 电力测功器

电力测功器的工作原理和普通发电机或电动机的基本相同，既可以作为发电机吸收发动机的输出功率完成对其输出功率的测量，又可作为电动机将电能转变为动力机械的功率。

电力测功器分为直流测功器与交流测功器两种。交流电力测功器可以将测功器发出的电能回收而加以利用，因此常用于大功率发动机长时间实验。直流电力测功器由于结构方面的限制，其功率容量均较小，只能满足中小功率发动机实验，且测功器发出的电能在一般情况下都消耗在负载电阻上而没有利用。

电力测功器一般采用平衡式的工作方式。图6-11是平衡式直流电力测功器的结构简图，它主要由转子1、外壳（浮动支座）2、电枢绕组4、励磁绕组3和测力机构（拉压力传感器）等构成。直流电力测功器的定子由独立的轴承座支承，它可以在某一角度范围内自由摆动。机壳上带有测力臂，它与测力计配合，可以检测定子所受到的转矩。直流测功器可作为直流发电机运行，作为被测动力机械的负载，以测量被测机械的轴上输出转矩；也可以作直流发电机运行，拖动其他机械，以测量其轴上输入转矩。

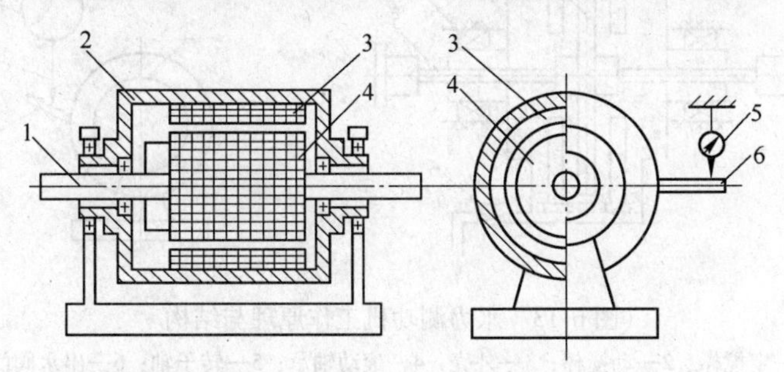

图6-11 直流电力测功器的结构
1—转子；2—外壳；3—励磁绕组；4—电枢绕组；
5—测力机构；6—力臂

在平衡式电力测功器装置中设置交流机组，用直流电动机带动一直流发电机，并将发出的直流电变成三相交流电输入电网，来完成任务能量回收的任务。

6.1.3.2 电涡流测功机

涡流测功机是利用涡流产生制动转矩来测量机械转矩的装置，由定子（励磁线圈、涡流环、冷却系统）、转轴（感应子）、支座与测力机构组成，如图6-12所示。转子轴上的感应子形状犹如齿轮，与转子同轴装有一个直流励磁线圈。励磁线圈通入直流电后，产生磁场，磁力线通过感应子、气隙、涡流环和磁轭定子闭合。感应子为齿型，齿顶处磁阻小，磁通密度高；齿根处磁阻大，磁通密度低。感应子旋转时，涡流环各处的磁通密度不断变化，产生感应电动势形成涡电流，力图阻止磁通的变化，从而对感应子产生制动力矩，使电枢摆动，通过电枢上的力臂，将制动力传给测量装置。

涡流测功机只能产生制动转矩，不能作为电动机运行，一般用于测量转速上升而转矩下降，或转矩变化而转速基本不变的动力机械。

6.1.3.3 水力测功机

水力测功机利用水对旋转的转子形成摩擦力矩吸收并传递动力机械的输出功率。图6-13为水力测功机的工作原理结构简图。水力制动器是水力测功机的主体，它由转子和外

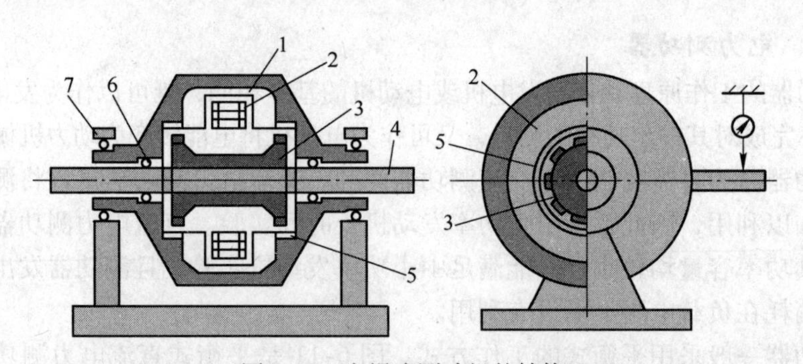

图 6-12 电涡流测功机的结构

1—定子；2—助磁线圈；3—感应子；4—转轴；5—涡流环；6—轴承；7—摆动轴承

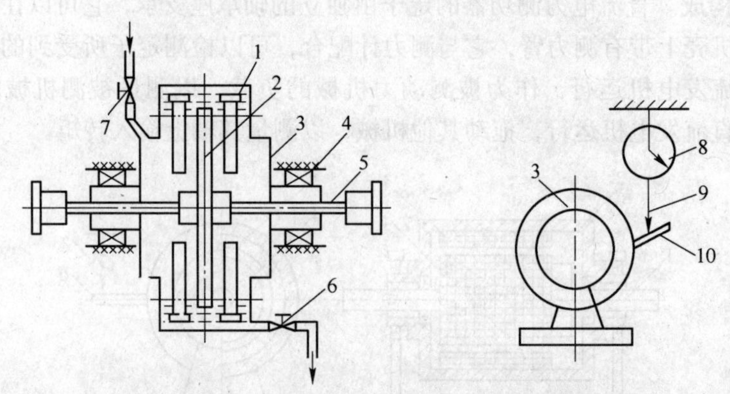

图 6-13 水力测功机工作原理与结构

1—定搅棒；2—动搅棒；3—外壳；4—滚动轴承；5—转子轴；6—出水阀门；
7—进水阀门；8—表盘；9—测力机构；10—力臂

壳组成，外壳由滚动轴承支撑，可以自由摆动。

目前水力测功机主要有定充量水力测功机和变充量水力测功机两种。定充量水力测功机的吸收腔内始终充满具有一定压力的水，通过调节测功机的闸套开合位置（即调节测功机转子与定子间的工作面积）来改变测功扭矩大小。这类测功机稳定性好，但结构复杂。

变充量水力测功机又称水涡流测功机。它通过进、出水阀来调节水力测功机吸功腔内水量的多少，以达到改变其制动扭矩大小的目的。变充量水力测功机工作时水压高，噪声大，而且在转速高、制动扭矩小的区段几乎不能稳定工作。

6.2 位移与厚度测量

6.2.1 位移测量仪表

位移是最基本的机械量之一，分为线位移与角位移。线位移是指物体沿某一直线运动的距离；角位移是指物体绕某一点转动的角度，一般称角位移的测量为角度测量。

位移检测根据范围的不同，可分为微小位移检测、小位移检测和大位移检测三种；根据传感器转换结果，可分为模拟式和数字式两类。模拟式传感器将位移转换为模拟信号，如自感式位移传感器、差动变压器、涡流传感器、电容式传感器、电阻式传感器、霍耳传感器等；数字传感器是将位移转换为数字信号，如光栅、磁栅、光电码盘与感应同步器等。下面介绍几种最常用的位移检测方法。

6.2.1.1 电容式位移检测仪表

电容式位移传感器有改变电极工作面积和变极间距两种方式，其中变极间距式测量范围较小；变面积式测量的位移较大，转角也大。电容式位移传感器结构简单、可靠、灵敏度高、动态特性好，但由于连接导线的寄生电容干扰不易消除，故测量准确度不高，在小位移测量中多采用变极距结构，但在这种情况下，其线性较差，差动式电容检测可明显改善其线性。无论是变面积还是变极距，都是极间距越小，检测位移的灵敏度越高，一般极间距都在 1mm 以下。

图 6-14 所示为采用先进 IC 技术制造基于相位检测的电容耦合型位移传感器的原理与结构。它的滑动电极与固定驱动电极的电容量耦合，耦合容量随滑动电极的位置变化而改变。相邻两固定电极上施加幅度相同的相位相差为 90°的正弦波电压，这时滑动电极的感应电压的相位是固定电极排列方向上位移 x 的函数，因此，可以检测位移。图中所示的栅格电极为四个电极一组，有九组，全长只有 8.2mm。

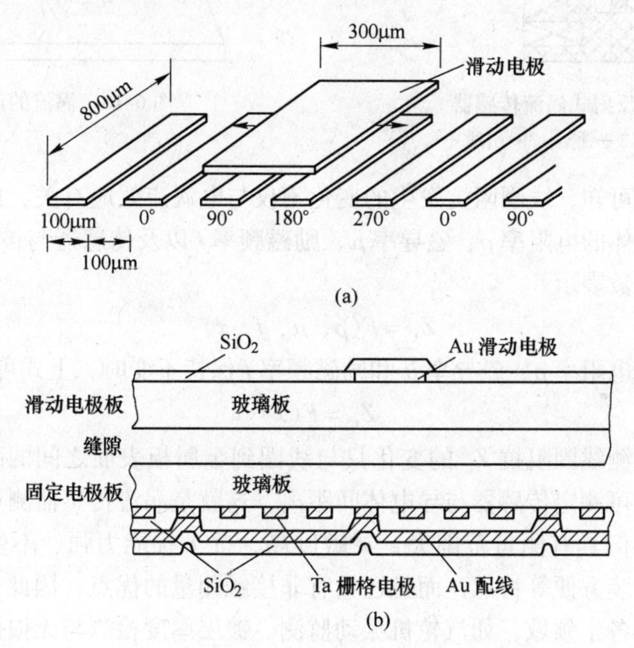

图 6-14 基于相位检测的电容耦合型位移传感器原理与结构
(a) 电容耦合检测原理；(b) 传感器结构

6.2.1.2 涡流位移传感器

涡流位移传感器是一种基于电涡流效应原理制成的检测仪表。所谓电涡流效应，是指当通过金属体的磁通发生变化时，就会在导体中产生感生电流，这种电流在导体中是自行闭合的电涡流。电涡流的产生必然消耗一部分能量，使励磁线圈阻抗（互感抗）发生变化，称为涡流效应。

根据所用激磁电流频率的不同，涡流式检测仪分为高频反射式与低频透射式两种，一般高频选用几兆赫到几百兆赫，而低频只用几百到一两千赫。低频透射式一般只用来测量导体的厚度；而高频反射式涡流传感器可测量位移、振幅、厚度、速度等多种参数，应用较广。

高频反射式涡流传感器结构原理如图6-15所示。高频检测线圈绕制在聚四氟乙烯框架的开槽中，形成一个扁平线圈，线圈用高强度漆包线绕制。当线圈中通以高频电流I_1，产生交变磁场H_1，将金属板置于磁场中时，在高频磁场作用下，金属板内产生涡流I_2，涡流产生二次磁场H_2，反过来削弱传感器的磁场H_1，如图6-16所示。

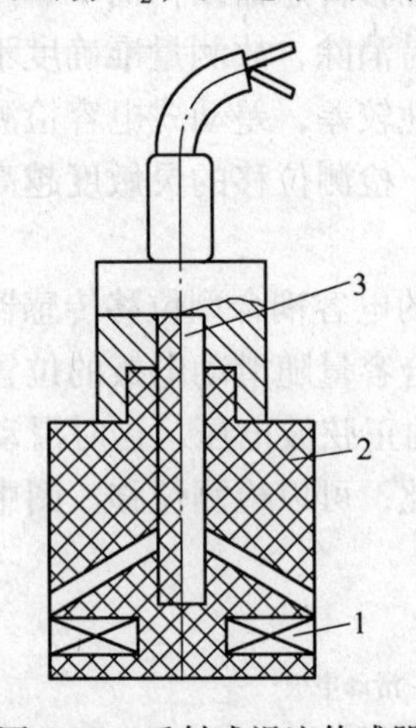

图6-15　反射式涡流传感器
1—线圈；2—骨架；3—引线

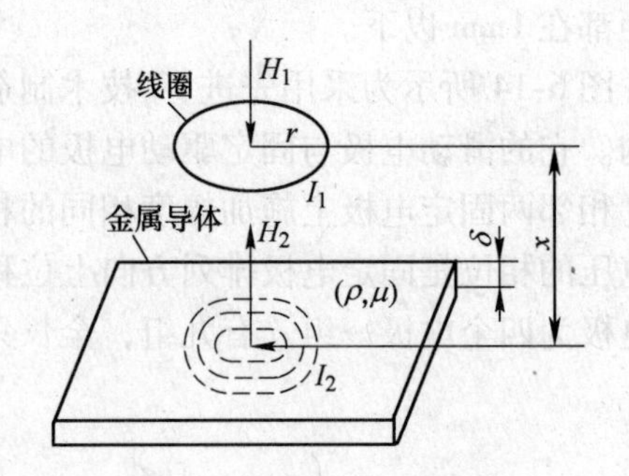

图6-16　涡流的产生原理

由物理学原理可知，线圈阻抗发生的变化不仅与电涡流效应有关，而且与静磁学效应有关，即与金属导体的电阻率ρ、磁导率μ、励磁频率f以及传感器与被测导体间的距离x有关，可用如下函数表示

$$Z_C = F(\rho,\ \mu,\ f,\ x)$$

当金属导体的电阻率ρ、磁导率μ和励磁频率f保持不变时，上式可写成：

$$Z_C = F(x)$$

由此可见，检测线圈阻抗Z_C的变化只与线圈到金属板表面之间的距离x有关，利用合适的测量电路，可测定传感器与导电体间距离，这就是涡流传感器测量原理。

涡流传感器不但具有测量范围大、灵敏度高、抗干扰能力强、不受油污等介质的影响、结构简单、安装方便等特点，而且还具有非接触测量的优点，因此被广泛应用于工业生产和科学研究的各个领域，如汽轮机振动监测、镀层厚度检测与无损探伤等。

6.2.1.3　数字式位移传感器

数字式位移传感器是将被测位移转换为数码信号输出的测量元件，又称为编码器。编码器按编码方式分为绝对编码器和增量编码器两类。

（1）绝对编码器。它对应每一位移量都能产生唯一的数字编码，因此在指示某一位移时，编码器不需要存储原先的位移。编码的分辨力决定于编码器输出数字的位数。编码器的结构与所利用的物理现象（电、光或磁）的变化有关。例如电刷编码器一般是一个盘子，上面有若干条同心的轨道，称为数道。数道上导电面积和一些绝缘面积构成代码，每条数道对应输出数字的一位数。当盘子随被测物转动时，电刷以电接触的方式读出每个数道上的导电区和绝缘区，产生数字编码。磁性编码器和光学编码器的结构与电刷编码器相似，只是位移的编码输出由磁或光束来表示。绝对编码器的特点是误差不会累积，而且在位移快速变化时不必考虑电路的响应问题。

(2) 增量编码器。它在测量物体位移时，能发生电流或电压的跃变。输出信号的每次跃变所对应的位移增量决定于编码器的分辨力。为了测量位移，必须利用存储器计数跃变的次数。属于这一类传感器的有感应同步器、磁栅和光栅。增量编码器的特点是零点可以任意设定，分辨力为 1μm。

数字式位移传感器测量精确度高、测量范围宽，适用于对大位移进行测量，在精密定位系统和精密加工技术中得到广泛应用。

6.2.2 厚度测量

厚度测量仪表主要用来测量板材、带材、管材、镀层、涂层的厚度等。厚度测量是位移测量的一种特殊形式，因此很多位移传感器都可用来检测厚度。厚度测量仪按测量原理可分为接触式测量和非接触式测量两大类，常用的有电感式、高频涡流式、微波式、射线式和超声波式。其中超声波式测厚仪发展迅速，下面主要介绍超声波式测厚仪。

超声波测厚仪能在不损伤设备和零部件的情况下，准确测量钢材、有机材料、压力容器、管道、涂层的厚度，此外还能检测设备的腐蚀状况。

超声波是一种机械纵波，它在同一均匀介质中传播时，其波速为常数。当它从一种介质传播到另一种介质时，在两分界面上会产生反射。如图 6-17 所示，超声波换能器向被测件表面发出脉冲，并接收被测件底面的反射脉冲，从发出脉冲到接收到脉冲的时间间隔与材料的厚度成正比。即被测件的厚度可用下式求出：

$$d=\frac{vt}{2}$$

式中 d——被测件的厚度；

v——超声波在被测件中的传播速度；

t——超声脉冲在被测件两表面之间往返一次的时间。

超声波测厚仪有共振法、干涉法和脉冲发射法等。共振法、干涉法可测厚度为 0.1mm 以上的材料。这两种方法的测量准确度较高，可达 0.1%，但对工件的表面粗糙度要求较高。脉冲反射法只能测量厚度为 1mm 以上的材料（采用特殊电路也可测量厚度为 0.2mm 的材料），测量准确度约为 1%。它对被测件的表面粗糙度要求不高，可测量表面略微粗糙的材料。图 6-18 所示为脉冲式智能超声波测厚仪的框图。测量系统由超声波发射电路、接收电路、微处理器、控制电路和显示驱动电路等组成。由微处理器控制发射电路输出宽

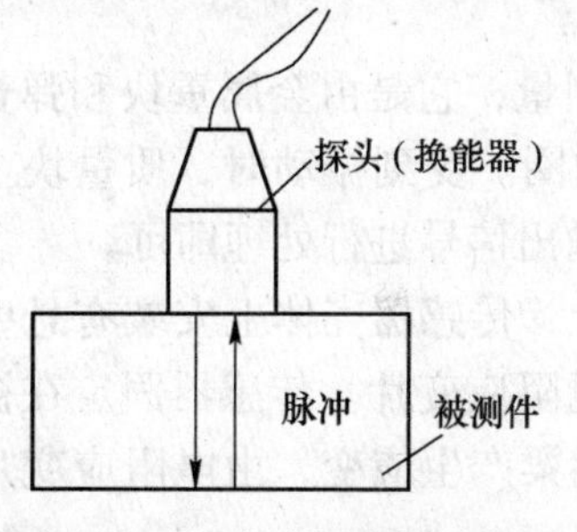

图 6-17 超声波厚度测量原理

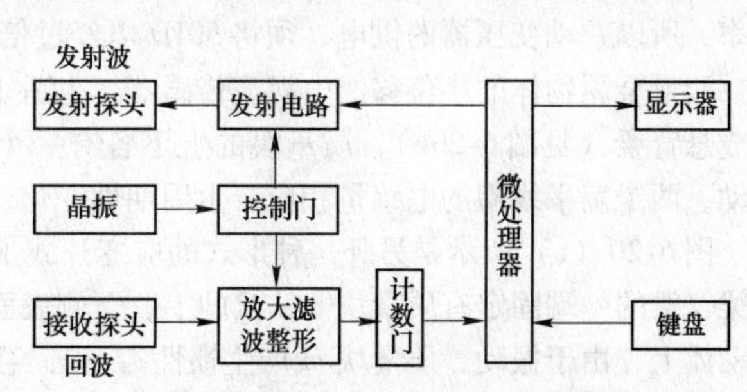

图 6-18 智能超声波厚度测量仪方框图

度很窄、前沿很陡的周期性电脉冲，通过换能器，激励压电晶片产生脉冲超声波，超声波在被测件上下两面形成多次反射，反射波由压电晶片转变成电信号，经放大滤波处理后，由控制电路测出声波在被测件上下两面之间的传播时间 t。将此时间送入微处理器计算处理后，换算为厚度，最后送入驱动电路在显示器上进行厚度显示。

6.3 振动与加速度检测

6.3.1 振动测量仪表

在机械工程领域中，振动是极为普遍的现象，特别是在动力机械内，振动的存在会引起许多不良后果，如产生噪声、影响机器正常运行，甚至导致零部件的损坏等。振动测量是解决振动问题和进行振动控制的重要手段，具有十分重要的实际意义。

描述振动特征的主要参量为频率、振幅和相位，因此振动测量最基本的目的就是测量这三个参量。在动力机械中，有时还必须对系统频谱和振型进行分析与测量。在测振动时经常在轴的径向按水平和垂直位置装有多个涡流检测探头，这些探头组成一个测振系统。测振系统结构如图 6-19 所示。

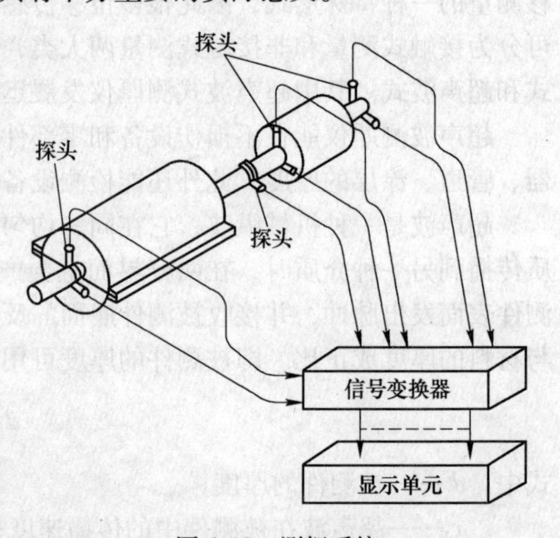

图 6-19　测振系统

振动测量是指位移、速度和加速度的测量。当研究振动对机械加工精度的影响时，需要测量位移幅值的大小。振动位移测量的传感器有电涡流式传感器、电感式传感器、电容式传感器。当研究振动引起声辐射大小时，需要测量振动的速度。振动速度测量传感器有相对式电动传感器、惯性式电动传感器。当需要考虑机械损伤时，主要测量加速度。振动加速度测量传感器有压电式力传感器、阻抗头、电阻应变式传感器。

图 6-20 所示为三种常用的测振传感器原理结构。图 6-20（a）为差动变压器测振传感器，这里差动变压器的线圈是固定的，将直线位移式差动变压器的铁芯两端用弹簧片固定在被测体上。产生振动加速度时，铁芯相对于线圈产生位移，从而得到差动输出电势信号。应用差动变压器测振的要点是，差动变压器原边交流电源的频率必须远高于被测振动频率，所以差动变压器的供电，须将 50Hz 电经过倍频处理。

测量金属物体的小位移的电涡流传感器，也适于振动测量，它是由金属重块和弹簧片构成悬臂梁（见图 6-20b），质量块的上下各有一个扁平线圈。受到振动时，质量块上下振动，两个扁平线圈的电感量相应产生周期性变化，引出输出信号进行处理即可。

图 6-20（c）所示是另外一种形式的应变片式加速度计，传感器壳体上安装有悬壁弹性梁，梁的一端固定有质量块 m，梁的上、下侧表面贴有电阻应变片。传感器固定在被测振动体上，由于振动，质量块 m 产生惯性力 ma，悬壁弹性梁产生应变，由电阻应变片组成的桥路产生的不平衡输出就代表了加速度 a。

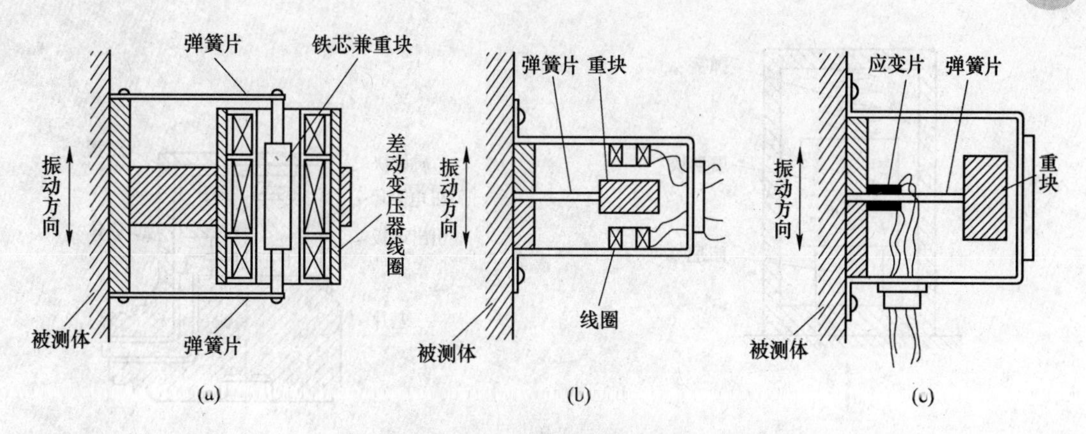

图 6-20 测振传感器结构原理
（a）差动变压器式；（b）电涡流式；（c）应变片式

总之，测振原理是利用具有质量和弹性的物体，在振动之下的变形来测出振动下的惯性力，从而得出加速度。若被测体是恒定加速度，则稳态变形也是恒定的。除压电效应不适合测恒定加速度之外，其他方法都可以应用。

6.3.2 加速度测量仪表

加速度是物体运动速度的变化率，不能直接测量，一般多采用质量-弹簧系统。即利用测量质量块随被测物体做加速运动时所表现出的惯性力来确定其加速度。根据牛顿第二定律，被测物体所受作用力等于物体的质量与其加速度的乘积。在质量不变的情况下，测量物体所受的惯性力就可以获得加速度值。最简单的加速度计由外壳、质量块、力敏元件和限制质量块与外壳之间相对运动的弹簧（也称限动弹簧）构成，如图 6-21 所示。

测量时加速度计的外壳与被测物体固定在一起运动，质量块也在限动弹簧的作用下随之运动。弹簧作用力的大小即等于质量块的惯性力，由力敏元件测得。根据力敏元件的不同，加速度计可分为压电式加速度计和应变片加速度计等。

（1）压电式加速度计。压电式加速度计的力敏元件由石英晶体或陶瓷等压电材料制成。由于压电晶体所受的力是惯性质量块的牵连惯性力，所产生的电荷数与加速度大小成正比，所以压电式传感器是加速度传感器。压电式加速度计的种类很多，图 6-22 所示为基座压缩型压电式加速度计。在基座与质量块中间压着压电片，用弹簧片将质量块和压电片压紧在基座上，改变外壳的拧紧程度，可以调整弹簧片对质量块、压电片、基座间的预紧力。当传感器固紧在待测基体上时，由于振动作用，质量块将给压电片以周期的作用力，经压电变换后，在压电陶瓷片上产生电荷。该电荷由引出电极输出送入测量仪表，从而得到加速度。

压电式加速度计的特点是重量轻（最小的压电式加速度传感器可以做到几克重），相移小（因为它可以采用非常小的阻尼比），适于测量小质量的系统。特别是压电元件实际变形很小，可达很高的自振频率，测量范围很大，可测量较高的加速度及冲击加速度，最高可达（20000 ~ 30000）g（g 为重力加速度），其最小频率可测到 10 ~ 60kHz；如果采用电荷放大器，下限可低到（0.3 ~ 2）$\times 10^{-6}$Hz。

如果将图 6-22 中的压电片改为应变元件片，就成为应变式加速度计。应变式加速度计适用于静、动态加速度测量，频率最低可达到零赫，而上限决定于自振频率和阻尼比，

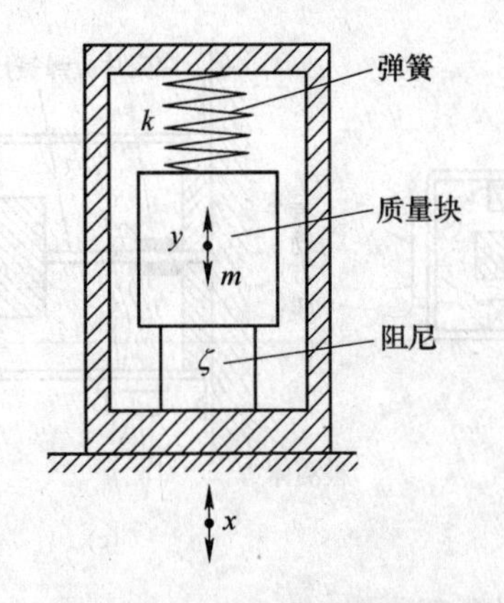

图6-21　加速度传感器原理

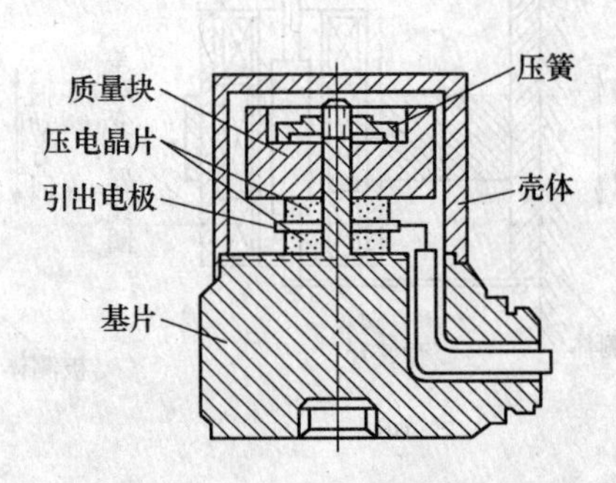

图6-22　压电式加速度计

较高时上限可达3500Hz；加速度测量范围一般不超过几百 g。应变仪通用性好，所以使用起来比较方便。

（2）应变片加速度计。应变片加速度计是利用半导体或金属应变片作为它的力敏元件。在这种传感器中，质量块支撑在弹性体上，弹性体上贴有应变片，如图6-23所示。

测量时，在质量块的惯性力的作用下，弹性体产生形变，应变片把应变转换为电阻值的变化，最后通过测量电路输出正比于加速度的电信号。弹性体做成空心圆柱形以增加传感器的固有振动频率和粘贴应变片的表面积。应变片加速度计也适用于单方向（静态）测量。用于振动测量时，最高测量频率取决于固有振动频率和阻尼比，测量频率可达3500Hz。

（3）扩散硅压阻膜片的加速度传感器。扩散硅压阻膜片的加速度传感器如图6-24所示。其顶部和底部的玻璃板之间夹着硅基片，硅基片上按一定晶向制成4个扩散压敏电阻，硅基片下部切割成中部厚边缘薄的杯状膜片。中部厚膜相当于一个重块，在加速度的作用下，产生的惯性力使膜片变形。膜片的变形由压敏电阻变化检测出来，进而测出加速度。为防止过度变形以至膜片损坏，并且使膜片振动以适当速度减弱，硅基片的上部和下部与上下面的玻璃板之间都留有几微米的缝隙间隔，空气层起阻尼作用。这种加速度传感器已装入缓冲汽车撞击的空气包中，它又称为微机械加速度传感器。

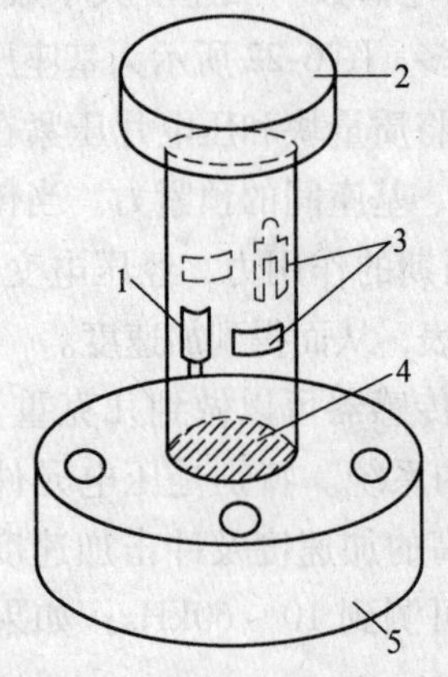

图6-23　应变片加速度计原理

1—弹性体；2—质量块；3—应变片；4—截面积；5—底座

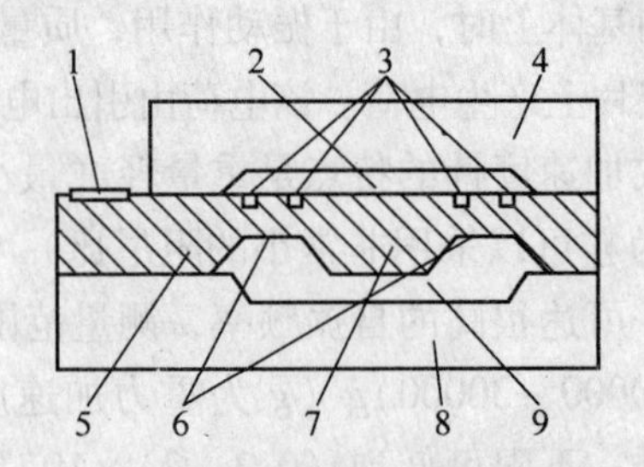

图6-24　扩散硅压阻膜片的加速度传感器

1—引线接点；2，9—缝隙；3—扩散硅压敏电阻；4—顶帽；5—硅基片；6—悬梁；7—质量块；8—底座

6.4 重量检测

6.4.1 概述

称重传感器是用来将重量信号或压力信号转换成电量信号的转换装置。称重仪表也称为称重显示控制仪表，是将称重传感器信号（或再通过重量变送器）转换为重量数字显示，并可对重量数据进行储存、统计、打印的电子设备，常用于工农业生产中的自动化配料、称重，以提高生产效率。

重量测量仪表一般按测力称重传感器的工作原理分为两类：一类是利用物体受力作用产生的弹性形变，通过测定变形量来测量其受力大小，如压磁式、电阻应变式、电容式、电感式等；另一类是利用某些物质受力作用时，其固有特性发生变化，如磁弹性式、压电式、振弦式等。考虑到不同使用地点的重力加速度和空气浮力对转换的影响，称重传感器的性能指标主要有线性误差、滞后误差、重复性误差、蠕变、零点温度特性和灵敏度温度特性等。

由于电子称重技术的迅速发展，20 世纪 80 年代初，国际法制计量组织将用于电子称重的传感器与用于测力的传感器分离，起草并批准《称重传感器规程》。

常用的称重传感器有电阻应变式、电容式、压电式、压磁式传感器。前三种在第 3 章已经介绍，在此不再重复，本章主要介绍压磁式传感器。

在工业应用过程中，重量检测主要是采用电子秤。电子秤的发展极快，类型也多，常用的有电子皮带秤、吊车秤、料斗秤、轨道衡及地磅等。它们的基本原理是类似的，只是在结构上和应用方式上有差异。

6.4.2 压磁式传感器

6.4.2.1 压磁式传感器的工作原理

当铁磁材料受到机械力作用后，在它内部产生机械应力，从而引起铁磁材料磁导率发生变化，这种现象称为压磁效应。具体可表述为：当材料受到压力作用时，在作用力方向磁导率减小，而在与作用力垂直的方向，磁导率增大；当作用力是拉力时，其效果相反；作用力取消后，磁导率复原。铁磁材料的压磁效应还与磁场有关。

如图 6-25 所示，在压磁材料的中间部分开有 4 个对称的小孔 1、2、3 和 4，在孔 1、2 间绕有激励绕组 N12，孔 3、4 间绕有输出绕组 N34。当激励绕组中通过交流电流时，铁芯中就会产生磁场。若把孔间空间分成 A、B、C、D 四个区域，在无外力作用的情况下，A、B、C、D 四个区域的磁导率是相同的。这时合成磁场强度 H 平行于输出绕组的平面，磁力线不与输出绕组交链，N34 不产生感应电动势，如图 6-25（b）所示。

在压力 F 作用下，如图 6-25（c）所示，A、B 区域将受到一定的应力，而 C、D 区域基本处于自由状态，于是 A、B 区域的磁导率下降，磁阻增大，C、D 区域的磁导率基本不变。这样激励绕组所产生的磁力线将重新分布，部分磁力线绕过 C、D 区域闭合，于是合成磁场 H 不再与 N34 平面平行，一部分磁力线与 N34 交链而产生感应电动势 E。F 值越大，与 N34 交链的磁通越多，E 值越大。

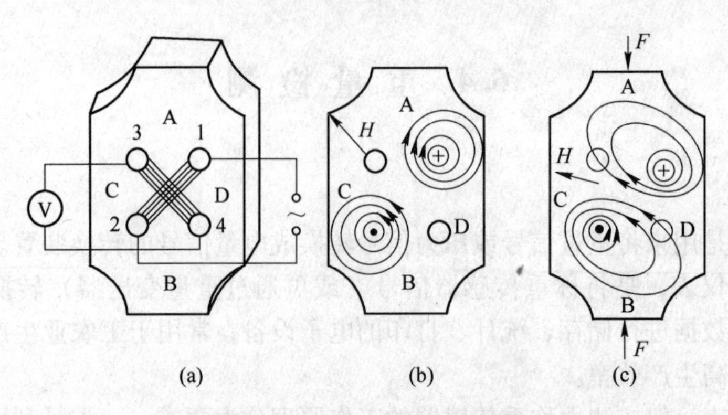

图 6-25 压磁元件测力原理

6.4.2.2 压磁传感器的结构与特点

压磁式力传感器一般由压磁元件、传力机构组成，如图 6-26 所示。其中核心部分是压磁元件，它由其上开孔的铁磁材料薄片叠成，它实际上是一个力—电转换元件。压磁元件常用的材料有硅钢片、坡莫合金和一些铁氧体。为了减小涡流损耗，压磁元件的铁芯大都采用薄片的铁磁材料叠合而成。

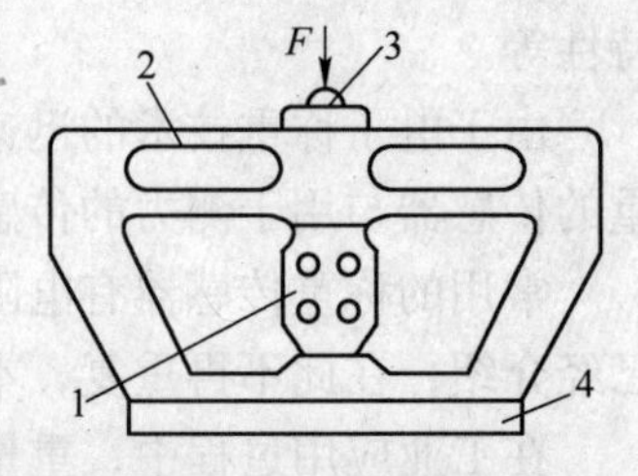

图 6-26 压磁传感器的结构
1—压磁元件；2—弹性支架；
3—传力钢球；4—基座

压磁式传感器具有输出功率大、抗干扰能力强、过载性能好、结构和电路简单、能在恶劣环境下工作、寿命长等一系列优点。目前，这种传感器已成功地用在冶金、矿山、造纸、印刷、运输等各个工业部门。例如用来测量轧钢的轧制力、钢带的张力、纸张的张力，吊车提物的自动测量、配料的称量、金属切削过程的切削力测量以及电梯安全保护等。

6.4.3 电子秤

电子秤是集现代传感器技术、电子技术和计算机技术一体化的电子称量装置，满足现实生活中提出的“快速、准确、连续、自动”称量要求，同时有效地消除人为误差，使之更符合法制计量管理和工业生产过程控制的应用要求。

工业生产中，广泛应用电子秤进行配料和给料的自动称量、计量和控制。电子秤发展极快，类型也多，这里主要介绍常用的电子皮带秤、吊车秤及料斗秤。

6.4.3.1 皮带电子秤

生产原料及半成品料中很多是粒状、粉状或块状散料。它们的传送普遍采用皮带输送机，而一台皮带输送机传送的距离有限，往往是若干台皮带输送机接力式传送。在传送过程中需要称取输送的物料量，这就需要皮带电子秤。

皮带电子秤是用来检测固体散料输送量的，利用它可实现自动称料、装料或配料。根据皮带速度的不同，皮带电子秤有两种工作模式：一是定速传送，二是变速传送。前者无须检测速度；后者则采用摩擦滚轮带动速度变换器（测速发电机或感应式测速传感器等），把正比于皮带传送速度的滚轮的转速，转变成频率信号 f，再通过测速单元把 f 转变成电流 I，供作检测桥路的电源。可见检测桥路的电源电流 I 是随皮带传送速度变化的，它就

代表皮带传送速度 v_t。图 6-27 是变速传送皮带电子秤原理方框图。

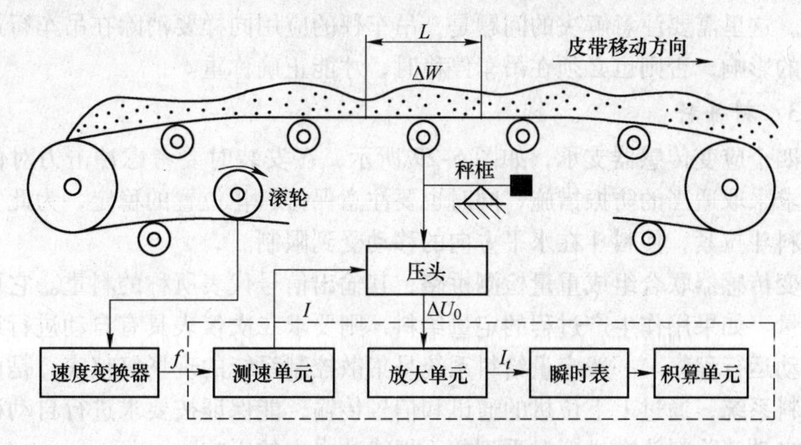

图 6-27　电子皮带秤原理系统

在皮带中间的适当位置上，设置一个专门用作称量的框架，这一段的长度 L 称为有效称量段。某一瞬时刻 t 在 L 段上的物料量为 ΔW，则在有效称量段 L 单位长度上的称重 q_t 为：

$$q_t = \Delta W/L,\ \text{kg/m}$$

设皮带的移动速度为 v_t，则皮带的瞬时输送量 Q 为：

$$Q = q_t v_t,\ \text{kg/s}$$

q_t 通过称量框架传给压头使之产生形变，安装在压头上的应变电阻（组成应变电桥）将检测出此形变。当输送量 q_t 变化时，传感器受力引起应变电阻变化 ΔR（$\propto q_t$），设电桥输入电流为 I（$\propto v_t$），则检测电桥的输出电压 ΔU_0 为：

$$\Delta U_0 = k\Delta RI = K_U q_t v_t,\ \text{V}$$

式中　k，K_U——常数。

由此可见，压头上应变检测桥路的输出信号 ΔU_0 就代表皮带的瞬时输送量 Q，该信号经放大单元放大后，输出代表瞬时输送量的电流 I_t，由显示仪表指示瞬时输送量，并由积算单元累计输送总量 W。

在某一时间间隔 $0\sim t$ 内，皮带输送的总量 W 为：

$$W = \int_0^t Q\mathrm{d}t = K\int_0^t I_t\mathrm{d}t,\ \text{kg}$$

输送总量是由积算单元完成的，它将电流信号 I_t 转换成频率信号 f_t，并对时间积分，即得 $0\sim t$ 内的脉冲总数 N 为：

$$N = \int_0^t f_t\mathrm{d}t$$

将代表皮带输出物总量的脉冲数 N 送到电磁计数器或脉冲计数器显示输送总量。

6.4.3.2　吊车秤

吊车秤的传感器是安装在吊钩或者行驶的小车上的，因此，在吊车运行过程中，就可直接称量出物体的重量。它适于工厂、仓库、港口等，最大称量从几吨到百吨以上。吊车秤有吊钩安装式和固定安装式两种，如图 6-28（a）、（b）所示。

吊车秤的称重传感器，可以设计在吊车的小车承重主轴上，直接感测全部重量，也可与承重小车间接相连，感测全部或部分重量。一般都用电阻应变片做成的筒形、柱形或轮壳形传感器。这里需要注意解决的问题是，吊车秤的应用同样要消除在吊车行进中产生的附加加速度的影响，否则也必须在吊车停稳时，才能正确称重。

6.4.3.3 料斗秤

料斗由四个应变传感器支承，如图6-29所示，在安装时要考虑冲击力对传感器的影响，所以要求采取适当的防振措施，同时也要注意保持料斗位置的稳定，为此安装了四根限位杆，把料斗拉紧，使料斗在水平方向的移动受到限制。

四个应变传感器联合组成重量检测桥路，其输出信号代表所称的料重。它可以用作简单的储料称量。如果用作生产过程的定量给料，则要求二次仪表具有自动进行运算、核算与相应的自动运行程序。一般定量给料系统是集散控制系统的现场级仪表，是由单片机构成的自动给料系统，通过上下位机的通讯和信号传输，能保证按要求进行自动称量和定量给料，并能自动消除料斗在进料时受到的无规律冲击力的影响。

除了以上介绍的几种重量测量仪表外，生产生活中还大量使用电子汽车秤、轨道衡、台秤等称重仪表，它们的称量原理与结构大体相似，请参考其他书籍。

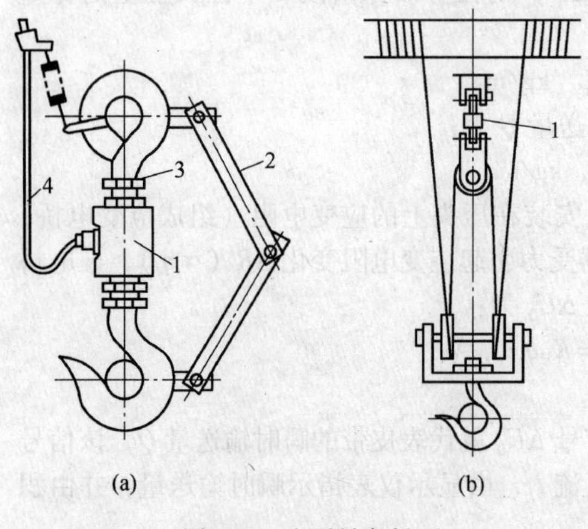

图6-28 电子吊车秤

(a) 吊钩安装方式；(b) 固定安装方式

1—传感器；2—防扭转臂；3—限位螺母；4—信号电缆

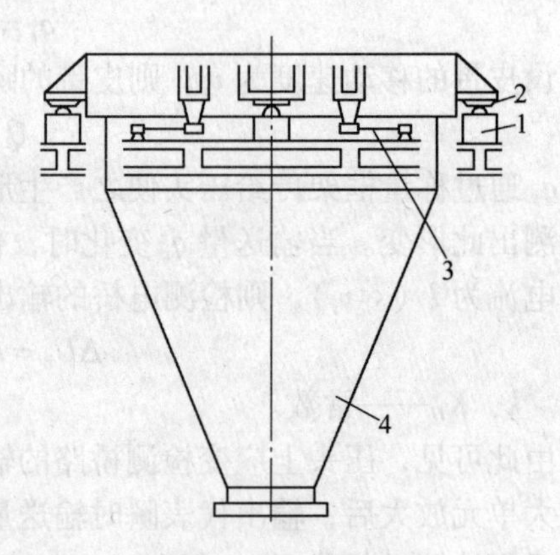

图6-29 电子料斗秤

1—传感器；2—防振垫；

3—限位杆；4—料斗

思考题与习题

6-1 机械检测仪表有哪些类别和用途？

6-2 简述磁电式转速表的基本原理。

6-3 光电式转速表有哪两种？分别说明其工作原理。

6-4 在测量教室一台吊扇的转速时，应选择下述方案的哪一种？请提出具体测量方案。

(1) 磁电式转速传感器；(2) 光电式转速传感器；(3) 离心式转速表；(4) 霍耳式转速表。

6-5 转矩是如何检测的？

6-6 常用的测功机有哪几种？各有什么特点？

6-7 在测量发动机的转速时，应选用哪种转速传感器？请提出具体的测量方案。

6-8 常用的位移检测方法有哪些？试举例说明其应用。

6-9 电涡流式检测仪基本原理是什么？

6-10 简述超声波厚度检测仪的基本原理。

6-11 速度、加速度与振动三者之间有何联系？它们的检测方法有何特点？

6-12 简述振动测量的意义及常用的测量方法。

6-13 为什么说位移传感器可以当做振动传感器来使用？在什么条件下应采用位移传感器来测量物体的振动？

6-14 什么是压磁效应？简述压磁式传感器的工作原理。

6-15 电子秤有什么特点？它是如何构成的？

7 成分分析仪表

成分分析仪表是用来对物料的成分组成以及各种物理、化学特性进行测量分析的仪表。在工业生产过程中，为了保证原材料和中间产品以及成品的质量和产量，通常采用温度、压力、流量等过程参数作为主要的检测和控制变量，但这种间接控制的结果很难令人满意。成分分析仪器可以随时对原材料、半成品和成品的成分及含量进行监视，达到直接检测和控制的目的。例如，通过分析工业炉窑烟气中含氧量，在确保工艺温度、气氛的条件下，对燃烧过程进行控制，实现最优化燃烧，节约能源、减少环境污染。因此，成分分析仪表在保证和提高产品的质量、降低原材料及能源的消耗、保证安全生产、防止环境污染等方面都起着十分重要的作用。它在工业生产过程中有广泛的用途，是自动化仪表的一个重要组成部分。

成分分析仪器品种很多，限于篇幅，本章仅介绍工业红外线气体分析仪、氧化锆氧量分析仪、湿度计和酸度计等的工作原理。

7.1 红外线气体分析仪

红外线气体分析仪是一种吸收式光学分析仪器，是利用不同气体对红外辐射能选择性吸收原理来工作的。它常用来检测 CO、CO_2、SO_2、CH_4 和 H_2O 等气体的浓度，能连续测量，测量范围宽，精度高，灵敏度高，并且有良好的选择性，在石油、化工、冶金、环保等领域得到了广泛的应用，已成为成分分析仪表的一个重要分支。

7.1.1 工作原理

红外气体分析仪主要利用红外线中 1~25μm 的一小段光谱。凡是不对称结构的双原子和多原子气体（CO、CO_2、SO_2、CH_4 和 H_2O 等）对红外线都有一定吸收能力，但不是吸收整个频谱范围内的红外线，而只是吸收其中的某些波段的红外线，即所谓的选择性吸收。这些波段称为特征吸收波段，不同结构的分子或原子具有不同的特征吸收波段。图 7-1 给出 CO、CO_2 两种气体的红外吸收特性。CO_2 气体有两个特征吸收波段 2.6~2.9μm 及 4.1~4.5μm，而对波长为 2.78μm 和 4.26μm 红外线具有最大的吸收峰；CO 对波长为 2.37μm 和 4.65μm 附近的红外线能吸收。气体吸收红外辐射后，其温度上升或压力升高。这种温度和压力的变化与被测气体组分的浓度有关，通过测量温度或压力的变化就可以准确地获得被分析气体的浓度。

红外线通过介质层时，介质吸收了相应特征波段的红外线能量，透过介质的红外线能量减弱，其减弱程度遵循朗伯-比尔定律：

$$I = I_0 e^{-\mu cl}$$

式中 I——红外线被吸收后的射线强度；

I_0——红外线被吸收前的射线强度；

μ——待测组分对波长为 λ 的红外线的吸收系数；

c——待测组分浓度；

l——入射光透过的光程。

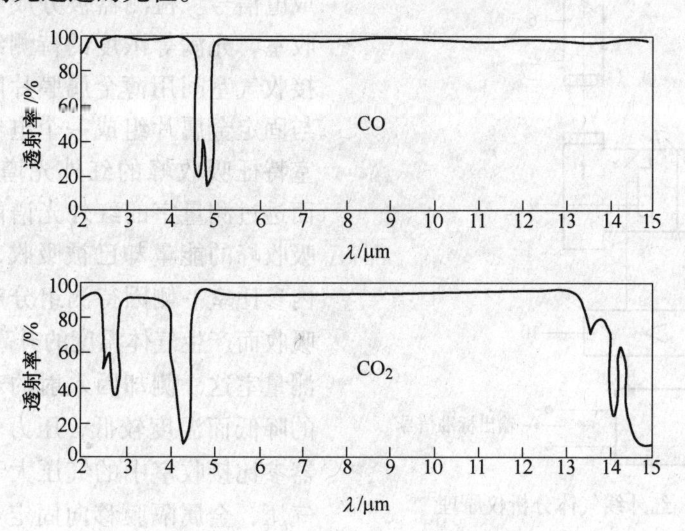

图 7-1 CO、CO_2 气体的红外线吸收特性

在红外气体分析仪中，光源入射光强度不变，被测样品的光程不变，对于特定的被测组分，吸收系数也不变，因此，透射的红外光谱的强度就只是被测组分的函数。通过测定透射特征波长红外光谱的强度 I，可确定被测组分的浓度 C。

7.1.2 基本组成

典型红外分析仪结构如图 7-2 所示。主要部件的工作机制及功能介绍如下。

光源的作用是产生两束能量相等且稳定的平行红外光束。光源多由镍铬丝制成。镍铬丝被加热到 600 ~ 1000℃，此时光源辐射出的红外线波长范围为 2 ~ 10μm。辐射区的光源有两种：一种是单光源，一种是双光源。单光源只有一个发光元件，经两个反光镜构成一组能量相同的平行光束进入参比室和测量室。而双光源则是参比室和测量室各用一个光源。与单光源相比，双光源因热丝放光不尽相同而产生误差。

切光片在电机带动下对光源发出的光辐射信号做周期性切割，将连续信号调制成一定频率（一般为 2 ~ 25Hz）的交变信号（一般为脉冲信号），以避免检测信号发生时间漂移。

吸收或滤去干扰气体对吸收峰的红外辐射能，去除干扰气体对测量的影响。滤光系统通常有两种：一种是充以干扰气体的滤光室，另一种是干涉滤光片。对于后者，红外分析仪可根据需要更换干涉滤光片，以满足检测不同气体的需要，提高仪器的通用性。

测量室和参比室的两端用透光性能良好的 CaF_2 晶片密封。参比室内封入不吸收红外辐射的惰性气体，测量室则通入流动的被测气体。测量室的长短与被测组分浓度有关。根

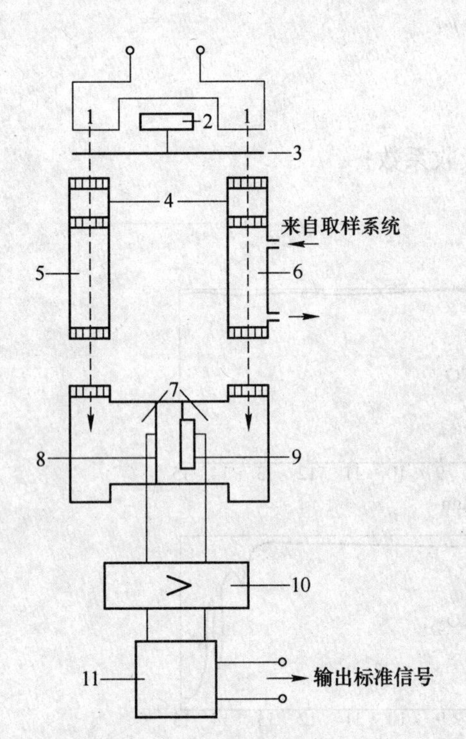

图 7-2　红外线气体分析仪原理

1—光源；2—同步电机；3—切光片；4—滤波室；5—参比室；6—测量室；7—检测室；8—薄膜；9—定片；10—电气单元；11—微机系统

据比尔定律，气体浓度低，测量信号小，采用的测量室较长，一般测量室的长度为 0.3～200mm。在测量腐蚀性气体时，一般采用镀膜气室。

检测室（检测器）的作用是用来接收从测量室和参比室射出的红外线，并转化成电信号。检测器被分成等容积的两个接收室，充满等浓度的待测组分气体。两个接收气室间用薄金属膜片隔开，薄金属膜与固定金属片组成一个电容器。通过参比室特征吸收峰的红外光谱辐射保持不变，而透过测量室的红外光谱能量对应的特征吸收峰的能量却已被吸收，这使得检测器内参比室一侧因待测组分对光谱辐射能的吸收而产生气体温度的升高和压力的增大，测量室这一侧却因入射的对应吸收峰能量的降低而温度较低，压力较小。由于检测器参比接收室中的气压大于样品接收室的气压，金属隔膜移向固定金属片一方，改变了电容的极距，这个电容量的变化与测量室内红外线被吸收的程度有关。故此电容量的变化可指示气样中待测气体的浓度。

微机系统的任务是将红外探测器的输出信号进行放大转成统一的直流电信号，并对信号进行分析处理，将分析结果显示出来，还可根据需要输出浓度极值和故障状态报警信号。对信号的处理包括：干扰误差的抑制，温漂抑制，线性误差修正，零点、满度和中点校准，量程转换，量纲转换，通道转换，自检和定时自动校准等。

7.1.3　应用举例

为了评价窑炉中燃料燃烧是否充分，通常需要检测尾气中 CO 和 CO_2 的含量。测定气体中的 CO 和 CO_2，常用利用不分光红外吸收法原理制成的不分光吸收式红外线气体分析器和利用电导法原理制成的电导法气体分析器。以下介绍利用红外气体分析器的方法。

不分光吸收式红外线气体分析器的使用应与取样技术结合起来。取样系统一般包括杂质过滤、干燥、压力控制和流量控制等，对于高温烟气还需有冷却装置。此外，根据现场实际需要，还可增设温度控制装置、流路切换装置等预处理设备，以保证成分分析系统可靠运行。

由于窑炉尾气属于高温、高粉尘并具有一定腐蚀性的气体，采样环境极为恶劣，因此如何防止发生取样探头烧损与堵塞现象，保证采样的正常进行和采样装置的使用寿命是取样系统设计的关键。图 7-3 所示为带自动反吹系统的取样装置。

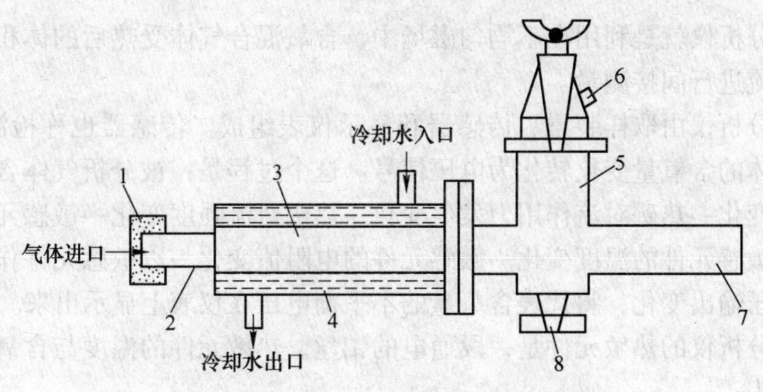

图 7-3 带有自动反吹系统的取样装置

1，5—过滤器；2—陶瓷取样管；3—不锈钢管；4—冷却系统；6—样气出口及清扫过滤器气体入口；7—反吹气体入口；8—排尘口

探头外敷多孔过滤器，滤去固体颗粒物质，也可在很大程度上减少探头内部结渣现象。由于回转窑尾气温度高达1300℃，添加水冷系统可防止探头的烧断事故。采用不锈钢管输送气体，可有效防止管路腐蚀性堵塞。样气中不可避免会携带有微尘，微尘的积累将导致探头的堵塞。设置自动反吹系统，定期自动反吹清扫取样管及过滤器，可有效解决探头堵塞现象。

7.2 氧量分析仪

氧量分析仪是目前工业生产自动控制中应用较多的在线分析仪表，主要用来分析混合气体（多为窑炉废气）中氧的含量。目前工业上常用的氧量分析仪有热磁式和氧化锆式两种。其中氧化锆式分析仪因具有结构简单，反应快捷、灵敏和适于分析高温气体等特点，成为发展最为迅速的氧量分析仪表，现已在冶金、动力、化工、炼油以及环保等领域得到广泛的应用。

7.2.1 热磁式氧量分析仪

当气体处于外磁场中间时，如果能被磁场所吸引，则该种气体为顺磁性气体；如果能被磁场所排斥，则该种气体为逆磁性气体。在具有温度梯度和磁场梯度的环境中，由于气体局部温度升高，会出现顺磁性气体的磁化率下降现象。这种利用磁化率与温度间的关系测定气体中某种成分含量的方法称为热磁法。

互不发生化学反应的多组分混合气体，其体积磁化率 k_{mix} 等于各独立组分体积磁化率的加权和。

$$k_{mix} = qk + (1-q)k'$$

式中 k ——氧体积磁化率；

q ——氧含量的体积百分比；

k'——混合气体中非氧组分的体积磁化率。

氧的体积磁化率很大（除氮氧化物外，氧的比磁化率是其他气体的100倍以上），因此 k_{mix} 主要由含氧量决定，即可根据混合气体体积磁化率的大小来间接确定气体中的含氧量。热磁式氧分析仪就是利用在不均匀磁场中，含氧混合气体受热后的体积磁化率变化而产生的热磁对流进行间接测量。

热磁式氧分析仪由取样装置、传感器和显示仪表组成。传感器也称检测室或分析室，它把被分析气体的含氧量变化转化为电压信号。这个过程是：被分析气体含氧量变化→混合气体磁导率变化→热磁对流作用力发生变化→热磁对流强度变化→敏感元件受对流损失的热量变化→敏感元件的温度变化→敏感元件的电阻值变化→以敏感元件作为桥臂的测量电桥不平衡电压输出变化，将代表含氧量的不平衡电压在仪表上显示出来。

热磁式氧分析仪的热敏元件是一段通电的铂丝，热敏元件的温度与含氧量之间的关系可近似地表示为：

$$t = AqkI^2 \frac{p\rho c_p}{T^2 \eta\lambda} B \frac{\mathrm{d}B}{\mathrm{d}x}$$

式中 k——纯氧的体积磁化率；

A——与仪器结构有关的常数；

I——通过热敏元件的电流；

q——氧含量体积百分比；

B——磁场强度；

p，T——大气压力、温度；

$\frac{\mathrm{d}B}{\mathrm{d}x}$——在给定方向上的磁场梯度；

ρ，η，λ，c_p——混合气体的密度、黏度、热导率和热容。

热磁式氧量分析仪根据结构差异，分为外对流式和内对流式两种。内对流式主要用于小量程的测量场合（0% ~1% O_2 或 98% ~100% O_2）。而环境及烟气中的氧分析，主要用外对流式热磁氧传感器。

7.2.2 氧化锆氧量分析仪

氧化锆氧量分析仪根据浓差电池原理设计而成。如图 7-4 所示，氧浓差电池由两个“半电池”构成：一个“半电池”是已知氧气分压的铂参比电极，另一个“半电池”是含氧量未知的测量电极。两个“半电池”电极之间用固体电介质——氧化锆连接。氧化锆介质是由 ZrO_2 和少量的 CaO（或氧化钇 Y_2O_3）按一定比例混合，在高温下烧结形成晶型稳定的萤石型立方晶体，晶格中产生的一些氧离子空穴，在 600 ~800℃时，就成为氧离子的良好导体，两个“半电池”之间的氧离子通过氧化锆（ZrO_2）固体电解质中存在的氧离子空穴进行交换。当 ZrO_2 两侧氧的浓度（分压）不同时，则在两电极之间出现电势，称为氧浓差电势。

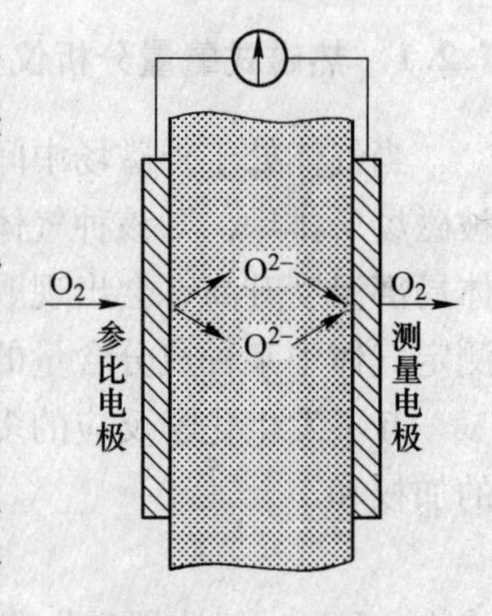

图 7-4 氧浓差电池原理

氧浓差电动势由下列浓差电池产生：

$$O_2(p_1), p_t \mid ZrO_2 \cdot CaO \mid p_t, O_2(p_2)$$

高温下，在氧化锆的氧分压（p_1）即氧浓度高的一侧（参比电极侧）发生如下反应：

$$O_2(p_1)+4e \longrightarrow 2O^{2-}$$

参比电极（Pt）给出四个电子，自身带正电。生成的氧离子 O^{2-} 通过固体电介质中的氧离子空穴到达氧浓度低的一侧，即氧分压（p_2）的一侧，并发生如下反应：

$$2O^{2-} \longrightarrow O_2+4e$$

放出的四个电子交给测量电极的铂电极，使其带负电。总的电池反应为：

$$O_2(p_1) \longrightarrow O_2(p_2)$$

氧气从分压高的一侧（p_1）向分压低的一侧（p_2）迁移，并且伴有电荷的定向迁移，因此在氧化锆两侧的铂电极之间产生了电动势 E，其数值可由恩斯特公式计算：

$$E=\frac{RT}{nF}\ln\frac{p_1}{p_2}$$

式中　R——气体常数，为 8.314J/K；

T——被测气体进入电极中的热力学温度，K；

F——法拉第常数，为 96487C/mol；

n——反应时一个氧分子输送的电子数，为 4；

p_1——参比气体（即参比电极侧）的氧分压，通常采用空气作参比气体；

p_2——被测气体（即测量电极侧）的氧分压。

若被测气体与参比气体的总压均为 p，则恩斯特公式可表示为：

$$E=\frac{RT}{nF}\ln\frac{\varphi_1}{\varphi_2}$$

式中　φ_1——参比气体中氧的容积含量；

φ_2——被分析气体中氧的容积含量。

若稳定 p_1 和 T，可由测得的电动势 E 确定 p_2，从而可测定待测气体中氧的容积含量。

由于电极工作在高温下（800℃附近），被测气体中如果含有 H_2、CO 等可燃气体时，气样中将发生燃烧反应而耗氧。这不仅会造成测量误差，而且还有爆炸的危险。氧化锆氧量分析仪一般不用于含可燃性气体组分的氧分析。

氧化锆式氧量分析仪已经用于需要进行氧量分析的各个领域。例如，根据废气或烟气中的氧含量确定燃烧的燃烧率，以便进行各种燃烧炉的燃烧监督及控制，如均热炉、热风炉、回转窑的热工控制等；或者通过对炼钢转炉烟气成分的分析，检测与监控钢水的质量。此外，在化工过程、空气分离、粮食果品储存、汽车排放物污染监控等场合，也常用到氧化锆氧量分析仪。

氧化锆式氧量分析仪在加热炉烟气氧量在线监控中的应用如图 7-5 所示。

由于炉膛排出的烟气在烟道内成负压，且温度较高，因此检测器不能直接插入上升烟道，一般采用压缩空气喷射泵抽引烟气。被抽引的烟气经过水冷管，温度降低，在经过取样器取样检测出氧含量后，由喷射泵排出系统外。采用此系统，可实时监控转炉烟气中的氧含量，对控制燃烧时的空燃比、调节炉内气氛、实现合理燃烧、提高产品质量、降低能耗，有非常重要的实用意义。

为满足中低温条件下直接测量氧量的要求，科研工作者在低温型氧化锆传感器方面进行了有益的尝试，如减小氧化锆电池的厚度、改变氧化锆电解质中各氧化物的比例、采用高催化性能的电极材料、采用表面处理改善电极表面结构等。目前，氧化锆电池工作温度

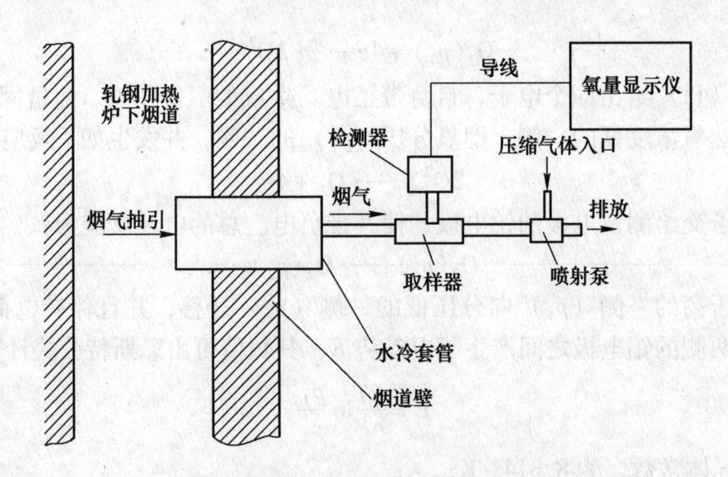

图 7-5 轧钢加热炉氧量在线分析系统

已由通常的 700～800℃降至 500℃以下。

7.3 其他气体分析仪

7.3.1 气相色谱仪

自从 1906 年俄国植物学家维茨特报道了一种称之为色谱的分离技术以来，色谱作为分离科学的一个重要分支已经经历了一个世纪左右的发展历史。随着现代物理、电子学及计算机的不断发展，现已形成了气相色谱、液相色谱、离子色谱以及光色谱等多种色谱分离技术。作为重要的多组分成分分析仪表，色谱分析仪具有分离效能高、速度快、灵敏度高等特点，在科学研究与工业生产中得到了广泛的应用。

7.3.1.1 工作原理

色谱仪基本分析过程可分为两步：第一步将混合在待测物质中的各种组分进行分离；第二步将已经分离的各单一组分依次进行检测，输出按时间分布的幅值不同的一组峰状信号曲线，即色谱图，据此进行定性和定量分析。

色谱仪的主体包括分离及检测两大系统。色谱柱是最常用的分离系统，由空心色谱柱管、流动相、固定相三个基本部分构成。流动相是不与固定相及待测试样起作用的某种流动介质，运载样品进入色谱柱中。根据流动相性质，色谱仪可分为气相色谱仪与液相色谱仪。固定相装在色谱柱管中，为不随流动相与样品移动的填充物，是一种对各被分析组分有不同吸附作用的吸附剂。根据固定相形态，色谱仪可分为气-固色谱仪、气-液色谱仪、液-固色谱仪、液-液色谱仪等。

气体色谱仪测量原理可用图 7-6 进行说明。图中绘出了混合气体中 A、B、C 三种组分在不同时间内在色谱柱中的状态。

气相色谱仪的流动相又称为载气，常用载气有氮气、氢气、氩气等。由 A、B、C 三种组分组成的混合气体（样品）随载气进入色谱柱，柱内的固定相对 A、B、C 三种组分具有不同的吸附能力，或者说表现出不同的“阻力”。在这里假设固定相对 A 的吸附力最小，B 次之，C 最大。当载有样品的流动相流过固定相表面时，气样中的各组分沿色谱柱

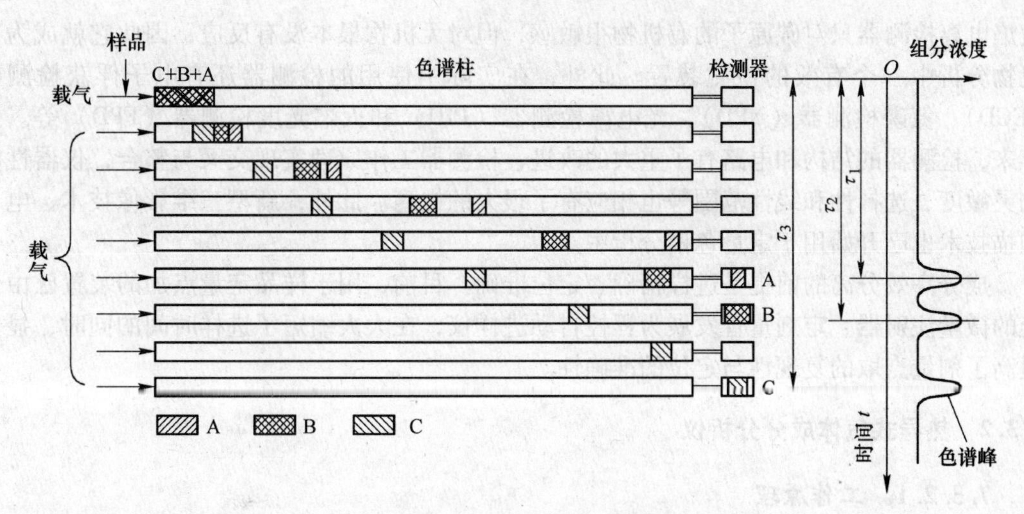

图 7-6 气相色谱仪测量原理

长度反复在流固两相中进行分配。吸附力不同，样品中的三种组分在流动相和固定相中的分配比例就不同。对于不易被固定相吸附的 A 组分，固定相中留得少一些，流动相中带走的多一些，因而 A 组分就走得快一些，最先离开色谱柱到达检测器，被检测后记录仪上便记下 A 组分的峰状曲线，同样道理，B 及 C 组分相继达到，最后在记录纸上形成 A、B、C 的峰状曲线构成的色谱图。

色谱图中信号峰值对应的时间 t 称为保留时间，由保留时间就可定性确定相应信号所代表的物质；根据各信号包围的面积在全部信号曲线包围的面积的比例可以定量分析各组分浓度。

7.3.1.2 基本组成与应用

一套完整的气相色谱分析系统应包括载气源、色谱柱、流量控制器、进样系统、检测器、恒温箱及记录显示装置等设备。

在色谱分析中，固定相的选择很重要。混合物中各组分能否完全分开，取决于固定相能否对分析的各组分产生不同的吸附能力，也就是对它们的流动表现出不同的“阻力”。因此必须依据所分析样品的性质选择合适的固定相（各种固定相的适用样品，在色谱分析专著上可以查到）。目前，改性硅胶、凝胶、液晶等基质已被应用于新型的固定相的研制中。

色谱仪以标准物的保留时间及保留体积作为待测分离样品中各组分的定性定量依据，因此流动相流量必须适当并稳定在设定数值，同时色谱柱也应当保持恒温，方能获得稳定、准确的分析结果。

检测器的任务是将随载气而来的、已在色谱柱中分离的各组分依次地逐个地检测出来，并在记录仪上留下相应的色谱峰。气相色谱最常用的检测器有热导检测器（TCD）和火焰电离检测器（FID）。热导检测器属于通用性成分检测仪，其根据混合气体的组分性质含量不同，导热系数不同的性质进行成分的分析。通过测定热导室内气体（载气与某一组分的混合气）导热系数便可获得被分离的某组分的浓度。只要被分离出来的组分与载气导热系数有较大差别，均可使用此检测器。火焰电离检测器属于选择性检测仪。例如，氢火焰电离检测器只对碳原子的有机物很敏感，但对无机物根本没有反应，因此它就成为有机物分析中一个有效的检测装置。此外，在实际中使用的检测器还有电子俘获检测器（ECD）、氮磷检测器（NPD）、光电离检测器（PID）和火焰光度检测器（FPD）等。近年来，检测器的结构和电路有了重大的改进，检测器工作原理实现交叉与整合，仪器性能如灵敏度、选择性和线性范围等也相应有了很大的提高。此外，新型三维影像技术、电子扫描技术也已开始用于定量色谱分析中。

成分高效分离的前提是进样精确、定位准确。目前，用于样品定量点加的装置已由传统的微量注射器、定剂量管发展为程控自动进样仪，在大大缩短了进样时间的同时，显著提高了剂量点取的复现性与定位的准确性。

7.3.2 热导式气体成分分析仪

7.3.2.1 工作原理

热导式气体成分分析仪通过测定混合气体的热导率来确定被测组分含量。它在理论上只能解决双组分气体的含量分析，并且两种气体的比热系数应该有显著不同。对于彼此之间无互相作用的两种气体构成的混合气体导热系数可近似认为是组分导热系数按组成含量的加权平均值：

$$\lambda = \lambda_1 C_1 + \lambda_2 C_2 = \sum_{i=1}^{2} \lambda_i C_i \tag{7-1}$$

式中 λ ——混合气体导热系数，W/(m·K)；

λ_i——混合气体中第 i 中组分的导热系数，W/(m·K)；

C_i ——混合气体中第 i 中组分的体积含量。

由于

$$C_1 + C_2 = 100\% \tag{7-2}$$

因此，只要测出混合气体的导热系数，就可以根据两组分的导热系数关系求得待测组分的含量。

显然，对于含有两种以上组分的混合气体，是无法直接根据式（7-1）和式（7-2）测量待测组分含量的。但是如果除待测气体外其余气体导热系数近似相等，即除待测气体外的其余气体可视为一种气体，则可根据以上两式求出待测组分含量。此外，如果除待测气体外其余气体组分的相对含量近似固定，则除待测气体外的所有气体构成的混合气体的导热系数可根据其组分气体的体积含量和导热率求取，这样，除待测气体外的所有气体构成的混合气体也可视为一种导热系数恒定的气体处理，进而可根据以上两式求出待测组分含量。

从热导式气体成分分析方法的基本工作原理可知这种方法的使用条件：

（1）待测组分的热导率与背景气组分的热导率有明显差异，而且差异越大越好；

（2）用于分析两种以上组分构成的混合气体时，除待测气体之外的气体的热导率应近似相等或相对含量近似固定。

7.3.2.2 基本结构与应用

热导式气体分析仪的检测器是为了测量待测气体成分而测量混合气体导热系数的装置，通常称为热导池。它是热导式气体分析仪的核心装置，基本结构如图 7-7 所示。

热导池腔体中垂直悬挂的电阻丝一般为铂丝，为热敏元件。其电阻值与温度存在单值函数关系，温度越高电阻值越高。当有电流通过电阻丝时，电阻丝产生热量并向四周散热。热量主要通过气体传向热导池外壁，而外壁温度是恒定的（具有恒温装置），因此当电阻丝温度上升到某一数值后，便会出现电源供给的热量与气体的导热量相平衡的情况，以后电阻元件的温度以及热导池内的温场分布都将保持不变。热平衡时热导池内的温场为一系列同轴圆柱等温面，热平衡时各等温面的导热量相当。当电阻丝通过的电流和热导池的壁面温度固定时，电阻丝的阻值只与分析气体的导热系数有关。电阻丝阻值可以利用惠斯登电桥等多种方法进行测量，从而实现对待测气体组分的含量分析。

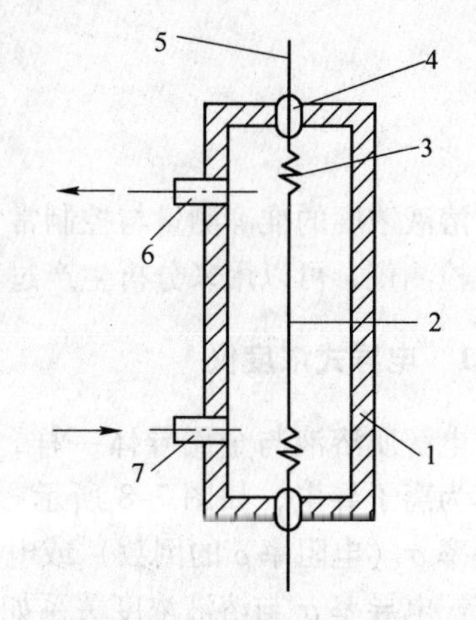

图 7-7 热导池的结构

1—腔体；2—电阻丝；3—支承架；4—绝缘物；5—引线；6—气体出口；7—气体入口

7.3.3 激光在线气体分析仪

激光在线气体分析仪通过分析气体对激光的选择性吸收来获得气体的浓度。激光由媒质的粒子（原子或分子）受激辐射产生。半导体激光吸收光谱技术（DLAS）是一种利用激光能量被气体分子“选频”吸收形成吸收光谱的原理来测量气体浓度的技术。激光在线气体分析仪的工作原理与红外线气体成分分析仪类似，半导体激光器发射出的特定波长的激光束穿过被测气体时，被测气体对激光束进行吸收导致激光强度产生衰减，激光强度的衰减与被测气体含量成正比，因此，通过测量激光强度衰减信息就可以分析获得被测气体的浓度。可测的气体有 O_2、CO、CO_2、H_2O、H_2S、HCl、NH_3、CH_4、C_2H_2、HF 和 NO_x 等。与传统红外光谱吸收技术的不同之处在于，半导体激光光谱宽度远小于气体吸收谱线的宽度，因此，能够更好地降低其他气体对待测气体的干扰。

激光在线气体分析仪在现场可直接安装测量，从而解决了大多数成分分析仪所面临的响应滞后问题；它利用激光良好的单线避免背景气体交叉干扰，也不受粉尘及仪器视窗污染带来的影响，检测数据可靠。DLAS 技术的出现和激光在线气体分析仪器的应用，实现了真正意义上的在线实时监测，是成分分析仪发展的一个重要里程碑。

即便是对同一行业，工艺工况也千差万别，如在钢铁行业就有高炉炉气分析、高炉喷煤安全控制分析、转炉煤气分析等多种应用系统，因此，激光气体分析系统应在实际应用中充分考虑环境参数技术指标的要求，针对工艺工况进行特殊的设计，以实现设计的个性化。如果工艺现场气体温度很高，有的可达 1500K，在某些特殊场合，如航天发动机的尾气，温度高达 3000K 以上，这时需对机械连接装置进行冷却处理设计；如果气体中粉尘含量特别高，如干法水泥生产工艺中煤粉仓的粉尘含量高达 $100g/m^3$（标态）以上，导致激光透光率大大下降，那么需对现场气体进行简单的除尘处理设计；如果气体管道有振动，比如炼铁厂的磨机入口，那么现场装置要加装波纹管，以消除振动产生的光路偏差；如果工艺过程不允许停机，那么需在连接管道上加装球阀，以方便气体分析仪的装卸维护；等等。

7.4 溶液浓度计

溶液浓度的准确测量与控制常常是安全、优质生产的关键。本节介绍几种典型的溶液浓度检测仪，可以用来分析生产过程中酸、碱、盐溶液和浆状物及有机溶液的浓度。

7.4.1 电导式浓度仪

电解质溶液与金属导体一样，是电的良导体，只不过其为离子导电，如图7-8所示。溶液的导电能力常用电导率σ（电阻率ρ的倒数）或电导G（电阻R的倒数）表征。电导率σ与溶液浓度关系如下：

$$\sigma = \Lambda_m c$$

式中 σ——电导率，$\Omega^{-1} \cdot m^{-1}$；

Λ_m——摩尔电导率，$m^2/(\Omega \cdot mol)$，$\Lambda_m = \Lambda_m^\infty - A\sqrt{c}$，其中$A$是与电解质性质有关的常数，$\Lambda_m^\infty$是无限稀释（$c \to 0$）摩尔电导率；

c——浓度，mol/m^3。

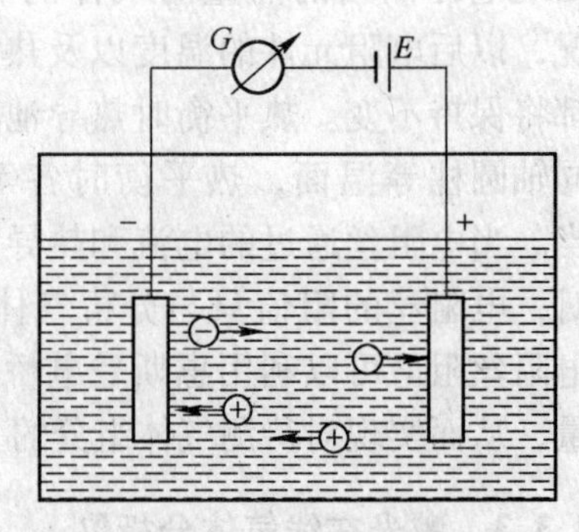

图7-8 电解质溶液的电导

溶液的电导G与电导率σ关系如下：

$$G = \frac{\sigma}{k} = \frac{\Lambda_m}{k} c$$

式中 k——电极常数，m^{-1}，由电极的几何形状确定。

电导率随着温度的升高而增加，其增加的幅度约为$2\% ℃^{-1}$。另外，同一类的电解质，当浓度不同时，它的温度系数也不一样。图7-9为几种常见水溶液在20℃时电导率与浓度的关系曲线。由图可见，电导率与浓度本质上为非线性关系，仅在低浓度区域或高浓度区域的某一小段内，电导率与浓度可近似看成线性关系，即摩尔电导率为一常数。因此，若能在上述范围内测量溶液的电导，就可获得被测溶液的浓度，这就是电导式浓度仪的测量原理。例如，在0~100℃温度范围内，96%~100%硫酸的摩尔电导率Λ_m接近为一常数，它的电导率与浓度就呈线性关系，因此98%硫酸的浓度就是采用电导法进行测量的。

电导率的测量是通过两个电极组成的双电极探头来实现的，如图7-10所示。环形磁芯绕制的传感器放置于被测溶液，如硫酸溶液中，当励磁线圈T_1的绕组输入一交流电压U_1时，副回路中（由被测介质构成）会产生感应电流I_e。溶液回路感应电流I_e的大小，由溶液等效电阻R_e（$R_e = K/X_e$，K为传感器常数），也就是溶液导电率X_e决定。由于I_e的作用，在T_2绕组就有感应电动势U_2产生。这样在检测线圈上可得到随电导率而变化的感应电动势U_2，通过温度补偿及计算能测量出瞬时浓度值。

如图7-11所示，将检测线圈T_2上产生了感应电势U_2送至放大转换级，进行电压放大，并转换为4~20mA电导电流信号I_1。同时，测温电阻R_t将被测溶液的温度信号也送至放大器转换级，使之输出4~20mA的温度电流信号I_2。检测器输出的电流I_1和I_2同时送至信号处理器，通过计算机的软件进行温度补偿处理及线性化处理，输出与被测溶液浓度相对应的电流I_0。

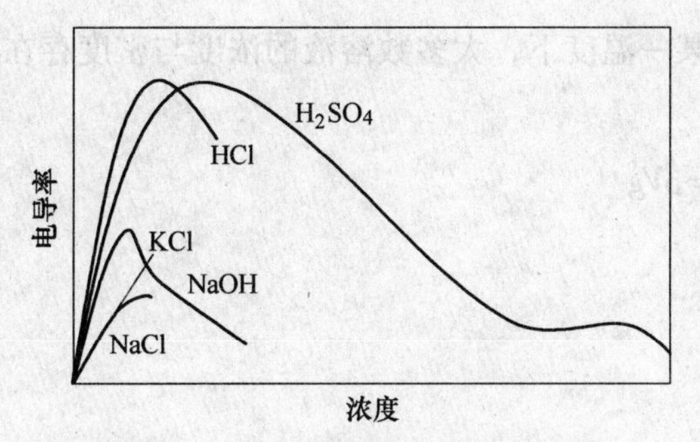

图 7-9 几种常见水溶液在 20℃时电导率与浓度的关系曲线

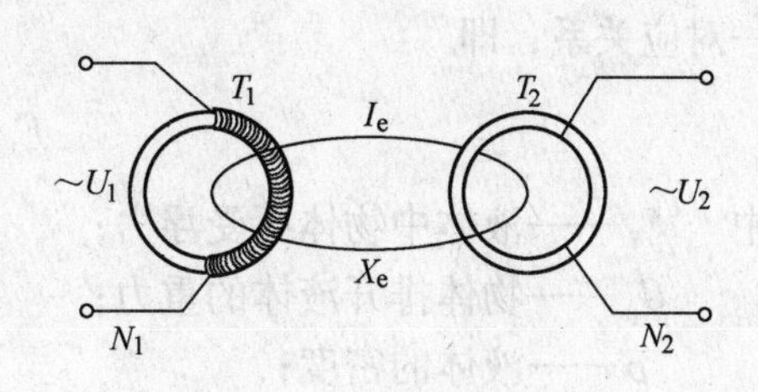

图 7-10 测量原理

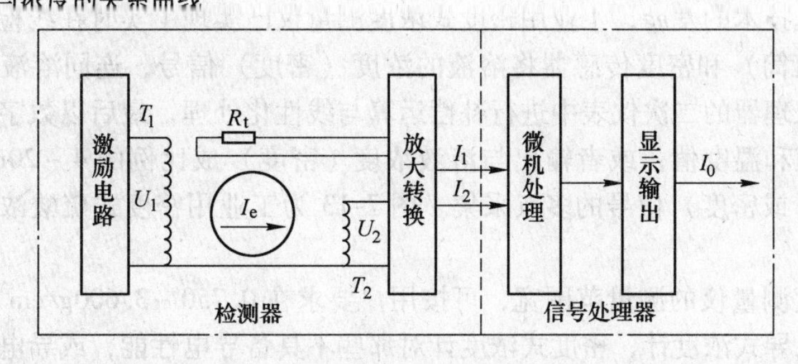

图 7-11 工作原理

值得注意的是，电导式传感器如采用直流供电或低频供电，溶液会发生电解作用。在电解过程中，电极表面形成双电层或电极附近电解液的浓度发生变化会导致化学极化效应与浓差极化效应。

7.4.2 电磁式浓度计

电磁式浓度计是基于法拉第电磁感应原理制成的导电式浓度计，如图 7-12 所示。被测液体与两个电磁线圈的磁场耦合，在第一个线圈 K_1 中通以电流，由于液体耦合在第二个线圈 K_2 中感应出电压，感应的电压与液体的电导 G 成正比，因而也与电导率 σ 成正比。电磁感应式浓度计消除了电极式导电仪所存在的极化效应，也不受液体中沉积物的影响，因此，它的精度更高，性能更好，寿命更长，使用维护更方便。

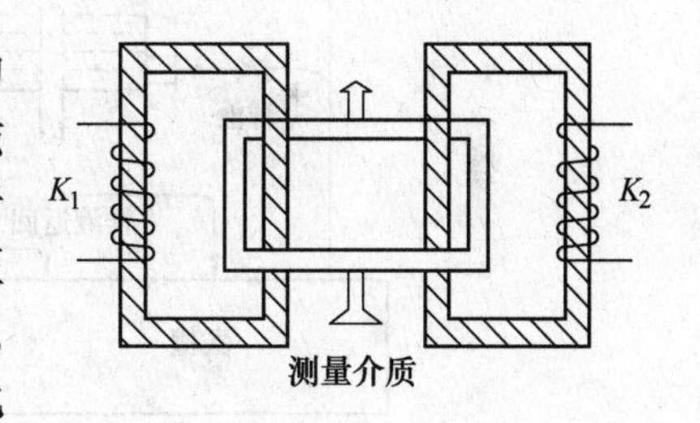

图 7-12 电磁式电导率测量原理

电磁式浓度计仪表一般由传感器与二次仪表组成。检测元件采用无电极式探头，属非接触式仪表，特别适用于强酸、强碱及盐等强腐蚀性介质浓度测量。带微处理器的二次仪表可实现温度补偿，以消除溶液的电导率随温度变化的影响。被测液体的电导率经变送器变换成 4 ~20mA DC 标准信号输出，可实现就地指示和远传监视，也可与计算机或调节装置配合实现浓度调节。电磁式浓度计已被广泛地应用于生产过程中多种溶液的电导率或浓度的自动连续检测与控制。

7.4.3 密度式浓度计

密度式浓度计的工作原理基于阿基米德定律，即浸在液体中的物体受到向上的浮力，

浮力的大小等于该物体所排开液体的重量。在某一温度下，大多数溶液的浓度与密度存在一一对应关系，即

$$F_f = G_p = \rho V g$$

式中 F_f——液体中物体所受浮力；
G_p——物体排开液体的重力；
ρ——液体的密度；
g——重力加速度；
V——物体排开液体的体积。

随着计算机技术的发展，工业用密度式浓度测量仪已实现了实时在线检测功能。装置利用浮子（或沉筒）和密度传感器将溶液的浓度（密度）信号，连同溶液的温度信号一同传送到带微处理器的二次仪表中进行补偿运算与线性化处理，最后以数字形式显示出被测溶液的密度值和温度值，或者输出与溶液浓度（密度）成比例的4～20mA DC远传信号，实现浓度（或密度）信号的多点采集。图7-13为工业用密度式硫酸浓度测量装置示意图。

密度式浓度测量仪的测量范围宽，可按用户要求在0.750～3.600g/cm³范围内选择测量区段。较之电导式浓度计，密度式浓度计对那些不具备导电性能，或导电性能不强，或电导率曲线出现拐点、电导率出现双值的溶液浓度的测量具有明显的优势，如93%硫酸浓度的测量就是典型一例。目前，密度式浓度计已广泛应用于硫酸、磷酸、乙醇、乙二醛等多种酸碱盐溶液或有机物溶液浓度的在线自动检测中。

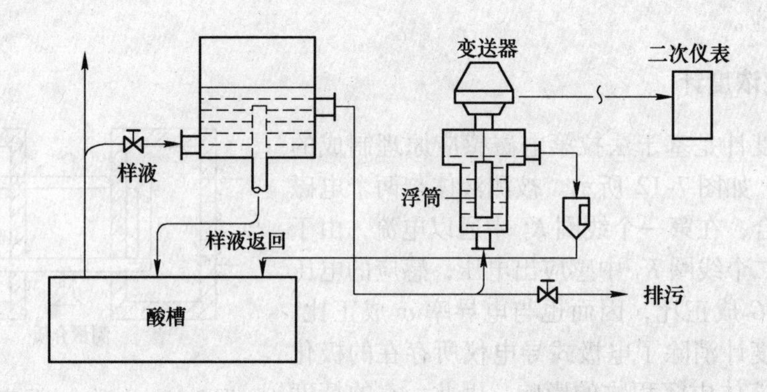

图7-13 工业用密度式浓度计工作示意图

7.5 工业酸度计

在工业生产过程及污水处理中，水溶液的酸碱度对氧化、还原、结晶、吸附、沉淀等过程具有重要的影响。通常所说的溶液的pH值，实际是溶液酸碱度的一种表示方法，它是溶液中氢离子浓度［H^+］的常用对数的负值，即

$$pH = -\lg[H^+]$$

因此，所谓pH计，就是检测溶液中的H^+浓度（酸碱度）的仪器。以下介绍自动检测酸碱度的

工业 pH 计。

工业 pH 计把测量 pH 值转化为测定两个电极之间的电位差，其中一个电极（称为测量电极）的电位随被测溶液中的氢离子浓度的改变而变化，另一个电极（称为参比电极）具有固定的电位。这两个电极复合制成一体，形成一个原电池，测量原电池的电动势即可测出溶液的 pH 值。

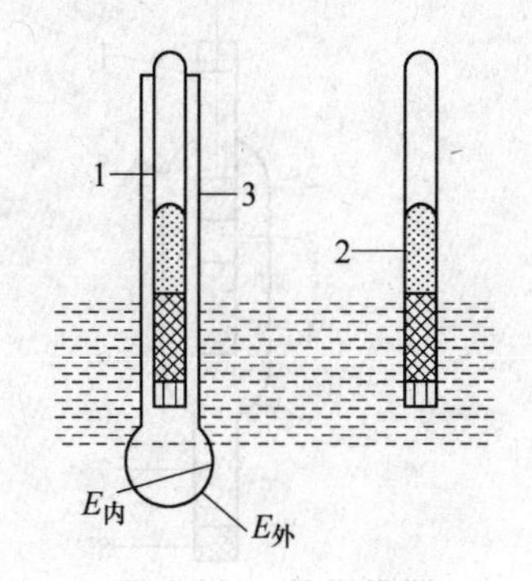

图 7-14 pH 发送器

1—内电极；2—参比电极；3—玻璃电极

工业 pH 计由发送器和测量仪器两大部分组成。pH 发送器由参比电极和测量电极组成，如图 7-14 所示。工业中常用的参比电极有甘汞电极和银-氯化银电极，测量电极有玻璃电极或锑电极等。

7.5.1 参比电极

甘汞电极是一种由金属（Hg）及该金属的难溶性盐（Hg_2Cl_2）和与此盐有相同的阴离子（Cl^-）的可溶性盐溶液（KCl）组成的电极，其结构如图 7-15 所示。它的外壳是一个玻璃容器，顶端的铂丝导线作电极电位的引出线，铂丝下端浸在汞中。汞的下端装有糊状甘汞——Hg_2Cl_2。汞和甘汞用纤维丝托住，使其不致下坠，但离子可以通过。纤维丝的下边充有饱和 KCl 溶液，其下端的晶体状态 KCl 是为了保证溶液呈饱和状态，末端用多孔陶瓷芯堵住。甘汞电极置于待测溶液中时，通过多孔陶瓷芯，渗出少量 KCl 以实现离子迁移，建立电的联系。

甘汞电极电位取决于内部溶液 Cl^- 的浓度，依 KCl 浓度不同，分别有 0.1mol/L、1mol/L 及饱和等三种。参比电极的电势不随被测溶液氢离子浓度的变化而变化，在 25℃时，分别对应 +0.3365V、+0.2810V 及 +0.2458V 三种电极电位。

银-氯化银电极的工作原理及结构类似于甘汞电极，电极电位 $E = +0.197V$，在较高的温度（250℃）时，仍较稳定，可用于温度较高的场合。

7.5.2 测量电极

测量电极的电位是随着被测溶液的 pH 值而变化的。这里介绍应用最广泛的玻璃电极，其结构如图 7-16 所示。玻璃电极的底部呈球形，由能导电、能渗透 H^+ 的特殊玻璃薄膜制成，其壁厚约 0.2mm，玻璃壳内充有 pH 值恒定的标准溶液（又称缓冲溶液）。玻璃膜的内外两侧均与水溶液接触而产生 $E_{内}$ 和 $E_{外}$ 两个电位，它们与相应溶液的 $[H^+]$ 有关且遵从恩斯特公式。为了测量玻璃膜内外两侧的电势差，在玻璃膜的内侧溶液中插入一个电极电位已知的内电极，在被测溶液中插入另一个电极（参比电极）。内电极通常采用上述甘汞电极或银-氯化银电极。由于被测溶液的 pH 值与溶液的温度有关，因此外发送器内还装有进行温度自动补偿的校正电阻，以提高测量的准确度。

若内电极及参比电极均采用甘汞电极，则玻璃电极测量系统的原电池表达式为：

$$\underset{E_1}{Hg|Hg_2Cl_2(固),KCl(饱和)}\ \|\ 缓冲溶液\underset{E_{内}}{|}玻璃膜\underset{E_{外}}{|}待测溶液\ \|\ \underset{E_2}{KCl(饱和),Hg_2Cl_2(固)|Hg}$$

上述表达式中，单竖线表示界面上产生电极电位，双竖线则表示该处不存在电极电位。

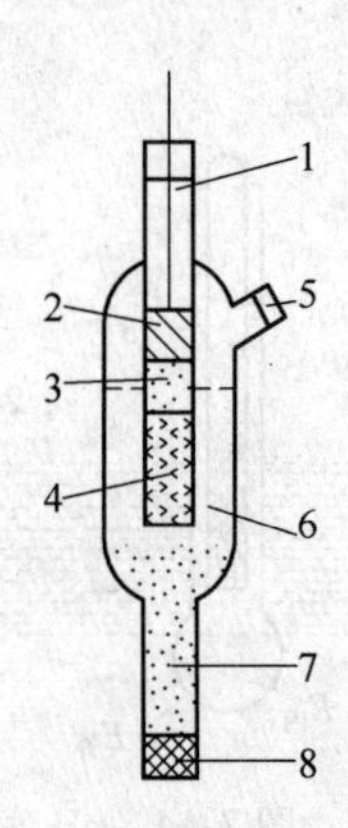

图7-15 甘汞电极结构图
1—引出导线；2—汞；3—甘汞；4—纤维丝；
5—KCl 溶液加入口；6—KCl 饱和溶液；
7—KCl 晶体；8—多孔陶瓷芯

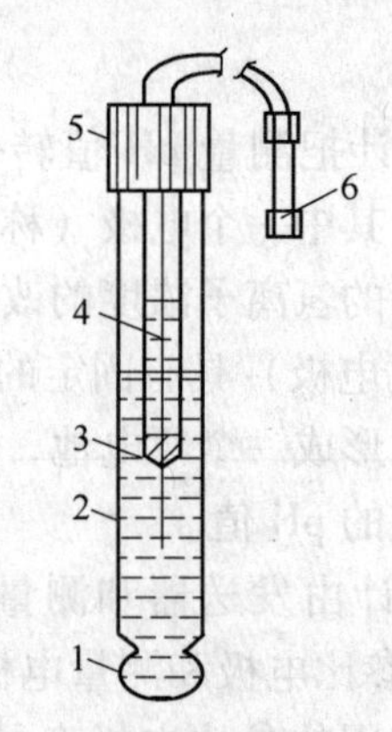

图7-16 测量电极结构图
1—玻璃膜；2—厚玻璃外壳；3—标准溶液；
4—内参比电极；5—绝缘套；6—电极引出线

这一测量系统的电动势为 E，可写为：

$$E=(E_1-E_2)+(E_{内}-E_{外})$$

由于内电极与参比电极相同，有 $E_1=E_2$，故

$$E=E_{内}-E_{外}=\frac{RT}{F}(\ln[H_0^+]-\ln[H^+])$$

换为常用对数，并考虑到 pH 值的定义，则有

$$E=2.303\frac{RT}{F}(\lg[H_0^+]-\lg[H^+])=2.303\frac{RT}{F}(pH-pH_0)$$

式中，pH_0 是已知的一个固定值，R、F 分别为气体常数及法拉第常数。在温度 T 一定的条件下，产生的电动势 E 与被测溶液的 pH 值之间成对应的单值函数关系。测得 E 值，就可知被测溶液的 pH 值，这就是工业酸度计发送器的工作原理。

7.6 湿度检测仪表

工业生产过程中常要求自动检测和控制原材料或成品中的含水量以及空气（或气体）中的含水量，统称为湿度检测。被测对象物态不同，所处场合不同，所选取的仪表也就不同。

7.6.1 自动干湿球湿度计

干湿球湿度检测是根据干湿球温度差效应原理进行工作的。干湿球温度差效应是指在潮湿物体表面的水分蒸发而冷却的效应，冷却的程度取决于周围空气的相对湿度、大气压力以及风速。如果大气压力和风速保持不变，相对湿度愈高，潮湿物体表面的水分蒸发强度愈小，潮湿物体表面温度与周围环境温度差就愈小；反之亦然。

自动干湿球湿度计由两支相同的温度计组成：一个的感温元件外包有棉纱，棉纱浸在水中，经常保持湿润状态，称为湿球；另一个的感温元件置于待测湿度的气体中，称为干

球。如果待测气体的湿度很低，湿球表面的水分蒸发得就很快。由于水分蒸发需带走热量，所以湿球的温度就会明显降低，致使干、湿球之间的温差增大。根据干、湿球温度和两者的温差，可以求出待测气体的相对湿度。

自动干湿球湿度计的测量电路如图 7-17 所示。干球温度和湿球温度分别用铂电阻 R_d 和 R_m 检测，它们作为电桥的一个桥臂分别接入两个直流电桥或交流电桥中，而两个电桥其余桥臂的电阻和供桥电压均相同，两电桥输出信号经同向并联后输入到电子放大器。干球铂电阻电桥的输出电压从滑线电阻 W 上分压取出，滑线电阻由自动平衡电桥的可逆电动机带动，可随时平衡湿球电桥的输出信号。滑线电阻的触点处在平衡位置时，仪表示值即为干、湿球温度差，或按相对湿度刻度。

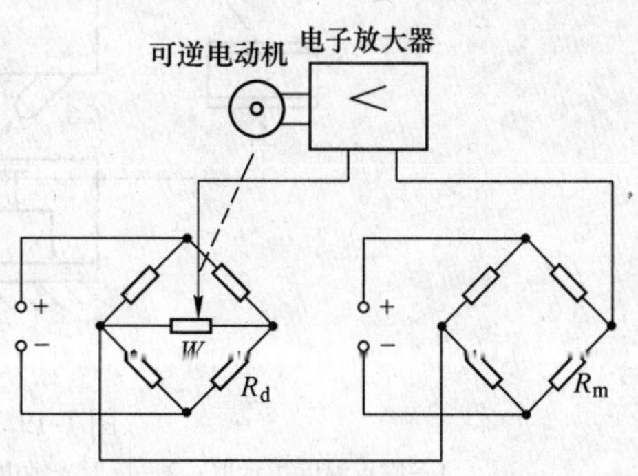

图 7-17 自动干湿球温度计原理电路

影响测量准确度的主要因素是湿球温度的测量误差。使用时要求湿球棉纱始终有部分与水接触。经过湿球处的气体应有适当的流速，一般要求在 2.5～4m/s，保证热交换方式仅有对流传热。如果气流速度太小，会带来明显的示值误差。

7.6.2 露点湿度计

普通露点湿度计的结构如图 7-18 所示，主要由一个表面光滑的金属盒（盛有乙醚）、橡皮鼓气球（或打气筒）以及两支温度计构成。用橡皮鼓气球（或打气筒）向金属盒内打气，乙醚会迅速蒸发并吸收周围空气里的热量，从而使周围空气温度降低。当空气里的水蒸气开始在金属盒外表面凝结时，插入盒中的温度计读数就是空气的露点温度。利用露点温度和干球温度，查焓湿图即可确定空气湿度。

这种湿度计的缺点在于，当冷却表面上出现露珠的瞬间，需立即测定表面温度，否则露点温度的测量结果将偏低，因此，很难测准，容易造成较大的测量误差。

光电式露点湿度计使用高精度的光学与热电制冷系统，弥补了普通露点湿度计的上述不足，其基本结构如图 7-19 所示。

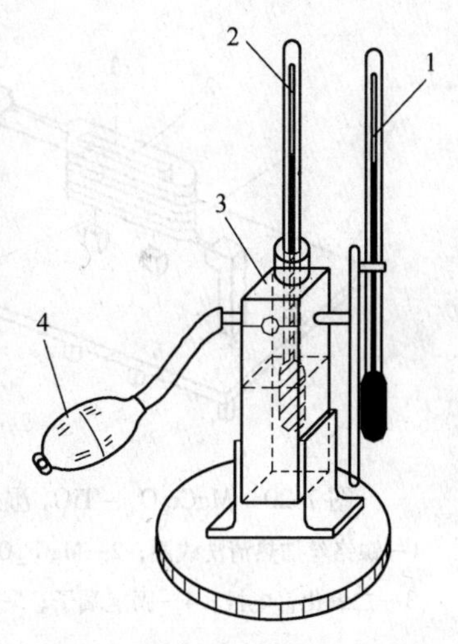

图 7-18 露点计

1—干球温度计；2—露点温度计；3—镀镍铜盒；4—橡皮鼓气球

露点镜 6 温度由半导体制冷器 8 控制。当露点镜温度高于气体的露点温度时，光源 4 发出的光绝大部分被反射光敏电阻 2 接收，散射光敏电阻 3 接收到的光极少。当露点镜温度降至露点温度时，靠近该表面的相对湿度达到 100%，露点镜表面上将有露珠形成，露点镜的反射性能减弱，散射性能增强；相应地，反射光敏电阻接收的光减弱、散射光敏电阻接收的光增强，从而导致两个电阻阻值向相反方向变化。光电桥路 5 检测到这一变化，并通过半导体热电制冷器保持露点镜的温度。

光电式露点湿度计准确度高，测量范围宽。计量用的精密露点仪测量露点温度的准确度可达 ±0.2℃甚至更高，常常可以作为标准仪器使用，但其制造成本较高，价格昂贵。

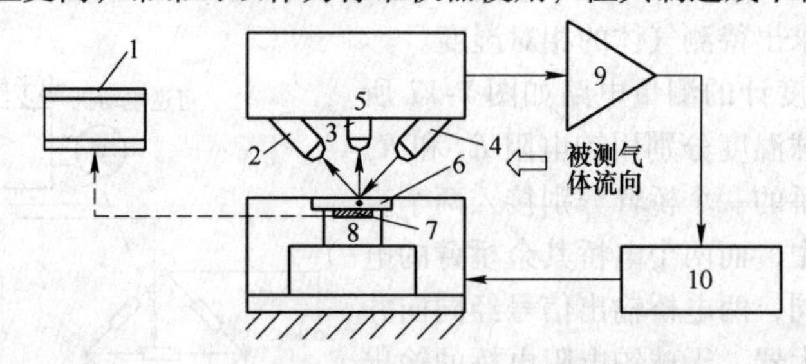

图 7-19 光电式露点湿度计

1—露点温度指示器；2—反射光敏电阻；3—散射光敏电阻；4—光源；5—光电桥路；6—露点镜；7—铂电阻；8—半导体热电制冷器；9—放大器；10—可调直流电源

7.6.3 金属氧化物陶瓷湿度传感器

金属氧化物陶瓷湿度传感器由金属氧化物多孔性陶瓷烧结而成。烧结体上有微细孔，可使湿敏层吸附或释放水分子，造成其电阻值的改变。金属氧化物陶瓷烧结体的电阻值随湿度的增大而减小，但为非线性，其电阻的对数值与湿度的关系为线性。

铬酸镁-二氧化钛陶瓷湿敏元件是较常用的一种湿度传感器。它是以 $MgCr_2O_4$ 为基材，加入一定比例 TiO_2 感湿材料，压制成 4mm×5mm×0.3mm 的薄膜片后在高温下烧结而成，其结构如图 7-20 所示。这种材料的表面电阻值能在很宽的范围内随湿度的增加而变小，即使在高湿条件下，对其进行多次反复的热清洗，性能仍不改变。电极材料二氧化钌通过丝网印制到陶瓷片的两面，在高温烧结下形成多孔性电极。在陶瓷片外附设有电阻丝绕制的加热清洗线圈，其作用是通过加热排除附着在感湿片上的有害气氛及油雾、灰尘，使其恢复对汽水的吸附能力。金属氧化物陶瓷湿度传感器的灵敏度高、响应特性好、测湿范围宽、性能稳定，目前已经商品化，且应用广泛。

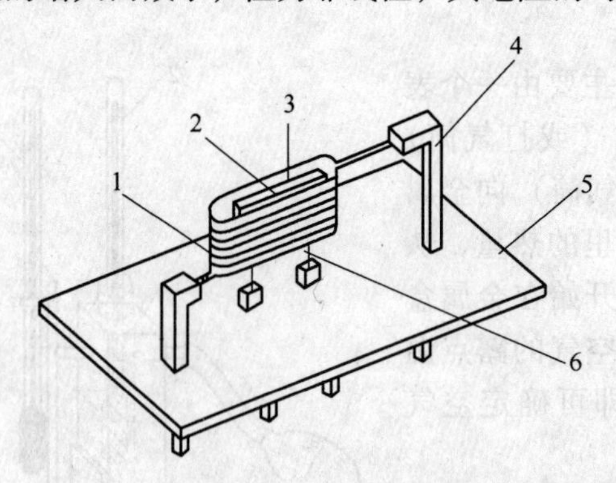

图 7-20 $MgCr_2O_4-TiO_2$ 湿度传感器结构

1—镍铬丝加热清洗线圈；2—$MgCr_2O_4-TiO_2$ 湿敏陶瓷片；3—二氧化钌电极；4—固定端子；5—陶瓷基片；6—引线

另外，还有利用 CrO_3、Fe_3O_4、Al_2O_3、Mg_2O_3、ZnO 及 TiO_2 等金属氧化物的细粉吸附水分后有极快的速干特性，研制的金属氧化物膜湿度传感器。

7.6.4 氯化锂电阻湿度传感器

氯化锂（LiCl）是一种在大气中不分解、不挥发，也不变质，具有稳定性的离子型无机盐类。其吸湿量与空气的相对湿度成一定函数关系，即随着空气相对湿度的增大，氯化锂吸湿量也随之变化，从而使氯化锂中导电的离子数也随之增加，导致它的电阻减小。当氯化锂的蒸气压高于空气中的水蒸气分压力时，氯化锂放出水分，导致电阻增大。氯化锂电阻湿度传感器就是根据这个原理制成的。

DWS-P 型氯化锂湿敏电阻，是近年来生产的一种新型湿敏电阻。它采用真空镀膜工艺在玻璃片上镀上一层梳状金电极，然后在电极上涂上一层氯化锂和聚氯乙烯醇等配制的感湿膜。由于聚氯乙烯醇是一种黏合性很强的多孔性物质，它与氯化锂结合后，水分子会很容易地在感湿膜中吸附与释放，从而使湿敏电阻的电阻值发生迅速的变化。为了提高湿敏电阻的抗污染能力，在湿敏电阻表面涂覆一层多孔性的保护膜。

每一个传感器的测量范围较窄（一般为 15%~20% RH），故为扩大测量范围，可采用多片组合传感器。

传感器使用交流电桥测量其阻值，不允许用直流电源，以防止氯化锂发生电解。最高使用温度 55℃，当大于 55℃时，氯化锂将蒸发。

思考题与习题

7-1 红外线气体分析仪工作的基本依据是哪些？

7-2 氧化锆为什么能测量气体中的氧含量？它适用于什么场合？测量过程为什么要求介质温度稳定？

7-3 试述电导式浓度分析仪的工作机理。为什么它能测量 98% 的硫酸溶液？

7-4 激光在线气体成分分析仪与近红外气体分析仪相比，有何特点？

7-5 工业酸度计由哪些部分组成？参比电极和测量电极有哪些？请简述甘汞电极的测量原理。

7-6 成分检测仪表使用时要注意哪些问题？

8 显示仪表

8.1 概　述

显示仪表是接收检测元件（包括敏感元件、传感器、变送器等）的输出信号，通过适当的处理和转换，以易于识别的形式将被测参数表现出来的装置。早期的显示仪表只作参数指示，常常与检测装置集成在一起，只能就地指示而不能集中显示。随着工业生产的发展，生产规模不断扩大，生产过程逐步由手工操作过渡到局部自动化或全盘自动化，故所测参数增多，精度要求也相应提高，检测信号必须远传实行集中显示和控制。此时单一指示型的显示仪表已不能满足需要，因此，逐渐发展出检测和显示功能分开的只接收传送信号的显示仪表。显示技术及仪表已发展成为一门专门的学科。

显示仪表分为模拟式、数字式和屏幕式三大类。在现代过程检测和控制中，微机化是自动显示发展的必然趋势。随着多媒体技术的发展，计算机的显示功能空前强大，为显示仪表的微机化奠定了基础。另外，微机化的显示仪表有与工业网络上位机的接口，通过网络实现实时数据的各种传输，因此它们已是各种现场总线系统中必不可少的环节。

（1）模拟式显示仪表。模拟式显示仪表是以指针与标尺间的相对位移量或偏转角来指示被测参数的显示仪表，即凡是用物理模拟方法对被测信息实现显示的仪表，都称之为模拟式显示仪表。模拟式显示仪表出现最早。常见的模拟式显示仪表，可按工作原理分为：

1）磁电式显示仪表，如动圈式显示仪表。动圈式显示仪表具有体积小、重量轻、结构简单、造价低等特点，既能单独作显示仪表，又能兼有显示、调节、报警功能；既可以和热电偶、热电阻相配合来显示温度，也可以与压力变送器配合显示压力等参数。

2）自动平衡式显示仪表。自动平衡显示仪表因使用时所连接的测量元件（热电偶和热电阻等）不同而分为自动平衡电位差计和自动平衡电桥两种。自动平衡式显示仪表由于利用自动补偿测量法和采用了电子放大器，精确度和灵敏度都较高。在附装电接点和气动式电动调节装置后，它可作报警和自动控制用。

总的来说，模拟式显示仪表具有结构简单、工作可靠、价格低廉、易于反映被测参数的变化趋势的优点，同时也具有准确度较低、线性刻度较差、信息能量传递效率低、灵敏度不高等缺点。因此，模拟式显示仪表虽然至今仍然被人们所使用，但是有逐渐被其他类型仪表所取代的趋势。

（2）数字式显示仪表。数字式显示仪表是直接以数字形式指示被测参数的显示仪表。其测量速度快，抗干扰性能好，精度高，读数直观，工作可靠，具有自动报警、打印和检测等功能，适用于计算机集中监视和控制。数字式显示仪表近年来发展较快，并与现代微电子技术、数字技术、计算机技术密切相关。数字式显示仪表主要由前置放大、模拟-数字信号（A/D）转换器、非线性补偿器、标度变换以及显示装置等部分组成，如图 8-1 所示。通常，数字式显示仪表中带有 CPU，通过对 CPU 的编程，可以对数字信号进行滤波及各种运算。数字式显示仪表由于其自身的优越功能，已在相当广泛的领域内取代了模拟式显示仪表。

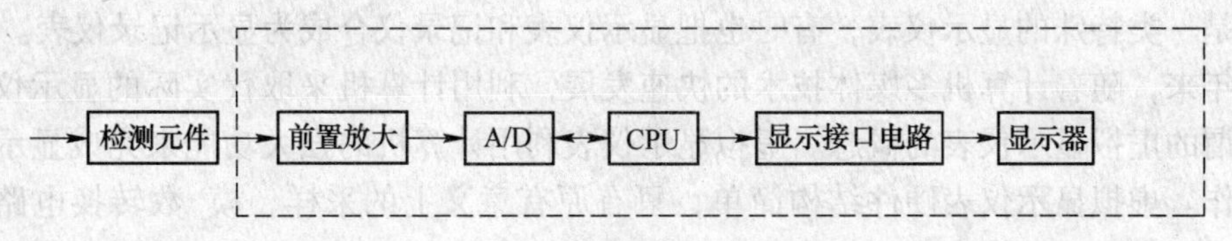

图 8 1 数字式显示仪表的框图

（3）屏幕式显示仪表。屏幕式显示仪表是在数字式显示仪表的基础上增强了 CPU、RAM、ROM、显示屏和一些其他元件的功能而构成的新型显示仪表，如图 8-2 所示。由于增强了 CPU 和显示屏的功能，屏幕式显示仪表对信息的存储以及综合处理能力大大加强，例如可对热电偶冷端温度、非线性特性以及电路零点漂移等进行补偿，进行数字滤波和各种运算处理，设定参数的上、下限值，报警，数据存储，通讯，传输以及趋势显示等。多路切换开关可把多路输入信号，按一定时间间隔进行切换，输入仪表内，以实现多点显示。前置放大器和 A/D 转换器把输入的微小信号进行放大，而后转换为断续的数字量。CPU 的作用则是对输入的数字量信号，根据仪表功能进行处理，如非线性补偿、标度变换、零点校正、满度设定、上下限报警、故障诊断、数据传输控制等。只读存储器是存放一些预先设置的使仪表实现各种功能的固定程序。其中 EPROM 需离线光擦除后写入；EEPROM 可在线电擦除后写入；RAM 是用于存储各种输入、输出数据以及中间计算结果等，它必须带自备电池，否则一旦断电，所有储存数据将全部丢失。键盘为输入设备，打印机、显示屏幕为输出设备。

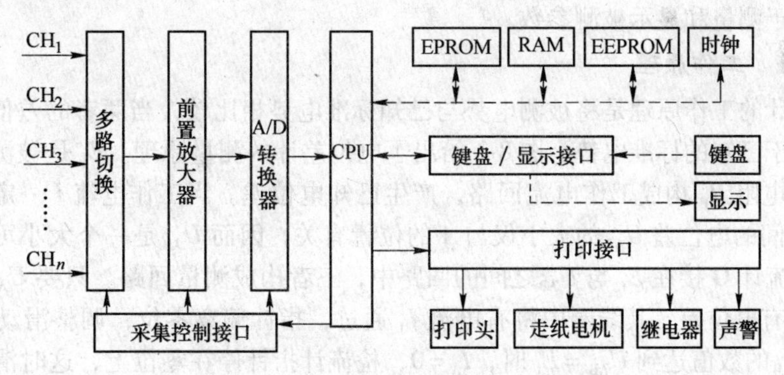

图 8-2 屏幕式显示仪表原理框图

还有一类称为记录仪的特殊显示装置。记录仪是指能实时保存当前仪表测量值，以便需要时查看的装置。记录仪分为有纸记录仪和无纸记录仪两种。有纸记录仪一般是模拟仪表，仪表中有带动传动机构使记录纸以一定速度走动，其指针实际上是一支笔，在显示的同时，在记录纸上留下轨迹，该轨迹就是被测参数随时间的变化趋势曲线。无纸记录仪是一种特殊的数字仪表，在实时显示测量值的同时，把实时数据保存到记录仪的内存中。需要查询时，只要输入所需查询的起止时间，仪表就能以曲线或数字形式显示当时的历史数据。记录仪的内存一般较大，因此可以保持较多的历史数据，必要时还可以将内存中的数据导出到其他存储设备中。为了提高记录仪的利用率，记录仪通常可同时记录多个测量参数，并用不同的颜色来区分不同的参数。由于记录仪能实时显示当前数据，因此，可以把它看做是一类特殊的显示仪表，有时也把显示仪表和记录仪合成为显示记录仪表。

近年来，随着计算机多媒体技术的快速发展，利用计算机来取代实际的显示仪表，形成了所谓的虚拟显示仪表的概念。虚拟显示仪表利用计算机的强大功能来完成显示仪表的所有工作。虚拟显示仪表硬件结构简单，只有原有意义上的采样、模-数转换电路，通过输入通道插卡插入计算机即可。虚拟仪器的显著特点是在计算机屏幕上完全模仿实际使用中的各种仪表，如仪表盘、操作盘、接线端子等，用户通过键盘、鼠标或触摸屏来进行各种操作。计算机完全取代显示仪表后，除受输入通道插卡性能限制外，其他各种性能如计算速度、计算的复杂性、精确度、稳定性、可靠性都大大增强。此外一台计算机中可以同时实现多台虚拟仪表，可集中运行和显示。

8.2 模拟式显示仪表

自动平衡式显示仪表包括自动电子电位差计式显示仪表和自动平衡电桥显示仪表，主要用于电势和电阻信号的测量，与各种相应的传感器或变送器配合后，可以对生产过程中工艺参数（如温度、压力等）的测量结果加以显示和记录。有些自动平衡式显示仪表还附加简单的调节功能，以实现控制的要求。

8.2.1 电位差计式显示仪表

电位差计是一种典型的平衡式测量仪表，能与输出信号为电势（电压）的各种检测元件配合，用于测量和显示被测参数。

8.2.1.1 工作原理

电位差计的工作原理是将被测电势与已知标准电势相比较，当两者的差值为零时，被测电势就等于已知的标准电势。图 8-3 给出了电位差计的测量原理。E_t 是被测量电势，电源 E 与滑线电阻 R_P 构成工作电流回路，产生已知电位差。当工作电流 I 一定时，滑动触点 A 与 B 之间的电位差 U_{AB} 的大小仅与 A 的位置有关，因而 U_{AB} 是一个大小可以调整的已知数值。检流计 G 接在 E_t 与 U_{AB} 之间的回路中，三者构成测量回路。只要 $U_{AB} \neq E_t$，检流计 G 两端就有电位差，其线圈中将有电流 I_0 通过，指针偏离零位；调整滑动触点 A 的位置，改变 U_{AB} 的数值达到 $U_{AB}=E_t$ 时，$I_0=0$，检流计指针停在零位上，这时滑动触点 A 在标尺上所指示的 U_{AB} 的数值就是被测电势 E_t 的值。

如果电源 E 采用干电池，工作电流 I 会随电池的放电而变化，滑触点 A 在同样的位置上将有不同的 U_{AB}，这样将会引入测量误差，故必须保证工作电流 I 不变。为此可增加一个标准工作电流的回路，如图 8-4 所示。该回路由标准电池 E_S、固定电阻 R_G 及检流计 G 组成。标准电池的电动势 E_S 可在较长时间内保持稳定不变。当开关 S 放在位置 1 时，标准电池的电势 E_S 与 R_G 上的电压降 IR_G 相比较。若 $E_S \neq IR_G$ 则 $I_0 \neq 0$，检流计指针将偏离零位。这时可调整电位器 R_I 的滑动触点，改变工作电流 I，至检流计指针回到零位。此时

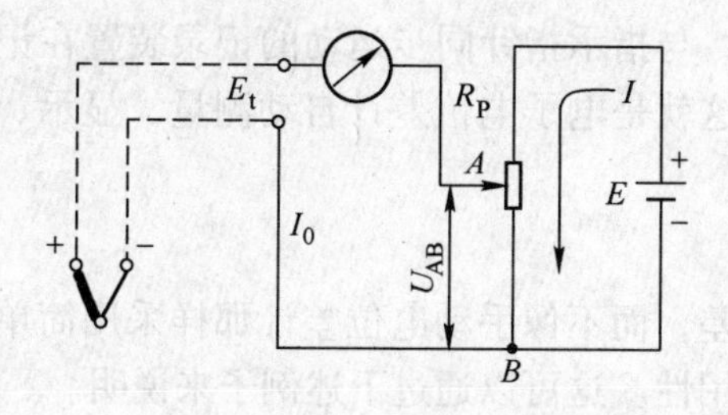

图 8-3 电位差计的测量原理

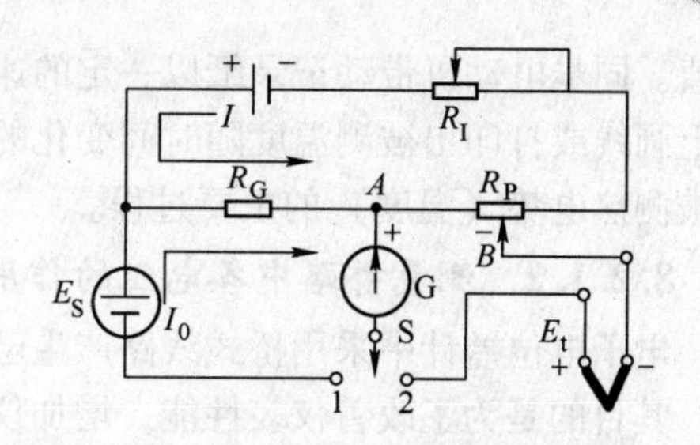

图 8-4 电位差计的原理线路

表明 $I_0=0$，即有 $E_s=IR_0$。由于 E_s 及 R_0 均为定值，故 I 也为确定的数值。这 操作称为校准工作电流。此后，将开关置于 2 的位置，即可按前述电位差计的原理测量未知电势 E_t。

图 8-4 的线路实际上是一台手动电位差计的原理路线。它由三个基本回路组成：工作电流回路、校准工作电流回路及未知电势测量回路。采用电位差计测量未知电势有如下优点：

（1）由于电位差计是在被测电势与已知电位差平衡时进行读数的，测量回路中没有电流通过，未从被测电势 E_t 中吸取能量，其接入没有改变测量的状态，故可以得到较真实的测量结果。也正是因为测量回路中没有电流通过，所以热电偶及连接线的电阻变化对测量结果不产生影响。

（2）由于电位差计的有关电阻及标准电池的电动势都可以做到准确精密，检流计的灵敏度也可以做到足够高，因而从实际上保证了电位差计具有较高的准确度，其准确度等级有 0.2、0.1、0.05、0.02、0.005 等几种。实际工作中通常使用 0.05 级以上的手动电位差计作为标准仪器，对其他仪表进行检定。同时，它还可以作为直流电压、电流、电阻等的精密测量仪器。

手动电位差计的测量过程自始至终需要人参与，不适合于生产过程中的连续测量，于是便出现了自动测量的电子电位差计。它用电子放大器代替检流计，用可逆电动机及传动机构代替人手的操作，实现测量过程的自动平衡、指示及记录。图 8-5 给出了其原理方框图。热电偶的热电势与测量桥路产生的直流电压（即已知电位差）比较，所得的差值电压（即不平衡电压）由放大器放大，输出足以驱动可逆电动机的功率。根据不平衡电压极性的正或负，可逆电动机相应地正转或反转，通过传动系统移动测量桥路中滑线电阻上的滑动触点，改变测量桥路的输出电压直至与被测电势相等，不平衡电压为零，可逆电动机停止转动。滑触点停在一定的位置，同时指示机构的指针也就在刻度标尺上指出被测温度的

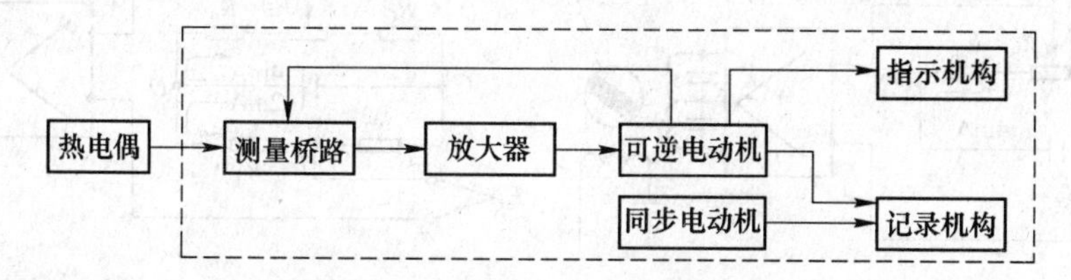

图 8-5 电子电位差计原理方框图

数值。同步电动机带动记录纸以一定的速度转动，与指示指针同步运动的记录装置在记录纸上画线或打印出被测温度随时间变化的曲线。这就是电子电位差计自动测量、显示、记录被测热电势（温度）的主要过程。

8.2.1.2 测量桥路中各电阻的作用及要求

电子电位差计中采用桥式线路产生已知电位差，而不像手动电位差计那样采用简单回路，其目的是为了改善仪表性能，增加仪表的通用性。这可以通过下述例子来说明。

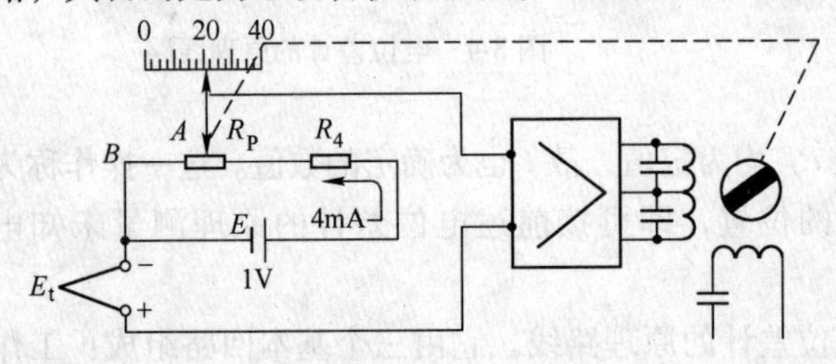

图 8-6 输出为 0 ~ 40mV 的原理线路

如图 8-6 所示，已知电位差从 A、B 两点取得，热电势 E_t 以图示的极性接入电路，并设其值在 0 ~ 40mV 之间。如果 R_P 的值是 10Ω，稳压电源电压 $E=1V$。当滑动触点 A 从滑线电阻左端滑至右端时，要求已知电位差 $U_{AB}=0\sim40mV$ 方能同被测电势平衡，这只有回路电流 $I=4mA$ 才行。显然要有 $R_P+R_4=\frac{1V}{4mA}=250\Omega$，因而 $R_4=240\Omega$。R_4 起着限制电流的作用，称为限流电阻。

要是被测电势的最小值不从零开始，比如 E_t 在 10 ~ 50mV 之间变化。在保持 $I=4mA$、$R_P=10\Omega$ 的条件下，U_{AB} 的最大值仍能满足量程（40mV）要求。但是，当滑动触点 A 移动至 R_P 的左端时，$U_{AB}=0$，不能与被测电势的最小值（10mV）相平衡。解决的办法是在 R_P 的左端与 B 点之间串联一个电阻值为 2.5Ω 的电阻 R_G，如图 8-7 所示。R_G 上的电压降 $IR_G=4\times2.5=10mV$，故它称为起始电阻，由它确定仪表指针在起始端位置的示值。

如果被测热电势从负值开始，比如在 −10 ~ 40mV 沿用前述的简单电路，无论触点 A 在 R_P 上处于什么位置，总是 $U_{AB}>0$，不能平衡负的热电势。要是在单一回路的基础上增加另一个由 R_1、R_2 组成的支路，见图 8-8，负电势测量的问题即可解决，在此电路中 AB 两点的电位差：$U_{AB}=U_{AC}-U_{BC}$。当 $U_{AC}>U_{BC}$ 时，U_{AB} 为正值；当 $U_{AC}<U_{BC}$ 时，U_{AB} 为负值。故测量桥路能够提供正的或负的已知电位差与被测电势相平衡，即可测量 −10 ~ 40mV 的直流电势，解决了双向测量问题。这是电子电位差计采用测量桥路的根本原因。在测量桥路中，习惯上把包含了 R_4、R_P、R_G 的电路称为上支路，工作电流为 4mA（或 2mA）；R_1、R_2 组成的电路称为下支路，工作电流为 2mA（或 1mA）。

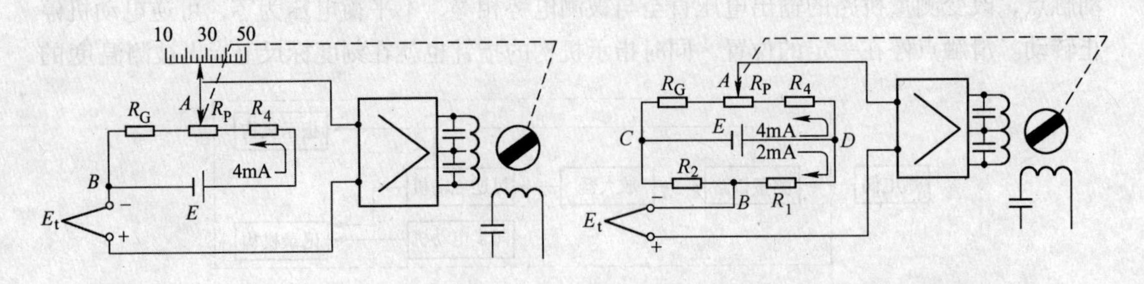

图 8-7 输出为 10 ~ 50mV 的原理线路

图 8-8 具有两个支路的测量原理线路

电子电位差计与热电偶配合测量温度时，同样存在热电偶自由端温度变化，影响测量准确度问题。为解决这一问题，在桥路的下支路中可设置自由端温度补偿电阻 R_2。R_2 用铜丝绕制（桥路其他电阻全部为锰铜电阻），阻值随环境温度变化，能自动补偿热电偶自由端温度变化的影响。例如用镍铬-镍硅热电偶测温时，若其工作端温度不变，而自由端温度从 0℃升高到 25℃，这时，如果没有补偿电阻 R_2，热电势将降低 1mV，因而仪表指针就要向左移动，示值就会偏低。现在，将铜电阻 R_2 与热电偶自由端处于相同温度时（也是 25℃），R_2 的阻值将增大 ΔR_2（$=0.5\Omega$）。所以 R_2 上的电压降 U_{BC} 也要增大 ΔU_{BC}（$=\Delta R_2 I_2 = 0.5\times2=1\text{mV}$），故电位差 U_{AB} 要减少 1mV，正好与热电偶的热电势平衡。这时滑动触点 A 就仍停留在原来的位置上，仪表指针保持不动，因而指示值就不会偏低。这就是热电偶自由端温度自动补偿的作用。铜电阻 R_2 装在仪表外壳的接线板上，靠近热电偶自由端处，使两者感受相同的环境温度。温度补偿范围通常为 0~50℃。不同分度号的电子电位差计，R_2 的数值是不相同的。

R_1 是下支路的限流电阻。铜电阻 R_2 的值一般在 10Ω 以下，在供桥电压为 1V 时，要保证下支路电流为 2mA，故 R_1 必须有足够大的数值起限制电流的作用。R_1 一般约 500Ω。

测量桥路与电子放大器、可逆电动机平衡机构及指示记录装置等互相配合，即组成一个完整的电子电位差计。

8.2.1.3 技术指标

国产电子电位差计按其外形结构及功能（指示、记录、调节）分为十几个系列，每个系列大致可分为几个基型品种，每个基型品种按测量线路的不同，又可分为几种主要类型。这些品种类型中，就其形状大小而言，有大、中、小三种，每一种按记录纸形式又有长图与圆图之分。记录方式有笔式与打点式两种，圆图记录纸的记录方式为笔式单点，长图记录纸则笔式及打点二者兼有之。笔式记录有单笔及双笔之分，单笔在某一瞬时只能记录一点数值，双笔则可记录两点数值。打点式记录方式又分单点与多点，单点只能记录一点的数值，多点则通过仪表中的转换装置，可轮流记录多点数值。记录纸的传送由同步电动机驱动，中间用齿轮箱减速，在长图记录的电子电位差计中，依靠减速比的变更，可以改变走纸速度，但圆图记录走纸速度通常是不变更的（一般是 1 周/昼夜）。此外，电子电位差计还可带有各种附加装置，例如自动控制装置（位式控制，程序控制或比例、积分、微分控制等）和信号报警、连锁装置等，可根据使用的需要选择。

电子电位差计主要有如下一些技术指标。

（1）基本误差。电子电位差计的基本误差包括两种：一是指示基本误差，通常规定不超过量程的 ±0.5%，即 0.5 级，某些高准确度的电子电位差计，可达 0.3 级；二是记录基本误差，通常规定不超过量程的 ±1%。

（2）全行程时间。在使用过程中当被测参数发生变化时，衡量仪表指示器反映被测参数变化的速度性质的指标，用全行程时间表示。所谓全行程时间是指在阶跃信号输入下，仪表指示器从标尺 5% 处走到 95% 处所需要的时间。全行程时有 5s、2.5s 和 1s 等几种供选择。

（3）仪表不灵敏区。它是指仪表指针不发生变化的输入信号最大变化范围，通常不超过量程的 0.25% 或 0.5%。当仪表不灵敏区太大时，对小的信号没有反应，示值误差增大；当仪表不灵敏区太小时，仪表指针会产生抖动或摆动不休的现象，无法准确指示和记录。仪表不灵敏区的大小，在一定范围内可借助调节放大器的增益来改变。

电子电位差计本质上是一种测量直流电势或电位差的显示仪表，可与热电偶、变送器或其他能将被测参数转换为直流电势的仪器配用。如果配用热电偶测量温度，要注意互相配套的问题。热电偶和电子电位差计的分度号必须一致，仪表的外形尺寸、记录方式、走纸速度、测量范围等，应按实际测量要求选择。

8.2.2 自动平衡电桥式显示仪表

自动平衡电桥式显示仪表（简称自动平衡电桥）是与热电阻配套使用，对被测温度进行指示及记录的装置，也常用于显示记录其他电阻类敏感元件对被测参数的测量值。它将电阻类敏感元件直接接入电桥的一个桥臂，以电桥平衡的原理进行工作。当电阻类敏感元件因被测参数变化而变化时，桥路的输出电动势发生改变，和自动平衡电子电位差计一样，变化的电势经放大器放大后驱动可逆电动机，再带动可调电位器上的滑动触点，直至输出电势为零，仪表到达平衡状态。这时可调电位器所对应的电动势刻度即是被测参数所对应的直流电压，从而实现了对被测参数的测量。

8.2.2.1 工作原理

自动平衡电桥测量桥路如图 8-9 所示，它与电子电位差计的相似，其等效电阻 R_N 也是由三个电阻（R_P、R_B、R_5）组成的。$R_P // R_B$ 为 90Ω，R_5 是量程电阻，R_6 为确定仪表起点的电阻，R_1 为连接导线的等效电阻。为减小环境温度变化时连接导线电阻的变化所引起的测量误差，采用三线制连接法，并统一规定每根铜导线电阻 $R_1 = 2.5\Omega$（20℃时）。

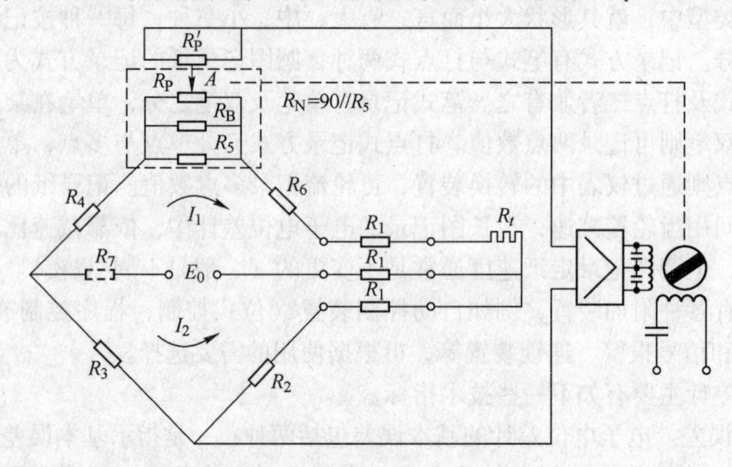

图 8-9 自动平衡电桥的测量桥路

当热电阻的温度处于仪表标尺始点温度值（通常为 0℃）时，其电阻值为 R_{t0}，滑动触点 A 的位置在滑线电阻 R_P 的起始端（左端），电桥相对两臂电阻值的乘积相等，即$(R_{t0} + R_1 + R_6 + R_N)R_3 = R_4(R_1 + R_2)$，电桥平衡，无不平衡电压送到放大器，可逆电动机不转动，仪表指针指示在标尺的起始温度值。

如果被测量的温度升高而使热电阻的阻值增大为 R_t，电桥将失去平衡，有不平衡电压送到电子放大器，可逆电动机运转，带动滑动触点 A 右移，等效电阻 R_N 的值变为 R_N'，改变等效电阻在上支路两相邻桥臂中的阻值比例，$(R_1 + R_t + R_6 + R_N')R_3 = (R_4 + R_N - R_N')$

$(R_1' + R_2)$，电桥再次平衡，电动机停转，仪表指针停留的位置即指示了相应的被测温度值。同理，当被测温度达到仪表测温上限时，热电阻的数值最大，滑动触点 A 将移到 R_N 的终端（右端），仪表指针亦指示在标尺的上限温度值的位置。

供桥电源有直流和交流两种，直流电源电压为1V，交流电压为6.3V。交流电桥应在电源支路中串入限流电阻 R_7，以保证流过热电阻及各桥臂电阻的电流不超过允许值(6mA)；直流电桥则不用 R_7。

8.2.2.2 自动平衡电桥与电子电位差计的比较

自动平衡电桥与电子电位差计在外形结构上十分相似。

(1) 与这两种仪表配套的测温元件（热电偶、热电阻）在外形结构上十分相似。

(2) 就仪表的外形与组成，如放大器、可逆电动机、同步电动机及指示记录部分都是完全相同的。

但它们终究是不同用途的两种模拟式显示仪表，主要区别如下：

(1) 输入信号不同。电位差计输入信号是电势，而平衡电桥输入信号是电阻。

(2) 作用原理不同。电位差计的测量桥路在测量时，它本身是处于不平衡状态，即测量桥路有不平衡电压输出，它与被测电势大小相同，而极性相反，这样才与被测电势相补偿，从而使仪表达到平衡状态；而自动平衡电桥，当仪表达到平衡时，测量桥路本身处于平衡状态，即测量桥路无输出。

(3) 感温元件与测量桥路的连接方式不同。自动平衡电桥的感温元件——热电阻，采用三导线接法至仪表的接线端子上，它是电桥的一个臂；电子电位差计的感温元件——热电偶，使用补偿导线接到测量桥路的测量对角线上，它并非测量桥路的桥臂。

(4) 电子电位差计的测量桥路具有对热电偶自由端温度进行自动补偿的功能，自动平衡电桥不存在这一问题。

8.3 数字式显示仪表

模拟式显示仪表的精度有限，存在主观读数误差、测量速度较慢、抗干扰能力弱、不适应现代快速数据处理要求等缺点。而数字式显示仪表正好可以克服上述缺点，具有测量准确度高、显示速度快以及没有读数误差等优点，而且可与计算机连用，因此数字式显示仪表发展迅速，得到广泛的应用。

8.3.1 概述

数字式显示仪表是把与被测参数成一定函数关系的连续变化的模拟量，变换为断续的数字量来显示的仪表。

8.3.1.1 数字式显示仪表的分类

按输入信号的不同，数字式显示仪表可分为电压型和频率型两大类。电压型的输入信号是连续的电压或电流信号；频率型的输入信号是连续可变的频率或脉冲序列信号。

按使用场合不同，数字式显示仪表可分为实验室用和工业用两大类。实验室用的有数字式电压表、频率表、相位表、功率表等；工业现场用的有数字式温度表、流量表、压力表、转速表等。数字式显示仪表的分类见表8-1。

表8-1 数字式显示仪表的分类

分类依据	类 型	说 明
输入信号不同	电压型	输入信号是连续的电流信号
	频率型	输入信号是连续可变的频率或脉冲序列号
使用场合不同	实验室用	包括数字式电压表、频率表、相位表、功率表等
	工业用	包括数字式温度表、流量表、压力表、转速表等

8.3.1.2 数字式显示仪表的技术指标

数字式显示仪表的技术性能指标有量程、分辨率、准确度等，此外还有响应时间、数据输出、绝缘电压、环境要求等指标。数字式显示仪表的技术指标见表8-2。

表8-2 数字显示仪表的技术指标

项 目	技术指标	项 目	技术指标
量程	-1999 ~ +1999（3位半）	环境温度	0 ~ 50℃
准确度	±0.1% +1个字，±0.2% +1个字， ±0.1% +3个字，±0.5% +1个字	相对湿度	85% ~90%
分辨率	温度：0.1℃，1℃ 直流电压：0.1%，0.01%	输出接点容量	220VAC，3A
控制点误差	±0.5%	控制点设定范围	0% ~100%量程

目前数字式显示仪表的显示位数，一般为3位半到4位半，其准确度一般在±0.2% ±1个字~±0.5% ±1个字之间，个别智能型仪表准确度在±0.1% ±1个字~±0.2% ±1个字。数字式显示仪表的相对误差随着被测值增加而减小。如用2V量程的仪表去测量0.2V的电压，则相对误差为满度2V时误差的4倍；若测量0.2V以下的电压，其误差将会更大。所以在使用中必须正确选择量程。

数字式显示仪表的分辨率是仪表在最低量程上最末一位改变一个字时所代表的量。对于常用的数字式显示仪表，当显示为3位半时，其分辨率为温度仪表为0.1℃和1℃，对直流信号一般为$10^{-6} \sim 10^{-5}$。

8.3.1.3 数字式显示仪表的特点

数字式显示仪表的主要特点有：

（1）准确度高，可避免视差。

（2）灵敏度高，响应速度快，而且不受输送距离限制。

（3）量程和极性可以自动转换，因而量程范围宽，能直接读出测量值和累积值。

（4）体积小，重量轻，易安装，可以在恶劣环境中工作。

（5）其中的智能型数字式显示仪表，还有量程设定、报警参数设定、自动整定PID参数、仪表数据掉电保护、可编程逻辑控制等功能。

8.3.2 数字显示仪表的构成

数字式显示仪表的构成如图8-10所示。它由前置放大器、模拟-数字信号（A/D）转

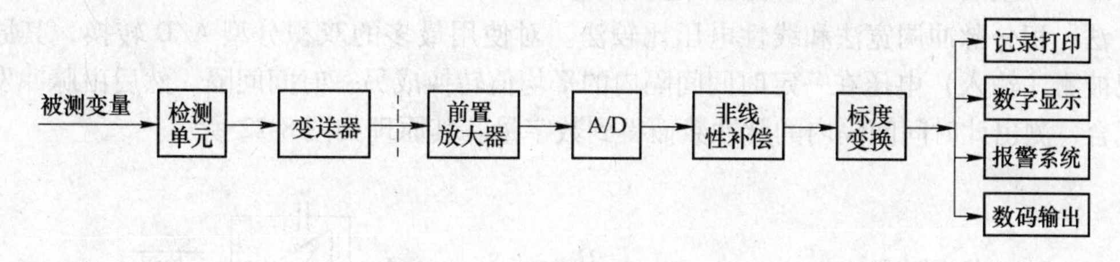

图 8-10 数字式显示仪表组成框图

换器、非线性补偿器、标度变换以及显示装置等部分组成。由检测元件送来的电流或电压信号，经前置放大器放大，然后经 A/D 转换器转换成数字量信号，最后由数字显示器显示其读数。由于检测元件的输出信号与被测参数之间往往具有非线性关系，因此数字式显示仪表必须进行非线性补偿；在生产过程中的显示仪表须直接显示被测参数值，如温度、压力、流量、物位等大小，而 A/D 转换后的数字量与被测参数值往往并不相等，故数字显示器的显示值并不是被测变量值，为了使读数直观，往往须进行标度变换，使仪表显示的数字即为参数值。所以，模-数转换、非线性补偿和标度变换是数字式显示仪表的三要素，其核心环节是模-数转换器。下面将对组成数字仪表的三要素，分别予以介绍。

8.3.3 A/D 转换

A/D（Analog to Digit）转换器是数字式显示仪表的一个关键部件，它的主要任务是使连续变化的模拟量转换成断续的数字量，具体包括采样和量化两个过程。

在数据采集系统中，传感器将被测量，如温度、压力、加速度、位移、流量、电阻、电容、电感、湿度等转换成相应的电量，这些电量大多是模拟量。表征模拟量的电信号可在其测量范围的低限与高限之间连续变化，且可在其间取任意的数值。表征数字量的电信号只能取两个离散电平中的一个值，即“0”和“1”这两个二进制数中的任意一个状态。一定位数的二进制数可表达一个确定的被测量，也可以转变为人们熟知的十进制数。因而，一定的被测量，可以用足够位数的十进制数来表达其数值，即进行数字显示。例如，一个 3 位半的数字式显示仪表，能表达的数字范围为 0 ~ 1999，即 2000 个离散的状态，且每一瞬间的数字显示值只能是 2000 个状态中的某一个，而不可能再取其间的任一状态。

A/D 转换就是要把连续变化的模拟信号转换为离散的数字信号。在热电偶测温中，就是要把热电势经线性化及放大处理的电压值转变为相应的温度数字值。首先是转变为易于用二进制数表达的脉冲数，这是数字显示及计算机控制生产过程必不可少的环节。实现 A/D 的方法及器件很多，分类方法也不一致，若从其比较原理来看，可划分为直接比较型、间接比较型和复合型三大类。

（1）直接比较型。该类型 A/D 转换的原理是基于电位差计的电压比较原理，即用一个作为标准的可调参考电压 U_R 与被测电压 U_X 进行比较，当两者达到平衡时，参考电压的大小就等于被测电压。通过不断比较，不断鉴别，并在比较鉴别的同时将参考电压转换为数字输出，实现 A/D 转换。其原理如图 8-11 所示。

（2）间接比较型。该类型 A/D 转换是被测电压不直接转换成数字量，而是转换成某一中间量，然后再将中间量整量化转换成数字量。该中间量目前多数为时间间隔或频率两种，即 U-T 型或 U-F 型 A/D 转换。把被测电压转换成时间间隔的方法有积分比较（双积分）法、积分脉冲调宽法和线性电压比较法。对使用最多的双积分型 A/D 转换，其原理是把被测（输入）电压在一定时间间隔内的平均值转换成另一时间间隔，然后由脉冲发生器配合，测出此时间间隔内的脉冲数而得到数字量。其原理如图 8-12 所示。

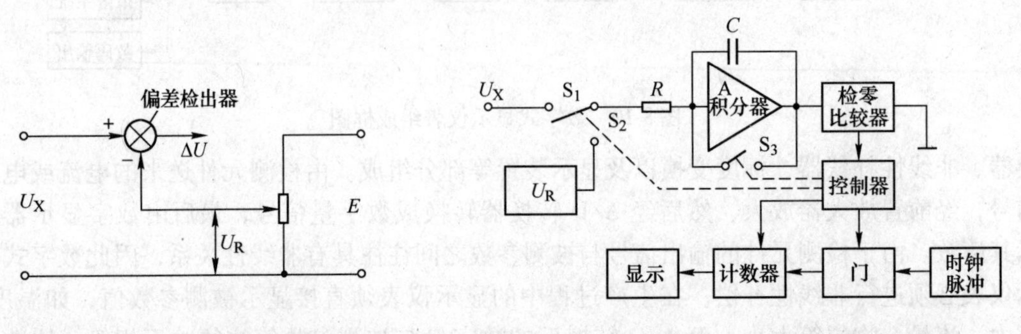

图 8-11 直接比较原理示意图　　图 8-12 双积分型 A/D 转换原理框图

（3）复合型。该类型 A/D 转换是将直接比较型和间接比较型 A/D 转换两种技术结合起来。直接比较型一般精度较高，速度快，但抗干扰能力差；间接比较型一般抗干扰能力强，但速度慢，而且精度提高也有限。由于复合型 A/D 转换综合了它们的各自优点，因而精度高、抗干扰能力强，故也称为高精度 A/D 转换。

8.3.4 非线性补偿

在检测与控制中，绝大多数的传感器和敏感元件都具有非线性特征，即输出信号和被测变量之间为非线性的函数关系。例如热电偶的热电势与被测温度之间、流体流经节流元件的差压与流量之间，皆为非线性关系。模拟式仪表一般在表盘上采用非线性刻度，例如，模拟万用表的电阻挡就是典型的非线性刻度。在数字仪表中，放大器、A/D 转换器等都是线性元件，将数字仪表的非线性输入信号转换成线性化的数字显示过程中所采取的各种补偿措施就是数字式显示仪表的非线性补偿。非线性补偿的方法很多，大致可归为两类：一类是用硬件的方式实现，一类是以软件的方式实现。硬件非线性补偿，放在 A/D 转换前的称为模拟式线性化；放在 A/D 转换之后的称为数字式线性化；在 A/D 转换中进行非线性补偿的称为非线性 A/D 转换。模拟式线性化精度低，但调整方便，成本低；数字线性化精度高；非线性 A/D 转换则介于上面两者之间，补偿精度可达 0.1% ~0.3%，价格适中。

目前常用的非线性补偿方法有模拟式非线性补偿法、数字式非线性补偿法和非线性模-数转换补偿法。

8.3.4.1 模拟式线性化

根据仪表的静特性，模拟式线性化可采用开环或闭环的方式进行。开环式线性的原理如图 8-13 所示。由于检测元件或传感器的非线性，当被测变量 x 被转换成电压量 U_1 时，它们之间为非线性关系，而放大器一般具有线性特性，故经放大后的 U_2 与 x 之间仍为非线性关系，因此，利用线性化器的非线性静特性来补偿检测元件或传感器的非线性，使 A/D 转换之前的 U_0 与 x 之间具有线性关系。

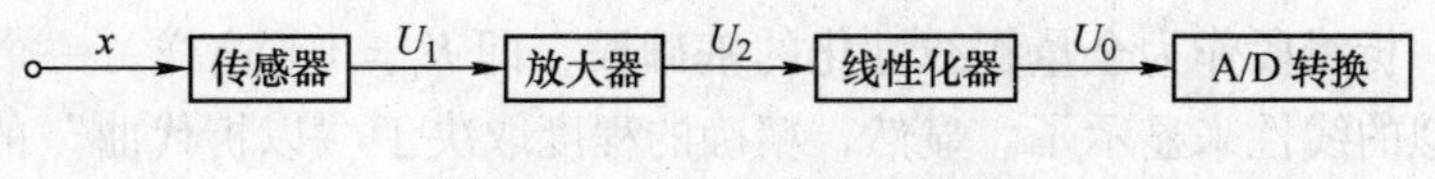

图 8-13 开环式线性化原理

闭环式线性化是利用反馈补偿原理，引入非线性的负反馈环节，用负反馈环节本身的非线性特性来补偿检测元件或传感器的非线性，使 U_0 和 x 之间关系具有线性特性。闭环式线性化的原理如图 8-14 所示。

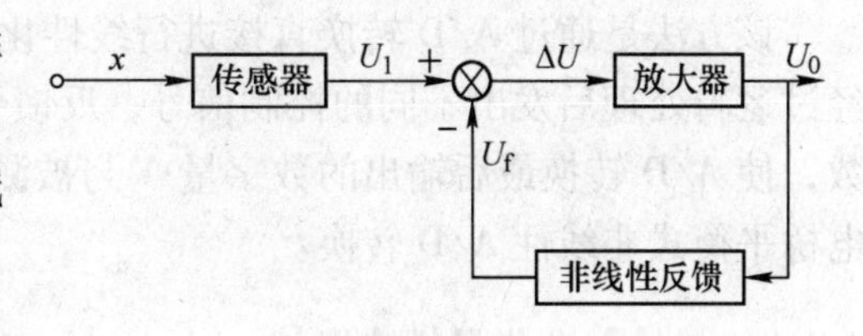

图 8-14 闭环式线性化原理

8.3.4.2 数字式线性化

数字式线性化是在模-数转化之后的技术过程中，进行系数运算而实现线性补偿。基本原则仍然是"以折代曲"，将不同斜率的斜线乘上不同的系数变为同一斜率的线段而达到线性化的目的。

设数字仪表输入信号的非线性如图 8-15 第Ⅰ象限的 *OD* 曲线所示，横坐标表示被测温度，纵坐标表示热电势值；同时在第Ⅱ象限绘出了计数器的静特性如 *OG* 所示。

现把输入信号的非线性特性 *OD* 曲线用折线 *OABCD* 逼近，这样每段折线的斜率都不相同，若以 *OA* 折线为基础，则其他各折线的斜率分别乘以不同的系数，就能与 *OA* 段的斜率相同，然后以 *OA* 段为基础进行转换，就达到了线性化的目的。

变系数运算的逻辑原理如图 8-16 所示。图中的系数控制器及系数运算器等组成数字线性化器，按照图示逻辑原理可以实现变系数的自动运算。

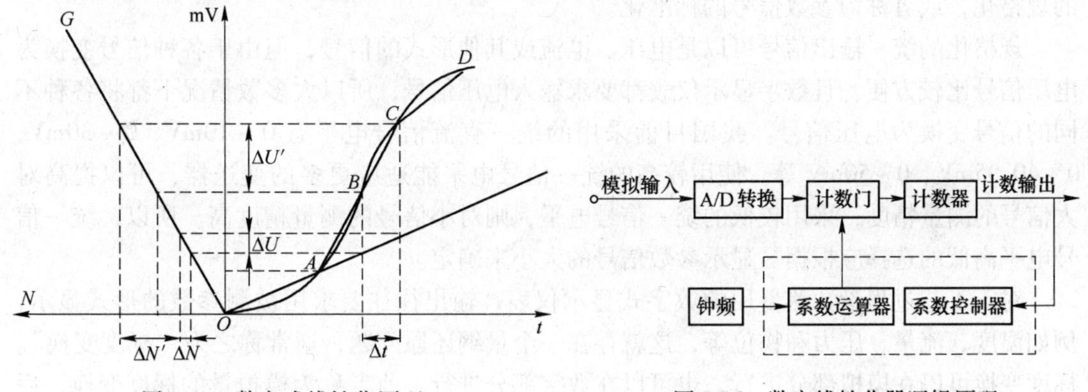

图 8-15 数字式线性化原理　　图 8-16 数字线性化器逻辑原理

由图 8-15 可知，当输入信号为第一折线 *OA* 时，系数控制器使系数运算器进行乘 K_i 运算，计数器的输出脉冲可以计为：

$$N_1 = CK_1U_1$$

式中，C 为计数器常数，U_1 为输入信号。

一直到 N_1 结束 N_2 开始之前，系数运算器均进行乘 K_1 运算。当计满 K_1 需切换至 *AB* 段时，计数器发出信号至系数控制器，使系数运算器进行乘 K_2 运算，计数脉冲又可计为：

$$N_2 = C[K_1U_1 + K_2(U_2 - U_1)]$$

依次下去，若有 n 段折线，则计数器所计脉冲数为：

$$N_n = C[K_1U_1 + K_2(U_2 - U_1) + \cdots + K_n(U_n - U_{n-1})]$$

通常取第一折线段作为全量程线性化的基础段，即 $K_1=1$，这样，一个非线性的输入量就能作为近似的线性来显示了。显然，精确的程度取决于“以折代曲”的程度，折线逼近曲线的程度越好，所得的线性度也越高。

8.3.4.3 A/D 转换线性化

该方法是通过 A/D 转换直接进行线性化处理的方法。如利用 A/D 转换后的不同输出，经过逻辑处理后发出不同的控制信号，反馈到 A/D 转换网络中去改变 A/D 转换的比例系数，使 A/D 转换最后输出的数字量 N 与被测量 x 成线性关系。常用的非线性 A/D 转换有电桥平衡式非线性 A/D 转换。

8.3.5 信号标准化及标度变换

由检测元件送来的信号的标准化或标度变换是数字式显示仪表设计中必须解决的基本问题，也是数字信号处理的一项重要任务。

一般情况下，由于测量和显示的过程参数多种多样，因而仪表输入信号的类型和性质千差万别。即使是同一种参数或物理量，因检测元件和装置的不同，输入信号的性质、电平的高低也不相同。以测温为例，用热电偶作为测温元件，得到的是电势信号；以热电阻作为测温元件，输出的是电阻信号；而采用温度变送器时，其输出又变换为电流信号。不仅信号的类别不同，而且电平的高低也相差极大，有的高达伏级，有的低至微伏级。这就不能满足数字仪表或数字系统的要求，尤其在巡回检测装置中，会使输入部分的工作发生困难。因此，必须将这些不同性质的信号与不同电平的信号统一起来，这就称为输入信号的规格化，或者称为参数信号的标准化。

规格化的统一输出信号可以是电压、电流或其他形式的信号，但由于各种信号变换为电压信号比较方便，且数字显示仪表都要求输入电压信号，所以大多数情况下都将各种不同的信号变换为电压信号。我国目前采用的统一直流信号电平有 0 ~ 10mV、0 ~ 30mV、0 ~ 40.95mV、0 ~ 50mV 等。使用较高的统一信号电平能适应更多的变送器，可以提高对大信号的测量精度；采用较低的统一信号电平，则对小信号的测量精度高。所以，统一信号电平高低的选择应根据被显示参数信号的大小来确定。

对于工艺过程参数测量用的数字式显示仪表，输出往往要求用被测参数的形式显示，例如温度、流量、压力和物位等，这就存在一个量纲还原问题，通常称之为“标度变换”。标度变换可以在模拟部分进行，也可以在数字部分进行，前者称为模拟量的标度变换，后者称为数字量的标度变换。图 8-17 为一般数字仪表组成的原理性框图。

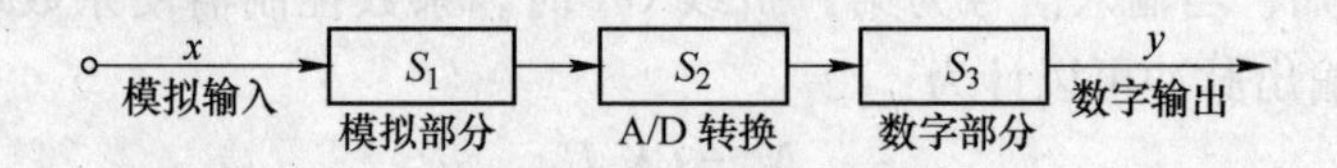

图 8-17 数字仪表的标度变换

其刻度方程可以表示为：

$$y=S_1\cdot S_2\cdot S_3\cdot x=S\cdot x$$

式中，S 为数字式显示仪表的总灵敏度，或称标度变换系数；S_1、S_2、S_3 分别为模拟部分、模-数转换部分、数字部分的灵敏度或标度变换系数。

因此标度变换可以通过改变 S 来实现，且使显示的数字值的单位和被测变量或物理量的单位相一致。

8.3.5.1 模拟量标度变换

模拟量标度变换是指在仪表的模拟电路部分中实现相应的变换。一般的实现方法是调整前置放大电路中的放大倍数，使得放大器输出的电压在经过 A/D 转换器后的二进制数值与被测参数的数值一致。

A 电阻信号的标度变换

为了将热电阻变化转变为电压信号的输出，通常采用不平衡电桥作为电阻-电压转换，如图 8-18 所示。

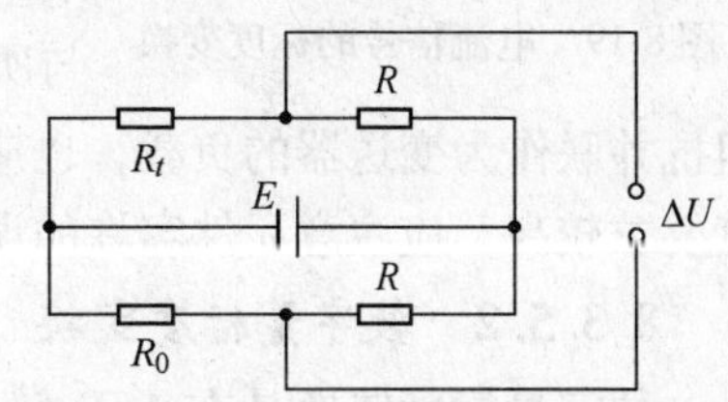

图 8-18 电阻信号的标度变换

由图可得不平衡电桥的输出电压为：

$$\Delta U = \frac{E}{R + R_t}R_t - \frac{E}{R + R_0}R_0$$

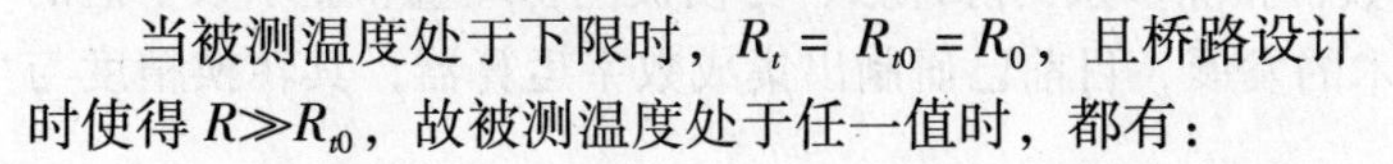

当被测温度处于下限时，$R_t = R_{t0} = R_0$，且桥路设计时使得 $R \gg R_{t0}$，故被测温度处于任一值时，都有：

$$I_1 = \frac{E}{R + R_t} \approx \frac{E}{R + R_0} = I_2 = I$$

所以

$$\Delta U = I(R_t - R_0) = I \cdot \Delta R_t \tag{8-1}$$

式（8-1）说明了可由不平衡电桥的转换关系，通过改变桥路参数来实现标度变换。

例如，用 Cu50 铜电阻测温时，若所测温度为 0 ~ 50℃，则电阻变化值 $\Delta R_t = 10.70\Omega$。为了显示“50”的数字值，可这按以下方法进行：设数字仪表的分辨力为 100μV，即末位跳一个字需要 100μV 的输入信号，那么满度显示“50”时，就需要 50 × 100 = 5mV 的信号，即电阻值变化 10.70Ω 时，应该产生 5mV 的信号，于是根据式（8-1）可得：

$$I = \frac{\Delta U}{\Delta R_t} = \frac{5}{10.70} = 0.47\text{mA}$$

该 I 值可通过适当选取 E 或 R 来得到，当仪表的分辨率或显示位数改变时，桥路参数也要适当予以调整。

B 电势信号的标度变换

当数字式显示仪表配热电偶时，以热电势作为输入信号，若热电势在仪表规定的输入信号范围以内，则可将信号送入仪表中，通过适当选取前置放大器的放大倍数来实现标度变换。

例如，有一配 K 分度号热电偶的数字测温仪表，满度显示为“1023”。此时放大器的输出为 4V，而该热电偶 1000℃时的电势值为 41.27mV，通过选取前置放大器的放大倍数来实现其标度变换：数字仪表显示“1023”时，前置放大器须提供 4V 电压，若显示“1000”时，则前置放大器提供 4000/1023 × 1000 = 3910mV 的电压。而此时热电偶的热电势是 41.27mV，故前置放大器的放大倍数 K 应该是 3910/41.27 = 94.7，才能保证放大器的输出为 3910mV，这样就能保证数字仪表的显示正好表示温度值。但这里没有考虑热电势和温度之间的非线性关系，因而精确度不高。

C 电流信号的标度变换

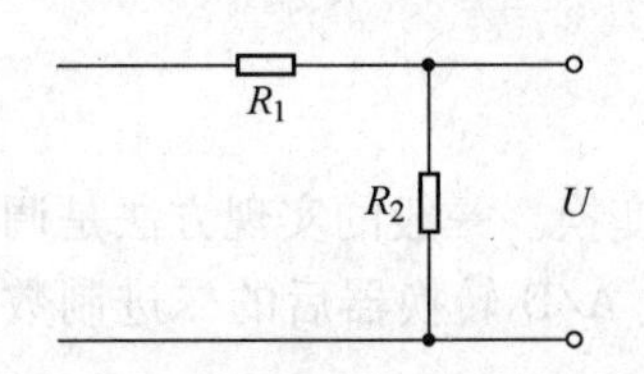

图 8-19 电流信号的标度变换

当数字显示仪表与具有标准输出的变送器配套使用时，可用简单的电阻网络实现标度转换。即将变送器输出的标准直流毫安信号转换为规格化电压信号，如图 8-19 所示。

将在 R_2 上取出的电压作为数字仪表的输入信号，因此电阻网络阻值的大小应满足已确定的仪表分辨率的要求，并与所接放大器的阻抗相匹配。同时，以电阻网络与仪表输入阻抗并联作为变送器的负载，也应满足变送器对负载阻抗匹配的要求。另外，对 R_2 的精度要求较高，应注意元件容许的误差等有关问题。

8.3.5.2 数字量标度变换

数字量标度转换是在 A/D 转换之后，进入计数器前，通过系数运算实现的。进行系数运算，即乘以（或除以）某系数，扣除多余的脉冲数，可使被测物理量和显示数字值的单位得到统一。随着集成电路技术的发展，目前已研制出集成数字运算器，其转换精度与速度均大为提高。

标度转换也可以通过查表法来实现。表格被固化在 EPROM 中，A/D 转换器的输出（二进制数）作为地址访问 EPROM，EPROM 存放的表格内容将被取出，作为显示器的显示值。

例如，某数字温度显示仪表配 K 型热电偶，放大器的放大倍数为 100 倍，温度测量范围为 0 ~ 800℃。则当 $t = 800℃$ 时，$E = 33.275\text{mV}$。放大器的输出为 3327.5mV。如果 A/D 转换的最大输入为 4V，输出为 10 位二进制数，则在 $t = 800℃$ 时，A/D 转换器的输出为 $\dfrac{3327.5 \times 1023}{4000} = 851$。这样，只要在 EPROM 地址为 851 单元中存放 800，即可完成标度变换。如果热电偶的热电势与温度之间具有线性关系，则其他单元按上述比例关系存放相应数值。例如，在地址单元 425 中存放 400。但是，热电偶是一个典型的非线性元件，当 $t = 400℃$ 时，热电势不等于 $\dfrac{1}{2} \times 33.275 = 16.6375\text{mV}$，而是 16.397mV，$\dfrac{16.397 \times 100 \times 1023}{4000} = 419$。因此，地址单元 419 存放 400。从这个例子可以看到，查表法不仅能实现标度转换，而且还能进行线性处理。

思考题与习题

8-1 显示仪表有哪几种类型？各有何特点？

8-2 简述电子电位差计的工作原理。

8-3 电子电位差计与自动平衡电桥有何异同？

8-4 用电子电位差计配热电偶（假定其热电特性是线性的）进行温度测量，室温为 20℃，仪表指示 300℃，问此时测量桥路输出的电压等于下列情况中的哪一种？(1) E (300, 0)；(2) E (280, 0)；(3) 0。

8-5 镍铬-镍硅热电偶与电子电位差计配套测温，热电偶自由端温度 $t_0 = 42℃$；如果不采用补偿线而采用普通铜线连接热偶与表，设仪表接线端子处（即自由端温度补偿电阻附近）的温度测得为 t_0 = 28℃。求电子电位差计指示在385℃时，由于不用补偿导线所带来的绝对误差是多少？

8-6 数字显示仪表主要由哪几部分组成？各部分有何作用？

8-7 数字显示仪表有何特点？

8-8 A/D 转换器有何作用？它有哪些类型？各有何特点？

8-9 什么是线性化？为什么要进行线性化处理？

8-10 什么是标度变换？如何实现？

8-11 手动电位差计的测量电路只有一条支路，而自动平衡式电位差计的测量电路由两条支路组成（实际上是一个电桥电路），为什么要采用这种形式？

8-12 某一自动平衡电子记录仪，不能正常工作，多次试验后发现有一规律：当被测值相当于仪表中部某点时，如通电之前指在标尺左半部分，则接通电源后指针立刻走到标尺最左端；反之，走向最右端。试分析故障可能出现在哪里，如何排除？

8-13 有一 Cu100 分度号的热电阻，接在配 Pt100 分度的自动平衡电桥上，指针读数为143℃，问所测实际温度是多少？

8-14 根据所学的知识，请提出减小数字显示仪表误差的方法和措施。

9 新型检测技术与仪表

检测技术的发展是科学发展突破的基础，生产水平与自动化程度的提高，要有更先进的检测技术与仪表。而科学技术，尤其是大规模集成电路技术、微型计算机技术、机电一体化技术、微机械和新材料技术的不断进步，为检测技术和仪表的发展提供了物质手段。近年来，许多新型检测技术与仪表都得到了长足的发展，本章介绍其中发展势头良好的虚拟仪器技术、图像检测技术和软测量技术。

电子测量仪器发展至今，大体上可以分为4代：模拟仪器、数字化仪器、智能仪器和虚拟仪器。

第1代模拟仪器。这类仪器在某些实验室仍能看到，如指针式万用表、晶体管电压表等。它们的基本结构是电磁机械式的，借助指针来显示最终结果。

第2代数字化仪器。这类仪器目前相当普及，如数字电压表、数字频率计等。这类仪器将模拟信号的测量转化为数字信号的测量，并且以数字方式输出最终结果，适用于快速响应和最高准确度的测量。

第3代智能仪器。这类仪器内置微处理器，既能进行智能测试又具有一定的数据处理，可取代部分脑力劳动，习惯上称为仪器。它的功能块全部都是以硬件（或固化的软件）的形式存在，无论是开发还是应用，都缺乏灵活性。

第4代虚拟仪器。它是现代计算机技术、通信技术和测量技术相结合的产物，是传统仪器观念的一次巨大变革，是将来产业发展的一个重要方向。

9.1 虚拟仪器技术

虚拟仪器（Virtual Instrument，VI），其概念是美国国家仪器公司（NI）于1986年提出的。虚拟仪器是由计算机资源，模拟化仪器硬件和用于数据分析、过程通信及图形通信及图形用户界面的软件组成的测控系统，是一种由计算机操纵的模块化仪器系统。

9.1.1 虚拟仪器技术概述

虚拟仪器是指在通用计算机上由用户设计定义，利用计算机显示器的显示功能来模拟传统仪器的控制面板，以完成信号的采集、测量、运算、分析、处理等功能的计算机仪器系统。虚拟仪器将计算机技术和模块化硬件结合在一起，建立起功能强大又灵活易变的基于计算机的测试与控制系统来替代传统仪器的功能。这种方式不但能享用到普通计算机不断发展的性能，还可体会到完全自定义的测量和自动化系统功能的灵活性，最终构建起满足特定需求的虚拟仪器系统，从而在整个过程的各个环节中提高工作效率和性能。

虚拟仪器检测技术是20世纪80年代出现的新型技术。它综合运用了计算机技术、智能测试技术、模块及总线的标准化技术、数字信号处理技术、图形处理技术及高速专用集成电路制造技术等。虚拟仪器是利用图形化编程语言（G语言）在计算机上开发的一种仪器。它结合了简单易用的图形式开发环境和灵活强大的编程语言，为使用者提供了一个直觉式环境。在LabVIEW开发平台上，用户可以根据自己的需求，随心所欲地组织仪表的前面板，然后通过简单的连线操作，就可以组成一个检测与控制系统。虚拟仪器的前面板界面类似于实际仪器的操作面板，前面板上的图标都是一些功能模块。虚拟仪器或虚拟系统就是建立在标准化、系列化、模块化、积木化的硬件与软件平台的一个完全开放的系统、一个仪器集成系统。它彻底打破了传统检测设备由厂家定义、用户无法改变的模式，通过应用程序将计算机与功能化模块结合起来，用户可以通过友好的图形界面来操作计算机，就像在操作自己定义、自己设计的一台单个仪器，可以根据自己的需求设计自己的检测系统，从而完成对被测信号的采集、分析、判断、显示及数据处理等。与传统检测系统相比，虚拟仪器具有如下特点：

（1）软件是系统的关键，强调“软件即仪器”的新概念。

（2）功能由用户自己定义，用户可以方便地设计、修改测试方案，构成各种专用仪器。

（3）基于计算机的开放系统，可方便地同外设、网络及其他设备连接，可以将信号的分析、实现、存储、打印和其他管理均由计算机完成，打破了传统仪器小而全的现状。

（4）系统功能、规模可通过软件修改、增减，简单灵活。

（5）价格低廉，可重复使用。

（6）技术更新快，开发周期短。

（7）采用软件结构、功能化模块，由于软件复制简单，大大节省了硬件开发和维护费用。

（8）面向总线接口控制，用户通过软件工具组建各种智能检测系统。

9.1.2 虚拟仪器的构成

虚拟仪器是以计算机为核心的、通过测量软件支持的、具有虚拟仪器面板功能的、足够的仪器硬件以及通信功能的测量信息处理装置。其构成通常包括计算机、应用软件和仪器硬件三部分，其中计算机与仪器硬件又称为虚拟仪器的通用硬件平台。虚拟仪器的基本构成如图9-1所示。

9.1.2.1 虚拟仪器的通用硬件平台

硬件平台是虚拟仪器工作的基础，它的主要功能是完成对被测信号的采集、传输和测量结果显示。虚拟仪器的硬件平台主要包括计算机和信号采集调理。计算机包括微处理器、存储器和显示器等，它主要用来提供实时高效的数据处理性能；信号采集调理部分可以是GPIB仪器模块、VXI仪器模块、PXI仪器模块或数据采集卡，主要用来采集、传输信号。

常用的虚拟仪器系统是数据采集（DAQ）系统、通用接口（GPIB）仪器控制系统、VXI仪器系统、PXI仪器系统以及它们之间的任意组合。

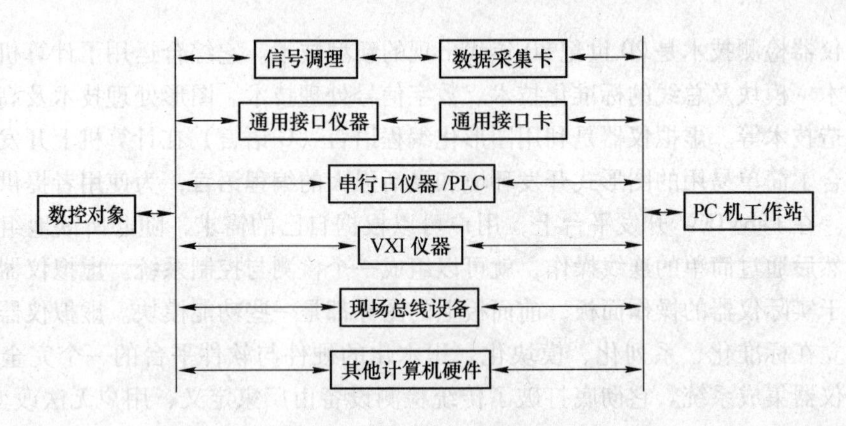

图 9-1　虚拟仪器基本框图

（1）PC-DAQ 测量系统。PC-DAQ 测量系统是以数据采集板、信号调理电路及计算机为硬件平台配以专用软件组成的测试系统，是虚拟仪器的基本构成方式。其中插入式数据采集板（卡）是虚拟仪器中常用的接口形式之一，其功能是将现场数据采集到计算机，或将计算机数据输出给被控对象。用数据采集板（卡）配以计算机平台和虚拟仪器软件便可构成各种数据采集控制仪器系统。目前，插入式数据采集板（卡）技术主要应用于高采样速率及直接控制方面。

（2）通用接口（GPIB）仪器控制系统。通用接口（General Purpose Interface Bus，GPIB）是仪器系统互连总线规范。通用接口总线能够把可编程仪器与计算机紧密地联系起来，使电子测量由独立的手工操作的单台仪器向组成大规模智能检测系统的方向迈进。利用 GPIB 技术，可用计算机实现对仪器的操作和控制，替代传统的人工操作方式，排除人为因素造成的测量误差。同时，由于可预先编制检测程序，实现自动检测，提高了检测效率。并且，由于计算机中可加入更多的数据分析处理算法，扩展了仪器的功能，可充分挖掘现有仪器的潜力。

一个典型的 GPIB 仪器控制系统由一台 PC 机、一块 GPIB 接口板卡和若干台 GPIB 仪器通过标准 GPIB 电缆连接而成，如图 9-2 所示。在标准情况下，一块 GPIB 接口板可带 14 台仪器。电缆长度可达 20m。利用 GPIB 扩展技术，一个 GPIB 自动测试系统的规模，无论是仪器数量还是距离都是可以进一步扩展。

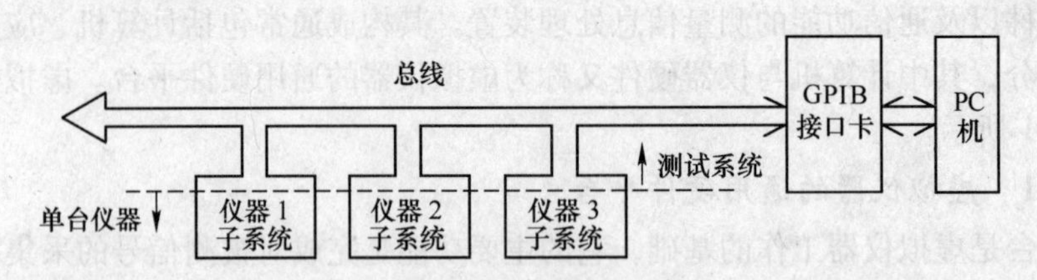

图 9-2　GPIB 通用接口仪器系统

利用 GPIB 技术，可以很方便地将多台仪器组合起来，形成较大的自动测试系统，高效灵活地完成不同规模的检测任务。利用 GPIB 技术，可以很方便地扩展传统仪器的功能。因为仪器是同计算机连接在一起的，仪器的测量结果送入计算机，给计算机增加各种不同的处理算法，就相当于增加了仪器的功能。例如把示波器的信号送入计算机后，增加频谱分析算法，就可以把示波器扩展为频谱分析仪。

（3）VXI总线仪器系统。VXI（VEM Bus Extensions for Instrument）总线仪器系统是基于VXI总线平台技术的自动检测系统，是结合GPIB仪器和数据采集板（DAQ）的最先进技术发展起来的高速、开放式工业标准。它是VME（Versabus Module Eurocard）总线的扩展，从电磁干扰、冷却通风功率耗散等方面，弥补了PC平台无统一插卡物理结构、机箱结构不利于散热和插卡接触可靠性差等缺陷，并增大了模块的间距及模块间的通信规程、配置、存储器定位和指令等，为电子仪器提供了一个开放式结构，使VXI系统的组建和使用越来越方便。特别是在组建中大规模的智能检测系统，以及对速度和精度要求较高时，VXI有着与其他仪器系统无法比拟的优势，如具有互操作性好、数据传输速率高、可靠性高、体积小、重量轻、可移动性好等特点。一个基本的VXI仪器系统可以有三种不同的配置方案：

1）GPIB控制方案。该控制方案的组件包括插于通用计算机的GPIB接口板、位于VXI零槽的GPIB-VXI/C模块、连接两者的GPIB电缆、VXI机箱以及若干VXI仪器模块。GPIB的控制方案的传输速率约为1Mb/s，如果使用HS488协议，可使GPIB的数据传输速率提高到1.6Mb/s（ISA总线）和3.4Mb/s（EISA总线），最高可达8Mb/s。其中零槽模块起GPIB和VIX总线翻译器作用。该方案的优点在于可利用熟悉的GPIB技术，如同控制一台仪器一样来控制VXI仪器系统，且系统造价较低；缺点是由于GPIB总线的数据传输速率远远低于VXI总线，形成整个系统的数据交互瓶颈。

2）嵌入式计算机控制方案。该控制方案的组件包括一个VXI机箱、嵌入式计算机模块、若干VXI仪器模块以及VXI软件开发平台。一个嵌入式计算机模块除具有VXI系统控制功能外，还具有一台通用PC机的全部功能。在该方案中，所有的模块均直接插在VXI机箱的背板总线上，能实现高速的数据传输（40Mbps左右），且体积紧凑，是实现VXI自动检测系统的最佳方案。但该方案的造价及升级费用较高。

3）MXI总线控制方案。该方案包括VXI接口板、位于VXI零槽的VXI-MXI模块、连接两者的电缆、VXI机箱、插于通用计算机的MXI接口板、VXI仪器模块及VXI软件开发平台。这种方案是基于多系统扩展接口技术，相当于把VXI机箱的背板总线拉到外部计算机上，同时可实现多个VXI机箱间的32位数据交互。由于它可以直接将VXI内存空间映射到外控计算机上，因此在提高数据传输速率方面有很大优势。该方案具有较高的性能价格比，便于系统的扩散扩展和升级。图9-3给出了一种典型的VXI总线系统配置。

（4）串口测试系统。串口系统是以串行标准总线仪器与计算机硬件平台组成的虚拟仪器测试系统，主要有RS-232/485和USB两种。

RS-232/485总线与其他总线相比，它的接口简单、使用方便，应用于速度较低的测量系统中，其优势十分明显。目前，有许多测量仪器都带有RS-232/485总线接口，RS-232/485总线接口与多种测量仪器相组合，构成特定的虚拟仪器，能够有效地提高原有仪器的自动化程度及测量精度和效率。

USB（Universal Serial Bus）通用串行总线是一种新的PC互连协议，具有总线供电、低成本、即插即用、热插拔、方便快捷等优点。USB总线结构的虚拟仪器有效地解决了RS-232/485结构速度慢的问题。目前，该类虚拟仪器已被广泛的应用。

（5）PXI仪器总线系统。PXI（PCI Extensions for Instrumentation）是一种专为工业数

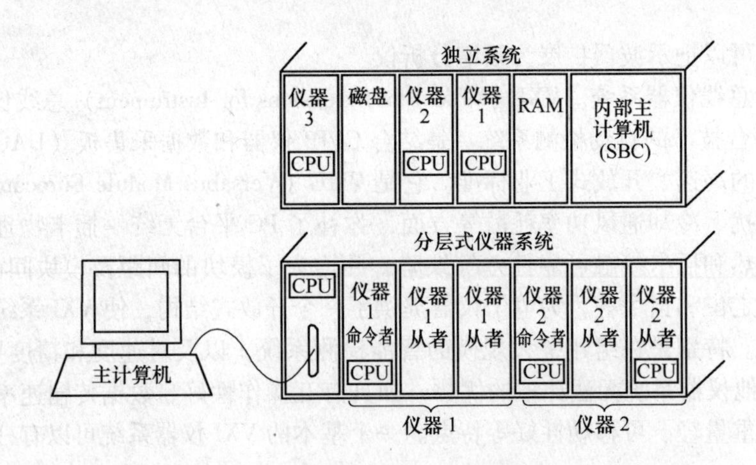

图 9-3　典型的 VXI 总线系统配置

据采集与自动化应用量身定制的模块化仪器平台，也是虚拟仪器的理想平台。PXI 充分利用了当前最普及的台式计算机高速标准结构——PCI。PXI 规范是 Compact PCI 规范的扩展。它将 Compact PCI 规范定义的总线技术发展成适合于试验、测量与数据采集的机械、电器和软件规范，从而产生了新的虚拟仪器体系结构。Compact PCI 定义了封装坚固的工业版 PCI 总线架构，在硬件模块易于装卸的前提下提供优秀的机械整合性。因此，PXI 产品具有级别更高、定义更严谨的环境一致性指标，符合工业环境下振动、撞击、温度与湿度的极限条件。PXI 在 Compact PCI 的机械规范上强制增加了环境性能测试与主动冷却装置，以简化系统集成并确保不同厂商产品之间的互用性。此外，PXI 还在高速 PCI 总线的基础上补充了测量与自动化系统专用的定时与触发特性。

PXI 提出了基于计算机的高性能标准化测量与自动化方案。VXI 仪器系统和 PXI 仪器系统之间的主要差别源于它们各自的底层总线结构不同。VXI 基于 VME 总线，而 PXI 基于 PCI 总线，PCI 在台式 PC 中广泛应用。而且由于标准 PCI 总线最大带宽是 132Mb/s，而标准 VME 总线只有 40Mb/s，所以 PXI 总线更有优势。使用 PCI 总线还能够降低产品成本，这是因为部件和软件很容易从全世界成千上万的 PC 产品供应商处购得。PXI 仪器系统设备尺寸小，它能够为便携式、台式与固定架式装置提供一个通用平台。此外由于基于 PCI 总线结构，PXI 仪器系统在性能和集成化上给使用者带来更多好处。例如，PXI 设备能被操作系统自动识别。

9.1.2.2　虚拟仪器的软件

虚拟仪器的软件是虚拟检测系统的关键。在基本硬件确定后，为使虚拟仪器能按用户要求自行定义，它必须有功能强大的应用软件。

虚拟仪器的软件可以分为多个层次，其中包括仪器驱动程序、应用程序和软面板程序。仪器驱动程序主要用来初始化虚拟仪器，设置特定参数和工作方式，使虚拟仪器保持正常工作状态；应用程序用来对输入计算机的数据进行分析和处理，用户就是通过编制应用程序来定义虚拟仪器的功能。软面板程序用来提供虚拟仪器与用户的接口，它可以在计算机屏幕上生成一个与传统仪器面板相似的图形界面，用来显示测量结果等。用户还可以通过软面板上的开关和按钮，模拟传统仪器的各种操作，通过鼠标实现对虚拟仪器的各种操作。

9.1.3 虚拟仪器开发平台

目前主要应用的虚拟仪器开发工具有两类：文本式编辑语言，如 Visual C + +、Visual Basic、LabWindows/CVI；图形化编程语言，如 LabVIEW（Laboratory Virtual Instrument Engineering Workbench）、Agilent VEE 等。人们通常采用 LabWindow/CVI 和 LabVIEW 等专用工具开发 VI 应用。因为 LabVIEW 功能强大、方便快捷，最为流行，本节仅简单介绍它。

LabVIEW 开发平台是一种编译性图形化编程语言（亦称为 G 语言），它具备常规语言的所有特性，为编程、查错、调试提供了简单、方便、完整的环境和工具。使用 LabVIEW 编程时，基本上不需写程序代码，只需按照菜单或工具图标提示选择功能（图形），并用线条把各种功能（图形）连接起来即可。用 LabVIEW 编写的程序，因为它的界面和功能与真实的仪器十分相似，故称为虚拟仪器程序，简称 VI。VI 很像程序流程图。用户可根据需要创建一个或多个 VI 来完成检测任务。作为一个功能完整的软件开发环境，LabVIEW 的程序查错与调试功能完善，且使用非常简单便捷。例如，当存在语法错误时，LabVIEW 会马上给出提示；而进行程序调试时，可以任意设置断点与数据探针，检查程序运行情况及中间运算结果。同传统的编程语言相比，采用 LabVIEW 图形编程方式可以节省大约 80% 的开发时间。

LabVIEW 是一个具有革命性的图形化开发环境，其丰富的扩展函数库为用户编程提供了极大的方便。这些扩展函数库主要面向数据采集，GPIB 和串行仪器控制、数据分析、数据显示和数据存储等方面，利用 LabVIEW，人们能够很快捷地建立符合自己要求的应用解决方案，且具备很强大的功能，如精度高、速度快的数据采集功能及灵活多变的数据显示方式；进行快速傅里叶变换（FFT）与频率分析、信号发生、曲线拟合与插值以及时频分析等高级数据处理的能力；可生成样式多样的报告并共享，采集数据与处理结果均能够很方便的进行 WEB 发布，甚至进行交互式管理等。它已经在数据采集与信号处理、仪器控制、自动化测试与验证、嵌入式监测与控制、科学研究等领域得到广泛应用。

9.2 图像检测技术

9.2.1 图像检测系统的构成

图像检测系统可以分为图像获取和图像处理两大部分。为了采集数字图像，需要两种设备：一是对某个电磁能量频谱段（如可见光、X 射线、紫外线、红外线等）敏感的物理器件，它能产生与所接收的电磁能量成正比的（模拟）电信号；二是数字化设备，它将上述的模拟电信号转化为数字（离散）的形式，即进行模数转换。此外，为了对图像进行分析处理，计算机是必不可少的。为了将处理的结果展现出来，还要有图像显示和输出设备。完整的数字图像检测系统框图如图 9-4 所示。

9.2.1.1 光学成像设备

将某个电磁能量频谱段的信号转化为与接收电磁能量成正比的电信号的硬件设备主要有电子管摄像机、CCD 摄像机和 CMOS 摄像机。

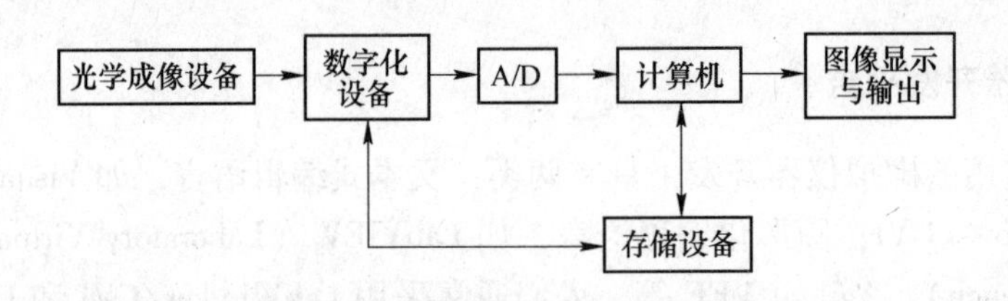

图 9-4 数字图像检测系统框图

（1）电子管摄像机。根据光电转换原理的不同，电子管摄像机可以分为光电子发射效应式和光导效应式。目前电子管摄像机由于性价比低，设备体积较大，在实际中很少应用。

（2）CCD（Charge Coupled Device）摄像机。CCD 摄像机也称为固态摄像机，它由许多个称为感光像元的离散成像元素所构成。这种感光像元在接收输入光后，会产生一定的电荷转移，形成和输入光强成正比的输出电压。按照芯片几何组织形式的不同，CCD 摄像机可以分为线阵和面阵两种。线阵 CCD 每次感光只能得到一条线上的光学信息，要靠场景和摄像机之间的相对运动来获得二维图像，如各类扫描仪就是利用线阵 CCD 和步进电动机的移动来实现图像的扫描。面阵 CCD 由排列成方阵的感光像元组成，可直接得到二维图像。

相对以往的电子管摄像机，CCD 摄像机具有灵敏度高、光谱响应宽、线性度好、动态范围大、结构紧凑、体积小、重量轻、寿命长和可靠性高等优点，因此性价比高。目前 CCD 摄像机已经取代了传统的电子管摄像机，在各个行业都有着广泛应用。

（3）CMOS（Complementary Metal Oxide Semiconductor）摄像机。CMOS 图像传感器是近年发展起来的一种新光敏器件技术。与 CCD 相比，它具有体积小、耗电少和价格低等优点。目前 CMOS 摄像机发展迅速，虽然它还有一些弱点，但在光学分辨率、感光度、信噪比和高速成像等主要指标上都已呈现出超过 CCD 的趋势，具有在高速、监控等方面占领主流市场的潜力。

光学成像技术还有其他具体的方法：飞点扫描器（Flying Point Scanner）、扫描鼓、扫描仪、显微光密度计。

9.2.1.2 数字化设备

数字化设备是将光学成像设备得到的模拟电信号转化为数字信号的电路元器件。它可以集成在成像设备中，也可以独立在成像设备之外。前者就是目前流行的数字摄像机，后者即是各类图像采集卡（Frame Grabber 或 Image Card）。

（1）图像采集卡。成像设备要将采集的视频图像以模拟电信号方式输出，常用的输出方式有两类：标准视频信号和非标准视频信号。因此对应的图像采集卡也分为标准视频图像采集卡和非标准视频图像采集卡两类。

1）标准视频图像采集卡：可采集的标准视频信号有黑白视频、复合视频（Composite Video）、分量模拟视频（Component Analog Video，CAV）和 S-Video（Y/C Video）等。其中黑白视频包括 RS-170、RS-330、RS-343 和 CCIR 等。复合视频（首先有一个基本的黑白视频信号，然后在每个水平同步脉冲之后，加入一个颜色脉冲和一个亮度信号。由于彩色信号是由多种数据“叠加”起来的，故称为复合视频）主要有 NTSC（National Television System Committee）、PAL（Phase Alternation Line）和 SECAM（System Election Color Avec Memoire）等制式。我国广泛使用的是 PAL 制式。S-Video 由于传输的图像质量要好于复合视频，因此目前正逐渐得到应用。

2）非标准视频图像采集卡：可采集的非标准视频信号有非标准 RGB 信号、线扫描信号和逐行扫描信号。采用非标准视频信号通常是为了获得高分辨率、高刷新率的图像或其他特殊要求的图像。例如 CT、MR、X 光机、超声波等医疗的影像，要求高分辨率和高传输率，因此这些设备的图像输出一般为非标准视频信号。也有由于成本或速度的限制而采用低分辨率非标准视频信号的。

（2）数字摄像机和数字图像信号采集卡。数字式摄像机是将数字化转换功能集成在摄像机内，直接输出数字图像信号。这样就避免了将模拟信号转化为视频信号，再将视频图像转化为数字图像过程中的图像信息损耗。这种摄像机具有很好的感光像元点和像素点的几何对应性。只要知道了每行的像素点数，就可以确定新的一行从哪里开始，从而避免了模拟视频信号数字化中因水平扫描不能精确同步而造成的像素抖动问题。

数字摄像机的输出规格标准一般有 RS-422、RS-644 和 IEEE1394 等数字输出接口标准，可以输出 8 ~ 16 位灰度或 24 位 RGB 数据。同时为了保持通用性，有的数字摄像机还带有复合视频输出、模拟 RS-343 或 RS-170 输出。其中 RS-422 是一种常用的接口规格。IEEE1394（也称为火线）接口是 IEEE 标准化组织制定的一项具有视频数据传输速度的串行接口标准。同 USB 一样，IEEE1394 也支持外设热插拔，同时可为外设提供电源，支持同步数据传输。由于其具有通用连接性和高数据传输率等优点，因而采用该接口的数字摄像机有很好的应用前景。

计算机为了接收数字图像信号，需要根据不同的数字摄像机的输出接口规格来选用不同的数字图像信号采集卡，有些采集卡采用 DMA、多通道、多路信号同时传输等技术，可以达到 100 多兆字节的数据传输率，可以进行高分辨率图像的实时采集。另外有时采集卡还支持图像的实时显示或模拟信号的输入。

由于不存在像素抖动问题，因此采用数字摄像机和数字图像信号采集卡来组成图像采集系统可以获得质量很好的图像。对于精密测量，应尽量选取数字摄像机和数字图像信号采集卡来组成图像采集系统。

9.2.1.3 图像存储设备

图像存储设备用于暂时或永久存储摄像系统获取的数字图像。可进行数字图像存储的硬件有：

（1）图像采集卡帧缓存。有些图像采集卡上带有一定容量的帧缓存，可以暂时存储一帧、两帧或更多帧的图像。它可以以较快速度进行存储和读取，因此这种带缓存的图像板特别适合高速实时运算处理。

（2）计算机内存。计算机的内存是一种能提供快速存储功能的存储器。由于计算机硬件技术的迅速发展，目前内存的容量可以达到 G（10^9）字节量级。将数字化的图像直接送到计算机内存中存储，不仅可以使图像采集硬件系统更简单，而且由于内存读写速度很快，这种方式可用于实时采集图像。

（3）硬盘、光盘、磁带存储器。目前使用的硬盘、光盘和磁带机都可以进行图像的存储。硬盘的容量在不断增大，并且对于更大图像存储的需求可以使用硬盘阵列来实现。各种光盘存储技术发展很快，可满足大容量存储的要求。磁带机由于只能顺序读取，因此只适用于大量图像数据备份和视频图像的记录。例如目前数码摄像机就是用数字 DV 金属带来记录视频图像的。

(4) 闪存。闪存作为一种新型的EEPROM内存，不仅具有RAM内存可擦可写可编程的优点，还具有ROM的所写入数据在断电后不会消失的优点。由于闪存同时具备了ROM和RAM两者的优点，从诞生之日起，闪存就在数码相机、PDA、MP3音乐播放器等移动电子产品得到了广泛应用。

目前常见的闪存卡类型主要有CF（Compact Flash）、SM（Smartmedia Flash）、MMC（Multimedia Card）、SD（Secure Digital）、MS（Memory Stick）、PC（PCMCIS卡）和DOM（Disk on Module）硬盘等。数码相机常用的存储卡有CF卡、SM卡、MS卡，具有静态摄像功能的数码摄像机一般采用MS卡和SD卡存储图像。

9.2.1.4 计算机主机

计算机用于对数字图像进行管理、分析和处理。这是图像系统应用的主要工作和核心。计算机可以是PC机、微处理器，也可以是工作站。在一些需要高速实时处理的图像板上可装有图像处理器、图像加速器、DSP等微处理器，另外还有一些专供图像处理的计算机。

9.2.1.5 图像显示和输出设备

将数字图像及其处理的中间过程和结果进行显示和输出的设备主要有：

(1) 电视图像监视器；

(2) 计算机显示器；

(3) 打印机和数码冲印设备；

(4) 胶片照相机。

9.2.2 图像的描述

9.2.2.1 连续图像

设$C(x, y, t, \lambda)$代表像源的空间辐射能量分布，也称图像的光函数，其中(x, y)为空间坐标，t为时间，λ为波长。图像的光函数是实数并且非负。实际成像系统中，图像的亮度有最大值，因此设

$$0 \leqslant C(x,y,t,\lambda) \leqslant A$$

式中，A是图像的最大亮度。另一方面，实际图像对x、y和t都有限制：

$$-L_x \leqslant x \leqslant L_x;\ -L_y \leqslant y \leqslant L_y;\ -T \leqslant t \leqslant T$$

由此可见，图像的光函数$C(x, y, t, \lambda)$是有界的独立变量的四维函数。

标准观测者对图像光函数的亮度响应，通常用光场的瞬时光亮度计量，由下式定义：

$$Y(x,y,t) = \int_0^{\infty} C(x,y,t,\lambda) V_s(\lambda) \mathrm{d}\lambda$$

式中，$V_s(\lambda)$代表相对光效函数，是人视觉的光谱响应。对于红、绿和蓝光，瞬时光亮度可分别定义为：

$$\begin{cases} R(x,y,t) = \int_0^{\infty} C(x,y,t,\lambda) R_s(\lambda) \mathrm{d}\lambda \\ G(x,y,t) = \int_0^{\infty} C(x,y,t,\lambda) G_s(\lambda) \mathrm{d}\lambda \\ B(x,y,t) = \int_0^{\infty} C(x,y,t,\lambda) B_s(\lambda) \mathrm{d}\lambda \end{cases}$$

式中，$R_s(\lambda)$、$G_s(\lambda)$ 和 $B_s(\lambda)$ 分别对应红、绿和蓝基色组的光谱三刺激值。所谓光谱三刺激值是匹配单位谱色光（波长为 λ）时所要求的三刺激值。

在多光谱成像系统中，常将观测到的像场模拟为图像光函数在光谱上的加权积分，因此第 i 个光谱像场可以表示为：

$$F_i(x,y,t) = \int C(x,y,t,\lambda) S_i(\lambda) \mathrm{d}\lambda$$

式中，$S_i(\lambda)$ 是第 i 个传感器的光谱响应。

为了简单起见，选择单一的图像函数 $F(x, y, t)$ 代表实际成像系统中的像场。另外，在许多成像系统中，图像是不随时间改变的，因而时变量可以从图像函数中略去。那么图像函数可以表示为 $F(x, y)$，本节也以这样的函数作为主要研究对象。

9.2.2.2 数字图像

数字图像处理是以连续图像转换为数字图像阵列为基础的。通过图像的抽样和量化，可以完成模拟图像到数字图像的转换。

在设计和分析图像抽样系统和重建系统时，一般认为图像是确定的，然而在某些情况下，将图像处理系统的输入，特别是噪声的输入，看成是二维随机过程的样本更有益。

（1）确定性情况下的图像抽样。令 $F_I(x, y)$ 代表一理想的无限大连续像场，在理想的抽样系统中，理想图像的空间样本实际上是用空间抽样函数 $S(x, y)$ 与理想图像相乘的结果。其中

$$S(x,y) = \sum_{j_1=-\infty}^{\infty} \sum_{j_2=-\infty}^{\infty} \delta(x - j_1 \Delta x, y - j_2 \Delta y)$$

是由脉冲函数 δ 的无限阵列组成的。因而抽样后的图像可以表示为：

$$F_P(x,y) = F_I(x,y) S(x,y) = \sum_{j_1=-\infty}^{\infty} \sum_{j_2=-\infty}^{\infty} F_I(j_1 \Delta x, j_2 \Delta y) \delta(x - j_1 \Delta x, y - j_2 \Delta y)$$

在实际系统中为了避免频谱混叠现象，所作的图像抽样必须满足采样定理，就是抽样周期必须等于或小于图像中最小细节周期的一半，用公式表示为：

$$\omega_{xc} \leqslant \frac{\omega_{xs}}{2}, \omega_{yc} \leqslant \frac{\omega_{ys}}{2},$$

或等效于

$$\Delta x \leqslant \frac{\pi}{\omega_{xc}}, \Delta y \leqslant \frac{\pi}{\omega_{yc}},$$

式中，ω_{xc} 和 ω_{yc} 是图像的截止频率；ω_{xs} 和 ω_{ys} 为抽样频率。

如果上式中等号成立，则称图像是以奈奎斯特（Nyquist）速率抽样的。如果 Δx、Δy 小于奈奎斯特准则的要求，则称图像是过抽样的；反之，称图像是欠抽样的。如果对原图像抽样的空间速率足以避免抽样图像的频谱交叠，那么采用适当的滤波器对样本进行空间滤波，便可以精确地重建原图像。

（2）随机性情况下的图像抽样。与确定性情况类似，在确定性图像下对图像直接采用二维傅里叶变换来进行分析，而在随机性情况下，不能对图像直接采用傅里叶分析，必须对其相关函数进行分析。

令 $F_I(x, y)$ 表示一种连续的二维平稳随机过程，并且已知平均值 η_{F_I} 和自相关函数

$$R_{F_I}(\tau_x, \tau_y) = E\{F_I(x_1, y_1) F_I^*(x_2, y_2)\}$$

式中，$\tau_x = x_1 - x_2$；$\tau_y = y_1 - y_2$。用脉冲函数阵列对这一图像进行抽样，得：

$$F_P(x,y) = F_I(x,y)S(x,y) = F_I(x,y)\sum_{j_1=-\infty}^{\infty}\sum_{j_2=-\infty}^{\infty}\delta(x - j_1\Delta x, y - j_2\Delta y)$$

其自相关函数为：

$$\begin{aligned} R_{F_P}(x_1,x_2;y_1,y_2) &= E\{F_P(x_1,y_1)F_P^*(x_2,y_2)\} \\ &= E\{F_I(x_1,y_1)F_I^*(x_2,y_2)\}S(x_1,y_1)S(x_2,y_2) \end{aligned}$$

式中，$S(x_1,y_1)S(x_2,y_2) = S(x_1 - x_2, y_1 - y_2) = S(\tau_x,\tau_y)$。

所以抽样图像的自相关函数为：

$$R_{F_P}(\tau_x,\tau_y) = R_{F_I}(\tau_x,\tau_y)S(\tau_x,\tau_y)$$

对上式采用二维傅里叶变换可以得到抽样随机图像的功率谱，并且设定理想像场的功率谱是带宽限定的，即（ω_{xc}，ω_{yc}）是图像的截止频率，并且选择空间抽样周期 $\Delta x \leqslant \frac{\pi}{\omega_{xc}}$、$\Delta y \leqslant \frac{\pi}{\omega_{yc}}$，那么频谱就不会交叠。采用合适的内插函数就可以使重建像场和理想像场在均方意义上等效。

9.2.3 图像处理技术

图像处理主要指数字图像处理，又称为计算机图像处理，它是指将图像信号转换成数字信号并利用计算机技术对其进行处理的过程。数字图像处理最早出现于 20 世纪 50 年代，当时的电子计算机已经发展到一定水平，人们开始利用计算机来处理图形和图像信息。数字图像处理作为一门学科大约形成于 20 世纪 60 年代初期。早期的图像处理的目的是改善图像的质量，它以人为对象，以改善人的视觉效果为目的。图像处理中，输入的是低质量的图像，输出的是改善质量后的图像。数字图像处理主要研究的内容有以下几个方面：图像变换、图像编码压缩、图像增强和复原、图像分割、图像描述和图像识别等。

在频域法处理中最为关键的预处理就是图像变换，即将信号变换到其他域（多为频率域）进行分析，这样可以从另外一个角度来分析信号的特征，便于更准确地进行图像的处理，而且往往利用频率域的特性分析和处理图像将更为实用一些。这种变换一般是线性变换，其基本线性运算式是严格可逆的，并且满足一定的正交条件。目前，在图像处理技术中正交变换被广泛地应用到图像特征提取、图像增强、图像复原、图像识别和图像编码中。

模拟图像信号在传输过程中极易受到各种噪声的干扰，而且一旦受到污染则很难完全得到恢复；此外，对模拟图像进行信息交换、压缩、增强、恢复、特征提取和识别等一系列处理是很困难的。图像数字化的关键就是编码。图像压缩可以节省图像存储空间，也可以减少传输信道容量，还可以缩短图像处理时间，它与图像编码密切相关。图像编码主要是研究压缩数码率，即高效编码问题。

图像增强是指按特定的需要突出一幅图像中的某些信息，同时削弱或去除某些不需要的信息处理方法。其主要目的是使处理后的图像对某种特定的应用来说，比原始图像更适用。因此，这类处理是为了某种应用目的而去改善图像质量的。处理的结果使图像更适合于人的视觉特性或机器的识别系统。应该明确的是，增强处理并不是增强原始图像的信息，其结果只能增强对某种信息的辨别能力，而这种处理有可能损失一些其他信息。图像增强技术主要包括直方图修改处理、图像平滑化处理、图像尖锐化处理及彩色处理技术等。在实际应用中可以采用一种方法，也可以结合几种方法联合处理。图像复原的主要目的是改善给定的图像质量，对给定的一幅退化了的或者受到噪声污染了的图像，利用退化现象的某种先验知识来重建或恢复原有图像。可能的退化有光学系统中的衍射、传感器的非线性畸变、光学系统的像差、图像运动造成的模糊和几何畸变等等。噪声干扰主要是由电子成像系统传感器、信号传输过程或者胶片颗粒性造成的。各种退化图像的复原都可归结为一种过程，具体地说就是把退化模型化，并采用相反的过程进行处理，以便恢复出原图像。

图像分割是按照一定的规则将一幅图像或景物分成若干部分或子集的过程。这种分割的目的是将一幅图像中的各成分分离成若干与景物中的实际物体相对应的子集。图像分割的基本概念是将图像中有意义的特征或者需要应用的特征提取出来。这些特征可以是图像场的原始特征，如物体占有区的像素灰度值、物体轮廓曲线和纹理特征等；也可以是空间频谱，或直方图特征等。在对应于图像中某一对象物的某一部分，其特征都是相近或相同的，但在不同的对象物或对象物的各部分之间，其特征就急剧发生变化。从分割依据的角度出发，图像分割大致可分为相似性分割和非连续性分割。所谓相似性分割就是将具有同一灰度级或相同组织结构的像素聚集在一起，形成图像中的不同区域，这种基于相似性原理的方法通常也称为居于区域相关的分割技术。所谓非连续性分割就是首先检测局部不连续性，然后将它们连接起来形成边界，这些边界把图像分成不同的区域，这种基于不连续性原理检测出物体边缘的方法有时也称为基于点相关的分割技术。从图像分割算法来分，图像分割方法可分为阈值法、界线探测法、匹配法等。近些年来，不少学者把模糊数学的方法引入到图像处理中，提出模糊边缘检测方法，图像模糊聚类分割方法等等。人工神经网络的发展在图像处理中也越来越受重视，包括神经网络用于边缘检测、图像分割的神经网络法等。

图像分割技术的目的是把一幅给定图像分成有意义的区域或部分。图像分割以后，为了进一步对图像作分析和识别，就必须通过对图像中的物体作定性或定量的分析来做出正确的结论，这些结论是建立在图像的某些特征的基础上的，由图像描述完成这个功能。所谓图像描述就是用一组数量或符号来表征图像中被描述物体的某些特征，可以是对图像中各组成部分的性质的描述，也可以是各部分彼此间的关系的描述。图像经过增强、复原等预处理后，再经过分割和描述提取图像特征，加以判决分类，这种分类可以认为是图像的识别，它属于模式识别的范畴。一个图像识别系统一般包括图像信息获取、图像加工处理和提取特征、图像分类和识别三个主要部分。

9.3 软测量技术

9.3.1 软测量技术概述

软测量（Soft Sensing）技术的基本原理为：利用较易测量的辅助变量（或称为二次变量与难以直接测量的待测变量（称为主导变量）之间的数学关系（称为软测量模型），通过各种数学计算和估计方法以实现对主导变量的测量。软测量通常是在成熟的硬件传感器基础上，以计算机技术为核心，通过软测量模型运算处理而完成的。以软测量技术为基础，实现软测量功能的实体称为软仪表。软仪表以目前可有效获取的测量信息为基础，其核心是以实现参数测量为目的的各种计算机软件，可方便地根据被测对象特性的变化进行修正和改进，因此软仪表易于实现，且在通用性、灵活性和成本等方面具有优势。

软测量技术，自20世纪80年代中后期作为一个概括性的科学术语被提出以来，研究异常活跃，发展十分迅速，应用日趋广泛，几乎渗透到了工业领域的各个方面，已成为过程检测与仪表技术的主要研究方向之一。软测量技术发展的重要意义在于：

（1）能够测量目前由于技术或经济原因无法或难以用传统的仪表直接检测而又十分重要的过程参数。

（2）能够综合运用多个可测信息对被测对象做出状态估计、诊断和趋势分析，以适应现代工业发展对被测对象特性日益提高的测量要求。

（3）能够在线获得被测对象微观的二维/三维时空分布信息，以满足许多复杂工业过程中场参数测量的需要。

（4）能够对测量系统进行误差补偿处理和故障诊断，从而提高测量精度和可靠性。

（5）能够为测量系统动态校准和动态性能改善提供一种有效手段。

（6）能够为一些由于测量障碍，目前停留在理论探讨而不能工业实用化的控制策略和方法，提供一条有效的解决途径。

9.3.2 软仪表的设计方法

设计软仪表一般主要包括4个方面：辅助变量的选择、测量数据的预处理、软测量模型的建立和软仪表的自校正，其中软测量模型的建立是核心步骤。

9.3.2.1 辅助变量的选择

辅助变量的选择应基于对对象的机理分析和实际工况的了解，由被测对象特性和待测变量特点决定，同时在实际应用中还应考虑经济性、可靠性、可行性以及维护性等其他因素的制约，通常包括变量的类型、数目和测点位置等三个相互关联的方面。

（1）变量类型的选择。辅助变量类型的选择范围是对象的可测变量集，软测量实现过程中应选用与主导变量静态/动态特性相近且有密切关联的可测参数。

（2）变量数目的选择。辅助变量数目的下限值为被估计主导变量的个数，上限为系统所能可靠在线获取的变量总数，但直接使用过多辅助变量会出现过参数化问题，其最佳数目的选择与过程的自由度、测量噪声以及模型的不确定性等有关。一般建议从系统的自由度出发，先确定辅助变量的最小个数，再结合实际对象的特点适当增加，以便更好地处理动态特性等问题。至于辅助变量的最优数量问题，目前尚无统一结论。

（3）测点位置的选择。对于许多测量对象，检测点位置的选择是相当重要和困难的，因为可供选择的检测点很多，而每个检测点所能发挥的作用又各有不同。检测点的选择可以采用奇异值分解的方法确定，也可以采用工业控制仿真软件确定，这些确定的检测点还需要在实际应用中加以调整。一般情况下，辅助变量的数目和位置常常是同时确定的，变量数目的选择准则也往往应用于检测点位置的选择。

辅助变量的选择一般应遵守以下原则：

（1）适用性，工程上易于在线获取并有一定的测量精度。

（2）灵敏性，对对象输出或不可测扰动能做出快速反应。

（3）特异性，对对象输出或不可测扰动之外的干扰不敏感。

（4）准确性，构成的软仪表应能够满足准确度要求。

（5）鲁棒性，对模型误差不敏感。

9.3.2.2 测量数据的处理

对测量数据的处理是软测量实现的一个重要方面，因为软仪表的性能在很大程度上依赖于所获测量数据的准确性和有效性。测量数据的处理一般包括误差处理和数据变换两部分。

（1）误差处理。测量数据来自现场，不可避免地带有各种各样的测量误差，采用误差大或失效的测量数据可能导致软仪表测量性能的大幅度下降，严重时甚至导致软测量的失败，因此对测量数据的误差处理对保证软仪表正常可靠运行非常重要。测量数据的误差按照出现规律可分为系统误差、随机误差和粗大误差三大类。

（2）数据变换。测量数据的变换包括标度变换、转换和权函数三个方面。

1）标度变换。实际测量数据可能有着不同的工程单位，各变量的大小在数值上也可能相差几个数量级，直接使用原始测量数据进行计算可能丢失信息或引起数值计算的不稳定，因此需要采用合适的因子对数据进行标度变换以改善算法的精度和计算稳定性。

2）转换。转换包含对数据的直接转换和寻找新的变量替换原变量两方面，通过对数据的转换，可有效地降低非线性特性。

3）权函数。权函数可实现对变量动态特性的补偿。如果辅助变量和主导变量之间具有相同或相似的动态特性，那么使用静态软仪表就足够了。合理使用权函数可以用静态模型实现对过程的动态估计。

9.3.2.3 软测量模型的分类

软测量模型是表征辅助变量和主导变量之间的数学关系，它是软仪表的核心。构造软仪表的本质就是建立软测量模型，即一个数学建模问题。软测量模型的分类一般都是依据软测量的建模方法进行的，例如某种软测量过程主要是依据回归分析实现的，则称该软测量为基于回归分析的软测量技术。软测量的建模方法多种多样，且各种方法互有交叉和融合。在检测和控制中常用的建模方法有工艺机理分析、回归分析、状态估计、系统识别、模式识别、人工神经网络、模糊数学、过程层析成像、相关分析和现代非线性信息处理技术等。

9.3.2.4 软测量模型的校正与维护

工业实际装置在运行过程中，随着操作条件的变化，其对象特性和工作点不可避免地要发生变化和漂移。在软测量技术的应用过程中，必须对软仪表进行校正和维护。由于软测量模型是软仪表的核心，因此对软仪表进行校正主要是对软测量模型进行校正。为实现软测量模型在长时间运行过程中的自动更新和校正，大多数软测量系统均设置有一个软测量模型评价软件模块。该模块先根据实际情况做出是否需要模型校正和进行何种校正的判断，然后再自动调用模型校正软件对软测量模型进行校正。

软测量模型的校正主要包括软测量模型结构优化和模型参数修正两方面。大多数情况下，一般仅修正软测量模型的参数。若系统特性变化较大，则需对软测量模型的结构进行修正优化，较为复杂，需要大量的样本数据和较长的时间。

在校正数据可方便在线获取的情况下，软测量模型的校正一般不会有太大的困难。但是在大多数实际应用场合，由于软测量技术的应用对象大多是依据现有检测仪表难以有效直接测量的困难参数，因此软测量模型的校正较为困难。另外，软仪表校正数据的获取以及校正样本数据与过程数据之间在时序上的匹配等也是必须重视的问题。

9.3.3 软测量的建模方法

软测量模型是通过辅助变量来获得对主导变量的最佳估计的数学模型。软测量建模本质上是要完成由辅助变量构成的可测信息集（各辅助变量）θ 到主导变量估计 $\hat{y}$ 的映射，即用数学公式表示为：

$$\hat{y}=f(\theta)$$

在检测和控制中常用的建模方法有以下几种：

（1）工艺机理分析方法。该方法是建立在对过程工艺机理的深刻认识的基础上，运用化学反应动力学、物料平衡、能量平衡等原理通过对过程对象的机理分析，找出不可测主导变量与可测辅助变量之间的关系建立模型。对于工艺机理较为清楚的工艺过程，该方法能构造出性能较好的软仪表。但是对于机理研究不充分、尚不完全清楚的复杂工业过程，难以建立合适的机理模型，需要与其他方法相结合才能构造软仪表。该方法具有简单可靠、工程背景清晰和便于实际应用的特点，在工程中常被使用；但是，由于它建立在对工艺过程机理深刻认识的基础上，应用效果依赖于对工艺机理的了解程度，建模的难度较大。

（2）回归分析方法。回归分析分为线性回归分析和非线性回归分析两大类。其中基于最小二乘原理的一元和多元线性回归技术简单实用，发展成熟，是工程中最常用的方法之一。对于辅助变量较少的情况，利用多元线性回归中的逐步回归技术可以得到较理想的软测量模型；对于辅助变量较多的情况，通常要借助机理方法得到变量组合的基本假定，然后再采用逐步回归的方法排除不重要的变量组合，得到软测量模型参数。该方法的缺点是需要大量的样本，对测量误差较为敏感。

（3）状态估计方法。对于已知系统的状态空间模型，且主导变量作为系统状态变量时辅助变量是可观测的情况，软仪表的构造问题可以转化为状态观测或状态估计问题。设已知对象的状态空间模型为：

$$\begin{cases}\dot{x} = Ax + Bu + Ev \\ y = Cx \\ \theta = C_{\theta}x + w\end{cases}$$

式中，v 和 w 表示白噪声。

如果系统的状态关于辅助变量 θ 完全可测，那么软测量问题就转化为典型的状态观测和状态估计问题，估计值 $\hat{y}$ 就可以表示成 Kalman 滤波器形式。采用 Kalman 滤波器和 Luenberger 观测器是解决上述问题的有效方法。基于状态估计的软仪表可以反映主导变量和辅助变量之间的动态关系，有利于处理各变量间动态特性的差异和系统滞后等情况。该方法现在已从线性系统推广到了非线性系统，但是对于复杂的工业过程，常常难以建立有效的状态空间模型，这在一定程度上限制了该方法的应用。

（4）系统辨识方法。该方法是将辅助变量和主导变量组成的系统看成“黑箱”，以辅助变量为输入，主导变量为输出，通过现场采集、流程模拟或实验测试，获得过程输入、输出数据，以此为依据建立软测量模型。

（5）模式识别方法。该方法采用模式识别的方法对工业过程的操作数据进行处理，从中提取系统的特征，建立以模式描述分类为基础的模式识别式软测量模型。它适用于缺乏系统先验知识的场合，可利用日常操作数据来实现软测量建模。在应用中，该方法常常和人工神经网络以及模糊技术结合在一起。

（6）人工神经网络方法。该方法是利用人工神经网络具有的自学习、联想记忆、自适应和非线性逼近等功能，将辅助变量作为人工神经网络的输入，而主导变量则作为网络的输出，通过网络的学习来解决不可测变量的软测量问题。通过学习而生成的人工神经网络即为软测量模型。该方法近年来发展很快，应用范围很广泛，可在不具备对象的先验知识的条件下建模，并能适用于高度非线性和不确定性系统，是解决复杂系统参数的软测量问题的一条有效途径，具有巨大的潜力和工业应用价值。但是需要注意的是，在实际应用中网络训练样本的数量和质量、学习算法、网络的拓扑结构和类型等的选择对所构成软仪表的性能都有重大影响。

（7）模糊数学方法。模糊数学模仿人脑逻辑思维特点，是处理复杂信息的有效手段。用模糊数学方法建立的软测量模型是一种知识性模型。近来该方法得到了较多的应用，特别适合应用于复杂工业过程中被测对象呈现亦此亦彼的不确定性难以用常规数学定量描述的场合，在实际应用中常和人工神经网络和模式识别技术等相结合以提高软仪表的效能。

（8）过程层析成像方法。该方法以医学层析成像技术为基础，采用基于电容、电导、电磁、光学和核辐射等传感机理的传感器获取所需的投影数据信息来建立软测量模型。目前过程层析成像方法主要应用于难测流体的参数测量（例如两相流/多相流分相流量和含率）以及装置的状态监控等。该方法不仅可在线获得变量的宏观信息，还可获取参数二维或三维的实时分布信息，是检测领域中的研究热点之一，具有巨大的潜力和工业应用价值。

（9）相关分析方法。该方法以随机过程中的相关分析理论为基础，利用各辅助变量（随机信号）间的互相关函数特性来进行软测量。该方法主要应用于难测流体流速或流量的在线测量和故障诊断（例如流体输送管道泄漏的检测和定位）等。目前，相关测速和相关流量测量技术已较成熟，已有不少应用。

（10）现代非线性信息处理方法。该方法的基本思想与相关分析一致，利用易测对象信息的随机信号，采用先进的信息处理技术，通过对所获信息的分析处理提取信号特征量，从而实现某一参数的在线检测或过程的状态识别。所不同的是具体信息处理方法不同，大多采用各种先进的非线性信息处理技术（例如小波分析、混沌和分形等），能适用于常规的信号处理手段难以适应的复杂工业系统。该方法近年来发展很快，应用范围较广，目前一般主要应用于工业系统的故障诊断、状态检测和粗大误差侦破等，并常常和人工神经网络或模糊数学等人工智能技术相结合。

思考题与习题

9-1　简述软测量技术的基本原理。

9-2　名词解释：主导变量、辅助变量、软测量模型、软仪表。

9-3　简述软仪表设计的一般方法。

9-4　软仪表中辅助变量选取的基本原则有哪些？

9-5　简述测量误差处理和数据变换的基本方法和过程。

9-6　建立软测量模型的方法有哪些？简单评述它们各自的特点。

9-7　何谓软测量模型的校正？常用的方法有哪些？

附　表

附表 1　S 型热电偶分度表

温度	0	10	20	30	40	50	60	70	80	90
-0	0	0.053	0.103	0.150	-0.194	-0.236				
+0	0	0.055	0.113	0.173	0.235	0.299	0.365	0.433	0.502	0.573
100	0.646	0.720	0.795	0.872	0.950	1.029	1.110	1.191	1.273	1.357
200	1.441	1.526	1.612	1.698	1.786	1.874	1.962	2.052	2.141	2.232
300	2.323	2.415	2.507	2.599	2.692	2.786	2.880	2.974	3.069	3.164
400	3.259	3.355	3.451	3.548	3.645	3.742	3.840	3.938	4.036	4.134
500	4.233	4.332	4.432	4.532	4.632	4.732	4.833	4.934	5.035	5.137
600	5.239	5.341	5.443	5.546	5.649	5.753	5.857	5.961	6.065	6.170
700	6.275	6.381	6.486	6.593	6.699	6.806	6.913	7.020	7.128	7.236
800	7.345	7.454	7.563	7.673	7.783	7.893	8.003	8.114	8.226	8.337
900	8.449	8.562	8.674	8.787	8.900	9.014	9.128	9.242	9.357	9.472
1000	9.587	9.703	9.819	9.935	10.051	10.168	10.285	10.403	10.520	10.638
1100	10.757	10.873	10.994	11.113	11.232	11.351	11.471	11.590	11.710	11.830
1200	11.951	12.071	12.191	12.312	12.433	12.554	12.675	12.796	12.917	13.038
1300	13.159	13.280	13.402	13.523	13.644	13.766	13.887	14.009	14.130	14.251
1400	14.373	14.494	14.615	14.736	14.857	14.978	15.099	15.220	15.341	15.461
1500	15.582	15.702	15.822	15.942	16.062	16.182	16.301	16.420	16.539	16.659
1600	16.777	16.895	17.013	17.131	17.249	17.366	17.483	17.600	17.717	17.832
1700	17.947	18.061	18.174	18.285	18.395	18.503	18.609			

注：表中温度单位为℃；热电动势单位为 mV；自由端温度为 0℃。

附表 2　K 型热电偶分度表

温度	0	10	20	30	40	50	60	70	80	90
-200	-5.891	-6.035	-6.158	-6.262	-6.344	-6.404	-6.441	-6.458		
-100	-3.554	-3.852	-4.138	-4.411	-4.669	-4.913	-5.141	-5.354	-5.550	-5.730
-0	0	-0.392	-0.778	-1.156	-1.527	-1.889	-2.243	-2.587	-2.920	-3.243
+0	0	0.397	0.798	1.203	1.612	2.023	2.436	2.851	3.267	3.682
100	4.096	4.509	4.920	5.328	5.735	6.138	6.540	6.941	7.340	7.739
200	8.138	8.539	8.940	9.343	9.747	10.153	10.561	10.971	11.382	11.795
300	12.209	12.624	13.040	13.457	13.874	14.293	14.713	15.133	15.554	15.975
400	16.397	16.820	17.243	17.667	18.091	18.516	18.941	19.366	19.792	20.218

续附表 2

温度	0	10	20	30	40	50	60	70	80	90
500	20. 644	21. 071	21. 497	21. 924	22. 350	22. 776	23. 203	23. 629	24. 055	24. 480
600	24. 905	25. 330	25. 755	26. 179	26. 602	27. 022	27. 447	27. 869	28. 289	28. 710
700	29. 129	29. 548	29. 965	30. 382	30. 798	31. 213	31. 628	32. 041	32. 453	32. 865
800	33. 275	33. 685	34. 093	34. 501	34. 908	35. 313	35. 718	36. 121	36. 524	36. 925
900	37. 326	37. 725	38. 124	38. 522	38. 918	39. 314	39. 708	40. 101	40. 494	40. 885
1000	41. 276	41. 665	42. 053	42. 440	42. 826	43. 211	43. 595	43. 978	44. 359	44. 740
1100	45. 119	45. 497	45. 873	46. 249	46. 623	46. 995	47. 357	47. 737	48. 105	48. 473
1200	48. 838	49. 202	49. 565	49. 926	50. 286	50. 664	51. 000	51. 355	51. 708	52. 060
1300	52. 410	52. 759	53. 106	53. 451	53. 795	54. 138	54. 479	54. 819		

注：表中温度单位为℃；热电动势单位为 mV；自由端温度为 0℃。

参 考 文 献

[1] 刘玉长．自动检测和过程控制［M］．4 版．北京：冶金工业出版社，2010.
[2] 王化祥．自动检测技术［M］．北京：化学工业出版社，2009.
[3] 张宏建，孙志强．现代检测技术［M］．北京：化学工业出版社，2007.
[4] 张根宝．工业自动化仪表与过程控制［M］．西安：西北工业大学出版社，2003.
[5] 俞金寿，蒋慰孙．过程控制工程［M］．北京：电子工业出版社，2007.
[6] 沙定国．误差分析与测量不确定度评定［M］．北京：中国计量出版社，2003.
[7] 厉玉鸣．化工仪表及自动化［M］．3 版．北京：化学工业出版社，1999.
[8] 蔡武昌，孙怀清，纪纲．流量测量方法与仪表的选用［M］．北京：化学工业出版社，2001.
[9] 施仁，刘文江，郑辑光．自动化仪表与过程控制［M］．3 版．北京：电子工业出版社，2004.
[10] 张宏建，蒙建波．自动检测技术与装置［M］．北京：化学工业出版社，2004.
[11] 杜维，张宏建，乐嘉华．过程检测技术及仪表［M］．北京：化学工业出版社，1999.
[12] 江苏省计量科学研究院，中国计量科学研究院，北京理工大学，等．JJF 1059. 1—2012：测量不确定度评定与表示［S］．北京：中国标准出版社，2013.
[13] 上海工业自动化仪表研究所．GB/T 16839—1997 热电偶［S］．北京：中国标准出版社，2004.
[14] 上海工业自动化仪表研究所．JB/T 9238—1999 工业热电偶技术条件［S］．北京：机械工业出版社，2005.
[15] 上海工业自动化仪表研究所，中国仪器仪表协会自动化仪表分会温度测量仪表专业协会，上海市计量测试技术研究院，等．JB/T 8622—1997 工业铂热电阻　技术条件及分度表［S］．北京：机械工业出版社，1997.
[16] 上海工业自动化仪表研究所．JB/T 8623—1997：工业铜热电阻　技术条件及分度表［S］．北京：机械工业出版社，1997.
[17] 上海工业自动化仪表研究所，上海仪器仪表及自控系统检验测试所，上海仪昌节流装置制造有限公司，等．GB/T 2624—2006 用安装在圆形截面管道中的差压装置测量满管流体流量［S］．北京：中国标准出版社，2007.
[18] 上海工业自动化仪表研究所．GB/T 2625—1981 过程检测和控制流程图用图形符号和文字代号［S］．北京：中国标准出版社，1982.

冶金工业出版社部分图书推荐

书　　名	作　者	定价(元)
自动检测和过程控制(第4版)(国规本科教材)	刘玉长	50.00
电工与电子技术(第2版)(本科教材)	荣西林	49.00
电工与电子技术学习指导(本科教材)	张　石	29.00
单片机实验与应用设计教程(本科教材)	邓　红	28.00
单片机微机原理与接口技术(本科教材)	孙和平	49.00
机械优化设计方法(本科教材)(第4版)	陈立周	42.00
机械电子工程实验教程(本科教材)	宋伟刚	29.00
材料科学基础(本科教材)	王亚男	33.00
轧钢厂设计原理(本科教材)	阳　辉	46.00
控制工程基础(高等学校教材)	王晓梅	24.00
起重运输机械(高等学校教材)	纪　宏	35.00
冶金过程检测与控制(第2版)(职业技术学院教材)	郭爱民	30.00
参数检测与自动控制(职业技术学院教材)	李登超	39.00
冶金通用机械与冶炼设备(第2版)(高职高专教材)	王庆春	56.00
矿山提升与运输(第2版)(高职高专教材)	陈国山	39.00
单片机原理与接口技术(高职高专教材)	张　涛	28.00
采掘机械(高职高专教材)	苑忠国	38.00
金属热处理生产技术(高职高专教材)	张文莉	35.00
机械工程控制基础(高职高专教材)	刘玉山	23.00
数控技术及应用(高职高专教材)	胡运林	32.00
机械制造工艺与实施(高职高专教材)	胡运林	39.00
工程材料及热处理(高职高专教材)	孙　刚	29.00
轧钢机械设备维护(高职高专教材)	袁建璐	28.00
型钢轧制(高职高专教材)	陈　涛	25.00
冷轧带钢生产与实训(高职高专教材)	李秀敏	30.00
轧钢工理论培训教材(冶金行业培训教材)	任蜀焱	49.00
电气设备故障检测与维护(冶金行业培训教材)	王国贞	28.00
高炉炼铁过程优化与智能控制系统	刘祥官	28.00
轧制过程的计算机控制系统	赵　刚	25.00
冶金原燃料生产自动化技术	马竹梧	58.00
炼铁生产自动化技术	马竹梧	46.00